实用搜索理论

陈建勇 著

国防工业出版社
·北京·

内 容 简 介

本书系统介绍了搜索理论的基础知识、建模方法和最优搜索理论，并讨论了军事应用的有关问题。全书分为四篇。第一篇为概述与基础，共 7 章，论述了搜索理论的基本问题和主要构成要素；第二篇为搜索模型，共 6 章，论述了主要形式的搜索问题的发现概率模型和期望费用模型，介绍了基于搜索方程的通用搜索模型；第三篇为最优搜索理论，共 6 章，介绍了基本搜索模型的最优化问题；第四篇为专题，共 5 章，即 5 个专题，讨论了搜索理论的军事应用，主要是航空搜潜应用中的几个相关问题。

本书可供从事应用数学、军事运筹分析的研究人员，从事航空反潜工作的指挥和技术人员阅读和参考，也可以作为相关专业本科生、研究生的教材。

图书在版编目（CIP）数据

实用搜索理论/陈建勇著. —北京：国防工业出版社，2021.5

ISBN 978-7-118-12327-2

Ⅰ. ①实…　Ⅱ. ①陈…　Ⅲ. ①应用数学—研究　Ⅳ.①O29

中国版本图书馆 CIP 数据核字（2021）第 047166 号

※

国防工業出版社出版发行

（北京市海淀区紫竹院南路 23 号　邮政编码 100048）

三河市德鑫印刷有限公司印刷

新华书店经售

*

开本 710×1000　1/16　印张 12¼　字数 208 千字

2021 年 5 月第 1 版第 1 次印刷　印数 1—1500 册　定价 98.00 元

国防书店：（010）88540777　书店传真：（010）88540776

发行业务：（010）88540717　发行传真：（010）88540762

前 言

本以为我与搜索理论若即若离的联系，在《单向最优搜索理论》一书于 2016 年底出版后就了断了。由于专业调整，2018 年新的本科生培养方案中，增设了我提议的 40 学时必修课“实用搜索理论”。多年来我的未入流的副业，现在有机会登堂入室了。

本书是为新课写的教材的主体部分，也可以作为一本关于搜索理论的专著。在写作过程中，从系统性考虑，增加了一些不在教学计划中的内容，并且写作的体例与教学计划也不太一致。毕竟还是在写教材，心中想着将来修课的学生，于是一些本应在课堂上讲的话，很自然地写了进去，开始设计的内容和结构在写作过程中几经变更。一些修改和变更的痕迹没清理干净，自认为无伤大雅，就留了下来。

在提交培养方案初稿时，仓促间为课程取名为“实用搜索理论”，后来也没想出更好的名称。课程定名为“实用搜索理论”，教材和本书也就定为《实用搜索理论》。世上本没有“实用搜索理论”这么个东西，其实世上也没有任何一种理论可以被贴上“实用”或“不实用”的标签。“搜索理论”的诞生具有纯粹的实用背景。而理论的发展和完善，遵循的是理论的规律和逻辑，其实用意义，除了作为理论发展的动力之一，更多地在于理论的“应用”。本书实际上就是关于搜索理论的，书名中不可以没有“搜索理论”几个字，但直接取名为“搜索理论”或“搜索论”，那是断断不敢的。

《实用搜索理论》仅仅是个书名而已。“搜索理论”给了规定性，“实用”给了灵活性。

在“搜索理论”的规定性上，我夹带了一点私心，或者称为野心，就是希望通过本书的写作，为散乱混乱杂乱的“搜索理论”做一定的梳理和界定，整理出一个比较清晰的框架，构建出一个相对完整的理论体系。顺便地，指出一些在某个范围里流传的谬误。现在看来，基本做到了“清晰”，远远不够“完整”。完整性不够，就归于灵活性吧。

“实用”二字所代表的灵活性主要体现在以下方面：

第一，搜索理论问题，限于本书给出的界定；

第二，“第四篇专题”以军事应用，特别是以航空反潜应用为重点；

第三，减少繁杂的数学论证和数学性质的分析；

第四，删减了某些抽象搜索模型，删减了最优搜索理论和算法的一些分析、论证。

感谢杜金鹏同学编程计算生成和绘制了本书第四篇的图表。

感谢您在万千的书籍中偶然地看到这本书并产生了一点兴趣。

庄子有言：方生方死，方死方生。

以此书与搜索理论作别。

作　者

2019 年 8 月，芝罘

目 录

第一篇　概述与基础

第二篇　搜索模型

第三篇 最优搜索理论

第一篇　概述与基础

第 1 章 开篇闲语

1.1 “搜索”那点事

见到中文“搜索”这个词，你最先想到的是什么？我没有调查和研究，凭猜测，很可能是网页上的一个栏。在里面输入想要信息的关键词或者某种商品，或者某个地址，单击一个按钮，网站给出搜索的结果（好吧，如果你不想读这本书，不想上这门课，就想快速地知道什么是“搜索理论”，你也可以拿出手机，打开“百度”的App，输入“搜索理论”，搜索一下。我敢保证，结果一定让你失望。实话告诉你，我试过的。结论就是，靠“搜索”学不到“搜索理论”，甚至搞不清“什么是搜索理论”。还是读这本书，上这门课比较靠谱）。在互联网时代，“搜索”这件事与我们的生活息息相关（“人肉搜索”与互联网也有关系的）。而在过去，“搜索”这个词，主要用在军事领域和其他的专业领域，例如：雷达天线在旋转或摆动，是在一定的空域范围内“搜索”目标；为抓住一个躲进山里的逃犯，警察展开拉网式“搜索”；某个未知的非线性函数，通过一次次的试探，找到它的极大值或极小值，称为“极值搜索”，等等。

如果我们把生活中常用的“找”“寻找”作为“搜索”的同义词，那么“搜索”这件事，一直与人类息息相关。

原始人以及野生动物，最重要的一件事就是“找”吃的，第二重要的事就是“找”配偶。对现代人来说，不需要“找”吃的了，第二重要的事大概上升为第一重要的事了吧。

地质工作者在野外勘探金矿、找石油、找天然气。

某些人拿着洛阳铲，偷偷地在野地里转来转去，那是在找古墓，弄不好是在找死。

发现兜里的钥匙不见了，掏遍身上所有的兜，再去曾经去过的地方看看，那是在找钥匙。

在一条小吃街上来回逛了两遍，找一家合口味的店。

在酒店的菜单上反复搜索，找口味好、不太贵，还不丢面子的菜。

关注招聘信息、打电话、投简历、接受面试，找工作相当于原始人找吃的。

以上例子不胜枚举。看来，“搜索”还真不是“那点事”，而是“那些事”，时时可遇，处处可见。

1.2 搜索理论是个“筐”？

搜索理论，是关于一切搜索行为的理论吗？现在，还没有一个关于一切搜索行为的理论。将来会有吗？我认为不会有。一则，我想象不出对这种理论的需求，二则，我想象不出会有一种理论，能够包含所有的搜索行为和搜索行为的所有方面。

搜索理论是关于某一类搜索行为的理论吗？也不是。因为搜索理论不止包含一类的搜索行为。当然，关于类的划分，有不同的方法。

搜索理论是一种完整、系统的理论吗？不是，至少目前还不是。

搜索理论“是”什么的问题，就是搜索理论的定义问题，稍后再讨论。现在，想象有一个“筐子”，外面贴了一个条子，写着“搜索理论”。只要愿意，谁都可以把任何关于搜索问题的研究放进这个筐子里。

事实上，现在这个筐子里的东西并不太多，很多搜索问题的研究，都不在这个筐子里。

事实上，现在这个筐子里的东西也不太少，里面放了一些对各种各样搜索问题的研究。

这个筐子是开着口的，新的研究、新的发展还会进入这个筐子。

这个筐子从来就没有被清理过，所以有些初级的东西，依然留在这个筐子里。

如此的比喻，似乎搜索理论就是一个大杂烩，但事实上当然不是。从搜索理论诞生到现在，一条主线贯穿始终，那就是，追求寻找目标方案的最优化。所以，搜索理论（中文常用“搜索论”），往往也被称为最优搜索理论，尽管这个“筐子”里有不少的东西，与“最优”无关。

1.3 搜索理论历史简述

在第二次世界大战之前，有过一些零散的、孤立的关于搜索问题的研究成果和应用，例如，搜索方法论的研究被应用于寻找矿藏和失踪人员，大规模筛选技术被用来在一个种群中寻找特定的身体上的或医学上的某些特征，军队采用按计划搜索的方法来确保能发现在地平线以内视线不受阻挡的范围内的所有敌方目标。1924 年，在法国数学协会的一次年度例会上发表了一篇关于如何在晚上用探照灯对空中的飞机进行搜索的学术论文，在论文中，作者论证了当探照灯的光束以某种螺旋方式进行搜索时，可以获得较大的发现敌机的概率。

第二次世界大战期间。为应对德国潜艇对同盟国海上运输船队的威胁，美国海军部成立了由 B. O. Koopman、G. Kimball 和 P. M. Morse 等科学家组成的反潜战运筹研究小组。它们在研究对大西洋德军潜艇的搜索问题的过程中，提出了关于搜索理论的一些基本的概念，如先验目标位置分布、探测函数、搜索力约束、搜索优化准则等。1946 年，Koopman 教授总结了这一时期的工作，发表了经典的报告 Search and Screening。1956—1957 年，他将这个报告整理成三篇论文公开发表：The Theory of Search, Part I: Kinetic Bases，Part II: Target Detection，Part Ⅲ: The Optimum Distribution of Searching Effort，奠定了搜索理论的基础（1980 年，出版了这个报告的扩充和升级版本，Search and Screening: General Principles with Historical Applications，足见其影响力和价值）。伴随着运筹学的诞生，最优搜索理论发展成为运筹学领域中的统计决策理论。搜索理论，由于其先天的军事色彩，在中国，成为军事学学科门类下军事运筹学的重要组成部分。

20 世纪 60 年代之后，搜索理论的研究侧重于对最优搜索规律的数学性质的研究。1975 年，Lawrence D. Stone 教授出版了 *Theory of Optimal Search* 一书（吴晓峰翻译的该书的中文本《最优搜索理论》，1990 年由海潮出版社出版），系统地整理了他本人和其他学者在静止目标最优搜索力分配问题上的成果。到 20 世纪 90 年代，关于随机运动目标最优搜索的问题得到了比较充分的研究，特别是随机最优控制模型的引入，使得最优搜索策略计算方法的普遍性价值得到提升。进入 21 世纪，搜索理论的研究，一方面，在各种不同的领域应用，另一方面，与其他学科结合，发展了新的研究领域。

搜索理论是基于实际问题的背景产生的，在初期和后来的发展过程中，搜索理论一直与实际应用有着密切的联系。美国的数次重大搜索行动，如 1966 年搜寻丢失于地中海的氢弹，1968 年搜寻在地中海失事的核潜艇，1974 年帮助埃及清除在中东战争中遗留在苏伊士运河中的水雷，都有搜索论专家学者参与。1970 年，美国研制了海岸搜索和救生行动计算机辅助决策系统，其中融入了搜索论的研究成果。到目前为止，军事应用仍然是搜索理论最重要、最集中的应用领域。近 30 年，搜索理论的非军事应用和研究已经进入通信、计算机、工业自动化、经济学、犯罪学、侦查学、医学普查、矿藏勘探、人力资源等领域，取得了一批研究成果和应用成果。

1.4　搜索理论有定义吗？

许多理论书籍，都会在开篇给出所论及的学科或理论的定义，大概是为了读者对这个学科或理论的边界有比较清晰的认识（但经常地，边界本身也成为一种“知识”，模糊不清）。本书名中既然有“搜索理论”四个字，开篇也应拿出一个搜索理论的定义。搜索理论的定义在哪儿？搜索啊。首先翻出了 Koopman 教授奠基性的主标题为 The Theory of Search 的三篇论文(也可以看成分三部分发表的一篇论文)。文中没有出现对搜索理论的定义性的文字，只是在篇首，Koopman 把搜索理论说成是反潜战运筹小组关于搜索问题的研究工作的总结。

Stone 在 *Theory of Optimal Search* 一书的前言里，尽管称这本书“首次把搜索理论方面的基本成果汇集于一体”但也提到“与搜索有关的问题是大量的，本书并不打算完全覆盖它们，……”。他似乎无意于去给最优搜索理论做个定义。想来也是必然的，并不是概念明确的词汇才会被人使用。某个词汇，在应用了一定的时间以后，可能会指代一个明确的概念，也可能会指代许多相互有重叠的“明确”的概念，从而词义依然是模糊的。

张之駓《搜索论》中有：搜索论是运筹学的一个分支。它是用数学方法研究如何有效地寻找某种位置不确定的预定物体（目标和信息）的一门应用数学学科。

朱清新《离散和连续空间中的最优搜索理论》中有：最优搜索理论是关于如何以一种“最佳”的方式寻找某个事先已确定的对象（通常被称之为“搜索目标”）的理论。

陈建勇《单向最优搜索理论》中有：最优搜索理论是用数学方法研究如何以“最佳”的方式寻找某种位置不确定的、被称为“目标”的预定对象的理论，是应用数学学科的一个分支（显然是捏合了前两本书中的说法，一点新意都没有）。

在多本军事运筹学教科书关于搜索论的一章里，有搜索理论的“统一的定义”：搜索论是研究利用探测手段寻找某种指定目标的优化方案的理论和方法。

在一本军事运筹学教科书关于搜索论的一章里，有一个不太一样的“定义”：搜索论是寻求最佳搜索目标策略和评估探测目标效能的科学方法体系。

不知你看了这么些“定义”，对“什么是搜索理论”是更清楚了，还是更糊涂了。我对照了一下搜索理论这个筐子中的东西和上述的“定义”，总体上感觉，“定义”基本“靠谱”，但有些“不对碴”。

“靠谱”在于：上述的“定义”基本反映了通常理解的“经典”的搜索理论的意义和内容。

“不对碴”在于：“定义”包含了一些本已属于其他学科和理论的成熟的内容，又排除了一些属于和将来会属于搜索理论的研究内容。

1991 年，Stanley J. Benkoski 等在 *Naval Research Logistics* 上发表了一篇搜索理论的文献综述 A *Survey of the Search Theory Literature*（文后列了从 1946 年（Koopman 报告）到 1986 年的 239 篇文献，包括专著，综述文章，单向搜索问题、搜索对策问题和其他搜索问题的论文），论文用简单而直接的列举的方法，限定了所述文献的范围。好了，我决定学习这个方法，也学习 Benkoski 论文中的部分具体列举内容，为本书的“搜索理论”做一些限定。

1.5 最优化与评估

1.4 节的各种“定义”，只有最后一种将“最优”与“评估”做了平等表述，其他几种，或是“最佳”，或是“优化”，或是“有效”，有点乱。也许“优化”“有效”之中，隐含着“评估”？把问题再提升一下：“最优搜索理论”与“搜索理论”是不是等同的概念？或者说，是不是应该把“最优搜索理论”与“搜索理论”作为等同的概念？

如果将“最优搜索理论”与“搜索理论”作为等同的概念，那么，“评估”就不是搜索理论的研究内容，充其量可以作为搜索理论的一个“作用”。这是有道理的。首先，除了早期的基础性文献，到目前为止的绝大多数搜索理论文献都是研究“最优化”问题的。其次，研究最优搜索问题，必须建立搜索模型，而“评估”只是将给定的搜索策略代入搜索模型中进行计算。相对于“最优化”问题，“评估”是一件容易的事。

如果将“最优搜索理论”与“搜索理论”作为不同的概念，那么，自然是搜索理论包括“最优搜索”和“搜索效能评估”两部分内容。这也是有道理的。首先，实践中，客观地需要对搜索方案的效能进行评估。解决搜索效能评估问题的“方法和理论”，总不好说不算搜索理论吧。其次，有些搜索行为不存在最优化的问题（或者说，最优搜索策略是很多的且显而易见的），但仍然可能需要进行对某种搜索策略的效能评估。

本书第四篇中有评估的内容，也有最优化的内容，这并不表明本书对搜索理论的“定义”有态度。本节解决了什么问题？那就是，除非特别说明，否则，不必纠缠于“搜索理论”与“最优搜索理论”是否等同。

1.6　本书界定的“搜索”问题

本节根据前述的几种“定义”，通过解释有关的词汇，对本书的“搜索理论”进行初步的界定。以下的小标题“属于”本书讨论的搜索理论问题，而在小标题下的叙述中，会涉及相对应的“不属于”本书讨论的搜索问题。

1．明确的作为个体的目标

“目标”是构成搜索理论的基本要素。对于搜索者来说，要找的“目标”要明确、清楚，不会发生找到了还没认出来或把别的东西当成目标的情况。例如，我在一段路上丢失了一顶帽子，对你说，你去路上找找我丢的东西。对于你的搜索行为，“我丢的东西”不能成为搜索的目标，因为你很可能找回一部不知谁遗失的手机，或者找回我扔在路上的一袋垃圾（这个行为是很不好的）。作为个体的目标，一方面指，目标作为一个整体是不能分离的，另一方面指，不能把一个类的概念作为目标。例如：雷达对空搜索，目标是“飞机”这个类下的任意一个个体的“飞机”，而不是“飞机”这个集合下的所有飞机（从“明确”的意义上，“飞机”就是一个明确的目标。如果搜索敌机，任何一架“敌人的飞机”，都是明确的目标，当然也是个体的目标）；当捕捞船搜索鱼群时，鱼群就是一个个体目标，而鱼的个体，不是目标。

2．“隐藏”或“丢失”的目标

隐藏起来或者是丢失的“目标”才构成搜索问题的目标。这样的“目标”在现实中是很多很多的，例如，敌潜艇、鱼群、沉船，都是隐藏在海水中的目标；手机不见了，它可能是隐藏在家里某个角落里的目标，也可能是丢失在路上的目标。马航 370，既是隐藏的目标，又是丢失的目标。

而搜索“不是隐藏或丢失的目标”也能构成搜索问题。这样的问题同样很多很多。例如，在体育馆里，找坐在东区 3 排 5 号的你的一个小伙伴；在一队排列的 10 个篮球队员中，找身高最高的那个队员，等等。针对多种多样的这一类“目标”，无论是搜索的“最优化”问题还是搜索的“效能评估”问题，都有各自的理论与方法。建立和运用这些理论与方法的人，不把这些“理论与方法”往“搜索理论”这个筐子里放，别的人就更没有硬往里放的道理了。

3. 搜索的目的是确定目标的位置

搜索行为的最终目的是确定目标的位置。“发现目标”就是确定了目标的位置。

以“确定目标的位置”作为搜索的目的有两个层次的含义。第一，搜索行为，是以确定“目标的位置”为目的，或者说以“发现目标”为目的。这符合大多数搜索行为。但是，如找坐在东区3排5号的你的一个小伙伴，如找身高最高的那个队员，目的就不是确定“目标”所在的位置。在搜索前，就知道小伙伴的位置了。在搜索之前和“找到”之后，都不在乎那个篮球队员所站的位置。再比如，“打草惊蛇”式的搜索，目的就不是“发现目标”。第二，在构建的“搜索问题”中，必须有“发现目标”的实质性存在。下面看一道我杜撰的“例题”。

小明决定上山搜索他家丢失的宠物狗。如果带面包，完成搜索的时间是3h；如果带馒头，完成搜索的时间是4h。请问，小明应该带哪种食品，使完成搜索的时间最短？

假如将“搜索他家丢失的宠物狗”改为“随便走走”，把“完成搜索的时间”改为“在山上逗留的最长时间”，问题的答案是一样的，但这与“搜索”就完全没有关系了。如果仍然将“例题”作为一个“搜索问题”，我们需要考察一下“完成搜索的时间”的含义。如果是完成既定的搜索区域或搜索路线的时间，那么问题与“发现目标”没有任何关系；如果是小明忍耐饥饿的最长时间，仍然与“发现目标”没有关系；如果是“发现目标”的时间，不能再说与“发现目标”没有关系了，那我们就看看是什么关系。小明上山搜索的目的，是找到他的宠物狗。宠物狗是“丢失”的、“隐藏”的，能不能找到、何时找到，小明在搜索前不可能知道，即，不存在确切的“发现目标的时间”。于是，“发现目标的时间”与“发现目标”也没有关系。结论，这个“例题”中，不存在实质性的“发现目标”。

不存在实质性发现目标的搜索问题，可以转化为与搜索无关的一般的数学规划问题。

不要以为我出的这个“例题”很弱智。在很多某一类书的关于搜索理论的一章中，都有一道有 *n* 个“小明”，*m* 种“食品”的例题（不知其原始出处），并把这一类问题称为“搜索问题的线性规划模型”。这种分类给学习者的最大误解是，只要问题中有“搜索”或“找”的字眼，就是搜索论的问题。

4. 战术性搜索

将搜索问题在决策层级上进行一个粗略的划分，可以分为战术层级和战略层级。针对具体的问题，可能只有一个层级，或战术级，或战略级，也可能包括两个层级。所谓战术级，可以认为是通过搜索器材和工具的使用对目标进行搜索。搜索理论，主要研究战术性搜索问题。研究和解决搜索的战略性决策问题运用的是一般的决策理论和方法。依然找小明来帮忙。宠物狗丢失以后，小明在独自一人或招呼小伙伴上山找，还是报警，还是发布寻狗启示，还是几种办法组合运用，这个决策属于“搜狗”的战略性决策问题。小明招呼了 30 个小伙伴上山，用什么方案找，方案的效果会怎么样，就是战术性“搜狗”问题了。

5. 不依赖探测数据的搜索

不依赖探测数据的搜索，指的是这样一类的搜索：在发现目标之前，搜索者通过探测器材不能获得目标的任何信息；在发现目标之后，搜索即告结束。我们能够想到的很多搜索行为，属于不依赖探测数据的搜索行为。与之相对应的是依赖探测数据的搜索。

例如，搜索坐在体育馆东区 3 排 5 号的小伙伴，要依赖于你进入体育馆的位置和你向小伙伴移动过程中自己所处的位置。

有些探测器的“发现”目标是获得了目标位置不完整的信息，例如只有方位没有距离，或者只有距离没有方位。依赖于多个不完整的位置数据，运用相关的算法，可以获得目标位置的完整信息。将获得目标位置的完整信息作为发现目标，则之前的“搜索”就是依赖于数据的搜索。

还有的探测器能够获得目标位置的完整信息，但误差较大，而依赖于大量误差较大的位置数据，经过计算，可以给出误差较小的目标位置“估计”。如果将做出估计之前的过程称为搜索，这种搜索是依赖于数据的搜索。

在最优化计算方法中，对函数极值的搜索方法有很多种，如 0.618 法、最速下降法等，都是依赖“探测”数据的搜索方法。测量船用声纳搜索某个水域内“最浅的位置”，与搜索函数极值类似，也必须依赖于探测数据。

搜索理论最初研究的就是不依赖数据的搜索问题的搜索全过程或一个不太短的阶段的搜索策略、搜索方案的优化问题。至于对依赖于数据的搜索问题的研究，在搜索理论出现之前就有，现在仍然是某些领域的热门问题。这样的问题，其“搜索策略”依赖于数据“见机行事”。仍然是那句话，建立和运用解决这一类问题的理论与方法的人，不把“理论与方法”往“搜索理论”这个筐子里放，别的人就更没有硬往里放的道理了。

1.7 “单向搜索”与“搜索对策”

单向搜索（One-sided Search）指的是由一方实施搜索活动，作为目标的另外一方对于搜索没有任何主动反应。显然，对静止目标的搜索，一定是单向搜索。对运动目标的搜索，如果目标的运动与搜索行为的存在没有关系，也属于单向搜索。与“单向搜索”相对应，应该是“双向搜索”，目标会对搜索采取主动的反应。根据反应形态，可以分为“合作目标”与“非合作目标”。Benkoski论文中，限定了综述论文的目标是“非合作目标”，主要指目标会实施主动的行为，逃逸或避免被搜索者发现。对“非合作目标”的“双向搜索”问题，称为Search Game，可译为“搜索对策”或“搜索博弈”，也有译成“搜索游戏”的。搜索对策，文献虽比单向搜索问题的要少一些（Benkoski 论文后所列的 239 篇文献中，关于单向搜索的论文 136 篇，关于搜索对策的论文 62 篇），但无疑是搜索理论的重要内容。遗憾的是，本书没有包括搜索对策的内容，原因有三：

其一，不必也。大多关于搜索对策的文献，可以归为“对策论在搜索问题上的应用”。对于学习者来说，学习对策论难，结合搜索问题易。

其二，不能也。关于搜索问题色彩较强的对策论研究，目前还比较零散，况且我也没有认真地进行学习和研究。

其三，不欲也。过些年，有小于 0.0001 的概率，一本《搜索对策论》或《对策搜索论》或什么名字的新书出现，署名与本书的署名一样。

第2章 基本概念简介

2.1 目标信息

一般认为的“目标信息”是指探测者接收目标辐射或反射的某种物理信号（如光、电、磁、电磁、声等）而获得的目标特征。本节，包括本书的“目标信息”，指的是目标的“位置”信息和“运动”信息。搜索的目的就是确定目标的位置，在发现目标前，怎么会有目标的位置信息呢？搜索理论中的目标信息是目标位置或运动的“概率”信息，也就是对目标的一种先验的概率论描述或随机过程描述。

要在数学上构成一个“搜索问题”，必须有目标的信息。在理论研究中，可以给目标设定各种概率信息，但在实际运用中，某个目标或某类目标的概率信息是可知的吗？若完全知道，当然好；若知道的不完全，则只能为目标“选择”尽可能接近“真实”的概率信息；假如完全不知道，也必须且可以为目标“赋予”某种概率信息。

2.2 探测器与探测能力

能够感知目标存在的工具，统称为探测器，例如人的眼睛、耳朵、鼻子，雷达、声纳、摄像机等。没有探测器无法进行任何搜索目标的行动。在搜索理论中，探测器与目标一样，以数学的形式表达探测器的探测能力。我们知道，任何探测器的探测能力都不可能脱离目标而独立定义。看到十米外的一只老鼠，却看不到同一位置上的一只蚂蚁，这不能表示视力不同。在搜索理论研究中，一般采用一些抽象的典型的探测能力模型。在搜索理论的应用中，建立具体的探测器的探测能力模型是一项重要的基础性工作，此时，目标形式往往也是具体的，从而可以用具体目标为基准，度量探测器的探测能力。

在搜索理论中，由各种各样的探测器材抽象而成的“探测器”，在空间的作用范围一般是有限的。如果作用范围能够覆盖全部搜索空间，那么这个探测器在空间中的“探测能力”必须是可变的，否则，在搜索空间里“找目标”这件事，就只有“探测”而没有“搜索”了，从而构造不出一个“搜索问题”。

在搜索理论中，有一类问题，探测能力模型并不是描述“探测器”的探测能力，或者在这一类问题中，“探测器”是广义的，不仅仅包含“探测器材”。在这里，我把这种探测器称为“全能探测器”（这是我杜撰的一个词）。

警察到一个山上搜索一个逃犯，每个警察的眼睛、耳朵，甚至鼻子，都是探测器。简单一点，警察的眼睛是探测器。下面，我们看看，在一个典型的搜索力量分配问题中，“探测器”在哪里。

一个逃犯一定躲藏在三座山上，却不知道具体在哪座山上，只知道在每座山上的概率。公安局长可以调动搜山的警察是 100 人。假设逃犯在第一座山上，在这座山进行搜索的警察人数与发现概率的关系已知（肯定是人越多，概率越大）；另两座山的关系也已知。公安局长应该怎样在三座山分配这 100 个警察，使找到逃犯的概率最大。

在这个问题中，“目标信息”已经有了，就是逃犯在三座山上的概率。探测器材也有了，100 双警察的眼睛，但没有眼睛探测能力的描述。问题中探测能力的描述在哪里呢？在警察数量与条件发现概率的关系上。公安局长可以在“三座山”这个全空间里，任意分配这 100 个警察，则局长就是“全能探测器”。任意分配人力意味着“全能探测器”在空间中的搜索力量是可变的，从而探测能力也是可变的。

2.3 搜索与搜索策略

“搜索”和“探测”这两个词经常被混用。在搜索理论中，应该有严格的区分。一般来说，探测器固有的辨别是否有目标的工作过程称为“探测”。例如：雷达天线对准天空一个方向固定不动，一次一次地发射电磁脉冲，是“探测”飞机；公安局长执行比他更大的官的人的搜索方案，派 20 个警察上第一座山，30 个警察上第二座山，50 个警察上第三座山，是公安局长这个普通“探测器”在“探测”逃犯。而探测力量在空间和时间中的运用称为“搜索”。雷达天线在旋转和俯仰中发射电磁脉冲，是“搜索”飞机；公安局长经过慎重考虑，决定派 20 个警察上第一座山，30 个警察上第二座山，50 个警察上第三座山，是局长这个“全能探测器”在“搜索”逃犯；局长命令 100 个警察先上第一座山，再上第二座山，最后上第三座山，是 100 个警察这个普通“探测器”在“搜索”逃犯。从这里我们可以看到，“全能探测器”的“探测”和“搜索”是一致的，而普通探测器的“探测”和“搜索”是可以区分的。

探测力量的运用方式称为搜索策略，或搜索方案。一般可以将搜索策略分为两种形式，一种是搜索路径，另一种是探测力量分配。前者对应着探测能力在空间中受到严格限制的情况。例如，100 个警察不能分开，只能集体行动，则警察进三座山的先后顺序，构成搜索路径，即搜索策略。后者对应着搜索力量在空间中可以任意分配的情况。警察数量在三座山的分配方式就是搜索策略。

有的搜索问题中，探测力量分配的搜索策略和搜索路径的搜索策略是一致的。

2.4　搜索效能指标与搜索模型

对于一个已经完成的搜索行为，很容易评估其效果。找到目标好，没找到目标不好。如果找到目标，消耗资源少好，消耗资源多不好，花费时间（也是一种资源）短好，花费时间长不好。但是，对于一个搜索策略，无法进行这样的评估，因为实施一个搜索策略是否发现目标，何时发现目标，发现目标所消耗的资源，都是随机事件。实施一次搜索策略相当于进行了一次“随机试验”，试验结果不能代表搜索策略的好坏。很多很多次地实施某种搜索策略，相当于进行大量的随机试验，在实际中不可行（进山抓逃犯的事，多少年遇不到一次），也失去了搜索策略的意义。

对搜索策略的评估，利用的是概率性指标。一个搜索策略，发现目标的概率较大，就可以说这个策略较好。或者，一个策略，发现目标消耗资源的均值较少，这个策略较好。在搜索理论中，最常用的搜索效能指标是“发现概率”和“发现目标费用期望值”。“费用”与“消耗的资源”同义，多是“搜索时间”“搜索路程”。

这两种指标，有的情况下是严格区分的，也有很多情况下，这两种指标是一致的，可以互相转换，一个搜索策略的发现概率较大，其发现目标费用期望值一定较小。

目标信息、探测能力、搜索策略三者与搜索效能指标的数学关系，称为“搜索模型”。

搜索效能评估就是给定一个搜索策略，利用搜索模型，计算出搜索效能指标值。

最优搜索问题就是根据搜索模型，寻找使搜索效能指标最佳（发现概率最大或资源消耗期望值最小）的搜索策略。

如果可选的搜索策略数量少，对每个策略进行一次评估，很容易找到最优策略。最优搜索问题之所以成为一个“问题”，是因为可选的搜索策略很多，甚至无穷多，逐个策略评估然后比较选优的“选优策略”不可行。

2.5 离散量与连续量

目标空间，指目标可能存在的空间范围。

搜索空间，指搜索能力可达的空间范围。

这两个空间，有的情况下是一致的，有的情况下是不一致的。例如用机载雷达搜索目标，搜索空间是三维，海面上的船的目标空间是二维。有时出于建模的需要，两个一致的空间也可能分别进行表达。不加特别说明，可以统称为“空间”。

探测力量，也可称为“搜索力”“搜索量”，是实现探测能力的基本量。在不同的搜索问题中，这个量有不同的形式。例如：在 2.3 节、2.4 节的警察搜山问题中，警察的数量就是“搜索力”；如果将警察的搜山作为搜索过程，则警察搜索的面积可以作为“搜索力”。

时间，在搜索问题中有两种不同的意义。最主要的意义在于表示搜索和目标的行为进程，是时间的最一般的意义。另一种意义，是作为一种“搜索力”和“资源”。例如，公安局长掌握的警察数是固定的 100 人，且不能分开行动。如果供局长掌握的时间资源是 5h，他需要决策的是在三座山上如何分配时间，而搜索时间与条件概率有关，是一种“搜索力”。本节，“时间”取第一种意义（第二种意义，归于“搜索力”）。

空间、时间、搜索力这三个量，在不同的搜索问题中可以取连续值或离散值。后面的章节，会给出明确的数学定义，本节仅做简单的说明。

在 2.3 节、2.4 节的警察搜山问题中，三座山构成的“空间”就是离散空间。当搜索问题是对一座山的搜索，如果逃犯可能处于这座山的任何一个位置上，这座山就是连续的“目标空间”；如果警察的搜索力可以达到山上的任何一个位置，这座山就是连续的“搜索空间”。

实际的时间总是连续的。在搜索模型中，离散的时间出现在以下几种情况下：第一，目标信息的变化出现在离散的时间点上，瞬间完成，这是一种建模形式，实际中不存在这样的目标，但有可以近似成这种形式的目标；第二，探测时间不作为搜索力，即探测效果与探测时间无关；第三，探测时间在离散的时间段上。这三种情况的不同，能够组合出多种模型，但具有理论意义和实用意义的组合并不多。

如果搜索力有最小的单位量，这种搜索力称为离散搜索力。在 2.3 节、2.4 节的警察搜山问题中，警察人数就是离散搜索力，其最小可分的单位是“1 人”。如果搜索力是无限可分的，则是连续搜索力。“搜索面积”，就是一种直观的、典型的连续搜索力。

第3章 目标位置

3.1 目标位置的概率描述

对于静止目标，概率分布是其完全的先验信息；而对于运动目标，概率分布描述的目标先验信息，针对特定的时刻，如“起始时刻”，此时刻的概率分布常被称为“初始分布”。

3.1.1 离散空间目标概率的定义

设集 I 为正整数的子集，如果 $p:I\to(0,1)$，且 $\sum_{i\in I}p(i)=1$，则函数 p 是 I 上的目标分布。即 $p(i)$ 为空间单元 i 上的概率。

这个定义比较“数学化”。通俗一点：有编号为 $i=1,2,\cdots,N$（当然也可以使用其他的正整数进行编号）的 N 个离散空间单元，目标存在于各单元中的概率是 $0<p(i)<1$。$\sum_{i\in I}p(i)=1$，保证空间中一定有目标。

3.1.2 连续空间目标概率的定义

$\boldsymbol{x}\in\mathbf{R}^n$，如果有 $\rho(\boldsymbol{x})\Delta V_n=\text{prob}[\boldsymbol{x}\in\Delta V_n|\Delta V_n\subset\mathbf{R}^n]+0(\Delta V_n)$，则称函数 ρ 为目标在空间 $\boldsymbol{x}\in\mathbf{R}^n$ 上的概率分布密度函数，$\rho(\boldsymbol{x})$ 为目标位于 $\boldsymbol{x}$ 的概率密度。

ΔV_n 为 $\mathbf{R}^n$ 空间中包含点 $\boldsymbol{x}$ 的一个体积微量，$0(\Delta V_n)$ 为 ΔV_n 的高阶无穷小量。

空间中一定有目标存在，则有 $\int_{\mathbf{R}^n}\rho(\boldsymbol{x})\mathrm{d}\boldsymbol{x}=1$。

若有 $S\subset\mathbf{R}^n$，则 $\text{prob}[\text{目标存在于}S]=\int_S\rho(\boldsymbol{x})\mathrm{d}\boldsymbol{x}$。

在上述依然很“数学化”的表述中，$\mathbf{R}^n$ 表示 n 维欧几里得空间。在实用的搜索问题中，目标空间一般是一维、二维或三维的无限或有限空间。与之相对应，表示目标位置的“随机向量”，是一维、二维或三维随机向量。

对于向量 $\boldsymbol{x}=[x_1,x_2,\cdots,x_n]$，定义 $\mathrm{d}\boldsymbol{x}=\mathrm{d}x_1\mathrm{d}x_2\cdots\mathrm{d}x_n$。

3.2 分布密度函数的坐标变换

以二维空间为例，介绍分布密度函数的坐标变换。

在直角坐标系中，有分布密度函数 $\rho(x,y)$。

由直角坐标系向新坐标系的变换关系为 $\eta=\eta(x,y),\gamma=\gamma(x,y)$。

新坐标系向直角坐标系的逆向变换关系为 $x=x(\eta,\gamma),y=y(\eta,\gamma)$。

概率分布密度函数在两种坐标系中的转换关系为

$$\rho(x,y)=\rho[x(\eta,\gamma),y(\eta,\gamma)]=\hat{\rho}(\eta,\gamma)$$

不引起误解，往往也将 $\hat{\rho}(\eta,\gamma)$ 表示为 $\rho(\eta,\gamma)$。

设有一空间域 Ω，其面积为 S（一维空间为长度，三维空间为体积），$\mathrm{d}S$ 表示面积微元。目标存在于空间域 Ω 的概率为 $\int_\Omega \rho\mathrm{d}S$。在二维直角坐标中，则为 $\int_\Omega \rho(x,y)\mathrm{d}x\mathrm{d}y$。

面积微元 $\mathrm{d}x\mathrm{d}y=\left|\dfrac{\partial(x,y)}{\partial(\eta,\gamma)}\right|\mathrm{d}\eta\mathrm{d}\gamma$。其中 $\left|\dfrac{\partial(x,y)}{\partial(\eta,\gamma)}\right|=\begin{vmatrix}\dfrac{\partial x}{\partial\eta} & \dfrac{\partial x}{\partial\gamma}\\ \dfrac{\partial y}{\partial\eta} & \dfrac{\partial y}{\partial\gamma}\end{vmatrix}$，称为雅可比行列式。

目标存在于空间域 Ω 的概率，与坐标系的选择无关，有

$$\int_\Omega \rho(x,y)\mathrm{d}x\mathrm{d}y=\int_\Omega \hat{\rho}(\eta,\gamma)\left|\frac{\partial(x,y)}{\partial(\eta,\gamma)}\right|\mathrm{d}\eta\mathrm{d}\gamma$$

新坐标系下，$\hat{\rho}(\eta,\gamma)$ 为概率分布密度，$\left|\dfrac{\partial(x,y)}{\partial(\eta,\gamma)}\right|\mathrm{d}\eta\mathrm{d}\gamma$ 为面积微元。而 $\mathrm{d}\eta\mathrm{d}\gamma$ 不是物理上的“面积”微元，$\hat{\rho}(\eta,\gamma)\left|\dfrac{\partial(x,y)}{\partial(\eta,\gamma)}\right|$ 也没有“目标分布密度函数”的意义（有一本书将 $\hat{\rho}(\eta,\gamma)\left|\dfrac{\partial(x,y)}{\partial(\eta,\gamma)}\right|$ 定义为“目标在新坐标系下的分布密度函数”，误导了不少学生）。

3.3 边缘分布密度

以二维空间为例，讨论边缘分布密度问题。边缘分布，也称为边际分布。

在直角坐标系中，设目标分布密度函数为 $\rho(x,y)$，则：

$F_x(x)=F(x,+\infty)=\int_{-\infty}^{x}(\int_{-\infty}^{+\infty}\rho(u,v)\mathrm{d}v)\mathrm{d}u$，$F_y(y)=F(+\infty,x)=\int_{-\infty}^{y}(\int_{-\infty}^{+\infty}\rho(u,v)\mathrm{d}u)\mathrm{d}v$，分别称为关于 x 和 y 的边缘分布函数。

$\rho_x(x)=\int_{-\infty}^{+\infty}\rho(x,y)\mathrm{d}y$，$\rho_y(y)=\int_{-\infty}^{+\infty}\rho(x,y)\mathrm{d}x$，分别称为关于 x 和 y 的边缘分布密度函数。

一般情况下，仅由两个边缘分布密度函数 $\rho_x(x)$ 和 $\rho_y(y)$，不能确定联合分布密度函数 $\rho(x,y)$。但在各随机变量相互独立度的情况下，联合分布密度函数可以由各边缘分布密度函数表示。

在任何情况下，都可以从联合概率分布密度函数求得边缘分布密度函数，从而可以考察单个随机变量的分布情况，或者计算单个随机变量区间的概率。

在随机变量相互独立的情况下，可以通过每个边缘分布密度函数，获得联合概率分布密度函数。在目标分布的“设定”中，往往不容易直接设定联合分布密度函数。此时，可以假设随机变量相互独立，分别设定各个边缘分布，从而获得联合概率分布密度函数。例如，在极坐标系中，假设目标的“距离”和“方位”是相互独立的随机变量，则分布密度函数可以表示为两个单变量函数的乘积，即 $\rho(r,\theta)=f(r)g(\theta)$。边缘分布可以表示为

$$\rho_r(r)=\int_0^{2\pi}\rho(r,\theta)r\mathrm{d}\theta=\int_0^{2\pi}f(r)g(\theta)r\mathrm{d}\theta=rf(r)$$

$$\rho_\theta(\theta)=\int_0^{+\infty}\rho(r,\theta)r\mathrm{d}r=\int_0^{+\infty}f(r)g(\theta)r\mathrm{d}r=g(\theta)$$

若已知两个相互独立的距离和方位的边缘分布密度函数 $\rho_r(r)$、$\rho_\theta(\theta)$，则可求得联合分布密度函数为

$$\rho(r,\theta)=f(r)g(\theta)=\frac{\rho_r(r)}{r}\rho_\theta(\theta),\quad r\in[0,+\infty),\theta\in[0,2\pi] \tag{3-1}$$

对式（3-1）要给予特别的关注，以后会经常用到。千万不要将直角坐标系 X、Y 相互独立的关系 $\rho(x,y)=\rho_x(x)\rho_y(y)$ 直接套用到极坐标系中写成 $\rho(r,\theta)=\rho_r(r)\rho_\theta(\theta)$（被误导的学生我也见过不少）。

3.4　后验概率分布

在搜索问题中，会有这样的情况。已知目标的概率分布（先验分布），按照某种搜索策略进行了一个阶段的搜索，没有发现目标。在这种情况下，如果要制订下一阶段的搜索策略，已经不能再应用原来的目标先验分布信息了，而应该利用已经完成的搜索，对目标分布进行“更新”。经搜索没有发现目标后，目标的概率分布称为“后验概率分布”。

3.4.1　离散空间目标后验概率分布

目标在 N 个离散空间单元中的先验概率分布为 $p(i)$，$i \in I = \{1,2,\cdots,N\}$。在某个单元 $j \in I$ 进行探测，发现目标的概率为 $P_j \leqslant p(j)$。则，在单元 j 进行探测没有发现目标，目标的后验概率分布为

$$p'(i) = \begin{cases} \dfrac{p(i) - P_j}{1 - P_j}, i = j \\ \dfrac{p(i)}{1 - P_j}, i \neq j \end{cases}$$

可以验证，$\sum\limits_{i \in I} p'(i) = 1$。

在某个单元中进行一次探测，即使没有发现目标，也获得了关于目标的某种信息，利用这种信息对全空间内的目标分布进行修正，重新获得一个目标分布，就是后验概率分布。

3.4.2　连续空间目标后验概率分布

$\boldsymbol{x} \in \mathbf{R}^n$，有先验概率分布密度函数 $\rho(\boldsymbol{x})$。设探测函数为 $b(\boldsymbol{x}) \in [0,1]$（后面会专门介绍这个概念）。进行探测的发现概率为 $\int_{\mathbf{R}^n} b(\boldsymbol{x})\rho(\boldsymbol{x})\mathrm{d}\boldsymbol{x}$。若探测没有发现目标，目标的后验概率分布密度为

$$\rho'(\boldsymbol{x}) = \frac{1 - b(\boldsymbol{x})}{1 - \int_{\mathbf{R}^n} b(\boldsymbol{x})\rho(\boldsymbol{x})\mathrm{d}\boldsymbol{x}} \rho(\boldsymbol{x})$$

3.5 常用的概率分布形式

在搜索理论中，有一些概率分布密度的形式被广泛而经常地采用。所谓常用，一方面是指在搜索理论研究中，这些分布形式有一定的代表性和典型性，并且在数学上容易处理，另一方面是指这些形式在许多实际搜索问题中，常常符合或接近目标的分布规律。

3.5.1 均匀分布

均匀分布指的是n维随机向量在$\mathbf{R}^n$的一个空间A内（严格的数学表述称为“紧支集”）等可能地出现的一种分布形式。若这个空间范围的体积（一维空间为长度，二维空间为面积）为V_n，均匀分布的分布密度函数为

$$\rho(\boldsymbol{x})=\begin{cases}\dfrac{1}{V_n}, & \boldsymbol{x}\in A\subset\mathbf{R}^n\\ 0, & \boldsymbol{x}\notin A\end{cases}$$

在实用中，空间A也可以由多个不连通的子空间组成。

均匀分布的信息量最低，不确定性最大。在搜索理论中，以此计算的最优往往是非严格最优，甚至失去求最优的价值。在对目标的分布没有任何先验知识的情况下，均匀分布是可以采用的“最好”的分布形式。

3.5.2 正态分布

关于正态分布，我们直接应用概率论的知识，给出其分布密度函数。

一维正态分布密度函数：$\rho(x)=\dfrac{1}{\sqrt{2\pi}\sigma}\exp\{-\dfrac{(x-\mu)^2}{2\sigma^2}\}$。$\mu$、$\sigma$分别为分布的均值和均方根。

二维正态分布密度函数：

$$\rho(\boldsymbol{x})=\rho(x,y)$$
$$=\frac{1}{2\pi\sigma_x\sigma_y\sqrt{1-\beta^2}}\exp\{-\frac{1}{2(1-\beta^2)}[\frac{(x-\mu_x)^2}{2\sigma_x{}^2}-2\beta\frac{(x-\mu_x)(y-\mu_y)}{\sigma_x\sigma_y}+\frac{(y-\mu_y)^2}{2\sigma_y{}^2}]\}$$

式中：β为相关系数。

当$\beta=0,\sigma_x=\sigma_y=\sigma$，有：

$$\rho(\boldsymbol{x})=\rho(x,y)=\frac{1}{2\pi\sigma^2}\exp\{-\frac{(x-\mu_x)^2+(y-\mu_y)^2}{2\sigma^2}\}$$

若将直角坐标系转换到极坐标系，令：$x-\mu_x=|\boldsymbol{r}|\cos\theta, y-\mu_y=|\boldsymbol{r}|\sin\theta$，$|\boldsymbol{r}|=r$，则：

$$\rho(\boldsymbol{r})=\rho(r,\theta)=\frac{1}{2\pi\sigma^2}\exp\{-\frac{r^2}{2\sigma^2}\}$$

该分布也称为“圆正态分布”。所对应的边缘分布：

$$\rho_r(r)=\frac{r}{\sigma^2}\exp\{-\frac{r^2}{2\sigma^2}\}，\ r\in[0,+\infty)\ ;$$

$$\rho_\theta(\theta)=\frac{1}{2\pi}，\quad \theta\in[0,2\pi]$$

式中：$\rho_r(r)$ 的分布形式称为瑞利分布。在二维空间，“圆正态分布”与“距离上服从瑞利分布，方位上服从均匀分布”是等同的。

第 4 章 运动目标的概率描述

4.1 确定性目标的描述

设初始时刻 $t_0 = 0$。$t > 0$，目标处于 $\boldsymbol{x}(t)$。以时间 t 为自变量，向量函数 $\boldsymbol{x}(t)$ 构成目标的轨迹。如果 $\boldsymbol{x}(t)$ 具有各阶导数，则可以用向量微分方程组描述一个点目标的运动：

$$\boldsymbol{v}(t) = \frac{\mathrm{d}\boldsymbol{x}(t)}{\mathrm{d}t}$$

$$\boldsymbol{a}(t) = \frac{\mathrm{d}\boldsymbol{v}(t)}{\mathrm{d}t}$$

$$\dot{\boldsymbol{a}}(t) = \frac{\mathrm{d}\boldsymbol{a}(t)}{\mathrm{d}t}$$

$$\cdots\cdots$$

$$\boldsymbol{x}(0)=\boldsymbol{x}_0, \boldsymbol{v}(0)=\boldsymbol{v}_0, \boldsymbol{a}(0)=\boldsymbol{a}_0, \cdots\cdots$$

这种运动，也可以用积分方程组描述：

$$\left.\begin{aligned} \boldsymbol{x}(t) &= \boldsymbol{x}_0 + \int_0^t \boldsymbol{v}(\tau)\mathrm{d}\tau \\ \boldsymbol{v}(t) &= \boldsymbol{v}_0 + \int_0^t \boldsymbol{a}(\tau)\mathrm{d}\tau \\ \boldsymbol{a}(t) &= \boldsymbol{a}_0 + \int_0^t \dot{\boldsymbol{a}}(\tau)\mathrm{d}\tau \end{aligned}\right\}$$

$$\cdots\cdots$$

方程的数量对应着运动的复杂程度。最简单的匀速直线运动只需要一个方程，而匀变速直线运动，需要两个方程，等等。

4.2　确定性运动目标的概率描述

已知目标初始分布函数 $\rho_0(\boldsymbol{x}_0)$、速度函数 $\boldsymbol{v}(t)$，则有随机向量 $\boldsymbol{x}(t)=\boldsymbol{x}_0+\int_0^t \boldsymbol{v}(\tau)\mathrm{d}\tau$。

目标位置的随机性只体现在初始位置的随机性上。对于任意 $t>0$，$\int_0^t \boldsymbol{v}(\tau)\mathrm{d}\tau$ 都是一个确定的距离向量。将 $\boldsymbol{x}_0=\boldsymbol{x}(t)-\int_0^t \boldsymbol{v}(\tau)\mathrm{d}\tau$ 代入 $\rho_0(\boldsymbol{x}_0)$ 中，得到关于 $\boldsymbol{x}(t)$ 的概率分布密度函数函数 $\rho[\boldsymbol{x}(t)]=\rho_0[\boldsymbol{x}(t)-\int_0^t \boldsymbol{v}(\tau)\mathrm{d}\tau]$。在形式上，$\boldsymbol{x}(t)$ 的分布就是将 $\boldsymbol{x}_0$ 的分布在空间中移动 $\int_0^t \boldsymbol{v}(\tau)\mathrm{d}\tau$。

若 $\boldsymbol{v}(t)\equiv\boldsymbol{0}$，“运动目标”则退化为“静止目标”。

4.3　随机运动目标的确定性函数描述（Ⅰ）

在目标位置方程 $\boldsymbol{x}(t)=\boldsymbol{x}_0+\int_0^t \boldsymbol{v}(\tau)\mathrm{d}\tau$ 中，若 $\boldsymbol{x}_0$ 是随机变量，$\boldsymbol{v}(t)$ 是随机函数，则对于确定的 t，$\boldsymbol{x}(t)$ 是随机变量。用随机函数描述目标的随机运动，问题比较复杂，我们将在目标运动的“随机过程”描述中进行介绍。本节给出一种随机运动目标的确定性函数描述。

将 $\boldsymbol{v}(t)$ 的随机性进行一定的限制，可以将随机运动用确定性函数描述。例如，假设目标的随机运动是匀速直线运动，或称恒速运动，速度函数 $\boldsymbol{v}(t)=\boldsymbol{v}$ 是与 t 无关的随机向量，则 $\boldsymbol{x}(t)=\boldsymbol{x}_0+\boldsymbol{v}t$ 是两个随机向量之和，仍是随机向量。特别要注意，这样的目标运动的“随机性”是受到“匀速直线运动”的限制的。

同样，假如设定目标为匀变速运动，则 $\boldsymbol{x}(t)=\boldsymbol{x}_0+\boldsymbol{v}_0t+\frac{1}{2}\boldsymbol{a}t^2$，随机向量 $\boldsymbol{x}(t)$ 由随机向量 $\boldsymbol{x}_0$、$\boldsymbol{v}_0$、$\boldsymbol{a}$ 和确定性的时间 t 构成。$\boldsymbol{x}(t)$ 的分布密度函数可以通过对相互独立的多个随机向量的分布密度函数的运算获得。

4.4　随机恒速运动目标的概率描述

已知目标初始位置分布函数 $\rho_0(\boldsymbol{x}_0)$，随机恒速运动的速度分布密度函数 $\rho_v(\boldsymbol{v})$，并且初始分布与速度分布相互独立。

从运动方程 $\boldsymbol{x}(t)=\boldsymbol{x}_0+\boldsymbol{v}t$ 可知，随机向量 $\boldsymbol{x}(t)$ 是随机向量 $\boldsymbol{x}_0$ 与随机向量 $\boldsymbol{v}t$ 之和。将 $\boldsymbol{v}t$ 的分布密度函数表示为 $\rho_{vt}(\boldsymbol{v}t)$。令 $\boldsymbol{x}(t)$ 的分布密度函数为 $\rho[\boldsymbol{x}(t)]$。因 $\boldsymbol{x}_0,\boldsymbol{v}t$ 相互独立，其联合概率分布密度函数 $\rho(\boldsymbol{x}_0,\boldsymbol{v}t)=\rho_0(\boldsymbol{x}_0)\rho_{vt}(\boldsymbol{v}t)$。根据概率论中求两个随机变量之和的随机变量的分布密度函数的原理，有：

$$\begin{aligned}\rho[\boldsymbol{x}(t)]&=\int_{\mathbf{R}^n}\rho(\boldsymbol{x}_0,\boldsymbol{v}t)\mathrm{d}\boldsymbol{x}_0=\int_{\mathbf{R}^n}\rho_0(\boldsymbol{x}_0)\rho_{vt}(\boldsymbol{v}t)\mathrm{d}\boldsymbol{x}_0\\&=\int_{\mathbf{R}^n}\rho_0(\boldsymbol{x}_0)\rho_{vt}[\boldsymbol{x}(t)-\boldsymbol{x}_0]\mathrm{d}\boldsymbol{x}_0=\frac{1}{t^n}\int_{\mathbf{R}^n}\rho_0(\boldsymbol{x}_0)\rho_{v}[\boldsymbol{x}(t)-\boldsymbol{x}_0]\mathrm{d}\boldsymbol{x}_0\end{aligned}\tag{4-1}$$

也可以表示为

$$\begin{aligned}\rho[\boldsymbol{x}(t)]&=\int_{Vt}\rho(\boldsymbol{x}_0,\boldsymbol{v}t)\mathrm{d}(\boldsymbol{v}t)=\int_{Vt}\rho_0(\boldsymbol{x}_0)\rho_{vt}(\boldsymbol{v}t)\mathrm{d}(\boldsymbol{v}t)\\&=\int_{Vt}\rho_0[\boldsymbol{x}(t)-\boldsymbol{v}t]\rho_{vt}(\boldsymbol{v}t)\mathrm{d}(\boldsymbol{v}t)=\int_{V}\rho_0[\boldsymbol{x}(t)-\boldsymbol{v}t]\frac{\rho_v(\boldsymbol{v})}{t^n}\cdot t^n\mathrm{d}\boldsymbol{v}\\&=\int_{V}\rho_0[\boldsymbol{x}(t)-\boldsymbol{v}t]\rho_v(\boldsymbol{v})\mathrm{d}\boldsymbol{v}\end{aligned}\tag{4-2}$$

其中，速度空间 $V\subset\mathbf{R}^n$。

$\boldsymbol{x}(t)$、$\boldsymbol{x}_0$、$\boldsymbol{v}$ 作为一般的向量表达，式（4-1）、式（4-2）适用于各类坐标系。

式（4-1）、式（4-2）式中的 $\rho[\boldsymbol{x}(t)]$ 也可以表示为 $\rho(\boldsymbol{x},t)$。

4.5 随机运动目标的确定性函数描述（Ⅱ）

在 4.3 节中，对描述随机运动目标的确定性函数进行了限制：①目标的“运动”与初始位置 $\boldsymbol{x}_0$ 无关；②除 $\boldsymbol{x}_0$ 以外，随机向量的数量直接对应运动状态的复杂性。本节讨论的确定性函数，将突破上述两条限制，更一般地描述随机运动目标。

设初始时刻目标位置 $\boldsymbol{x}_0\in\mathbf{R}^n$。在任意 $t>0$ 时刻，目标位置 $\boldsymbol{x}\in\mathbf{R}^n$。设随机参数向量 $\boldsymbol{\xi}\in\mathbf{R}^m$。定义初始位置 $\boldsymbol{x}_0$、随机参数 $\boldsymbol{\xi}$ 和时间 t 的向量函数 $\boldsymbol{h}\in\mathbf{R}^n$ 为 t 时刻目标的位置，即随机参数为 $\boldsymbol{\xi}$，初始时刻在 $\boldsymbol{x}_0$ 点的目标，在 t 时刻空间位置为 $\boldsymbol{x}=\boldsymbol{h}(\boldsymbol{x}_0,\xi,t)$。

对于所有 $\boldsymbol{x}_0\in\mathbf{R}^n$，$\boldsymbol{\xi}\in\boldsymbol{R}^m$，有 $\boldsymbol{x}_0=\boldsymbol{h}(\boldsymbol{x}_0,\xi,0)$。假设函数 $\boldsymbol{h}$ 是空间 $\mathbf{R}^n$ 中的一一对应函数，其正的雅可比行列式 $J(\boldsymbol{x}_0,\xi,t)=\left|\dfrac{\partial\boldsymbol{h}(\boldsymbol{x}_0,\xi,t)}{\partial\boldsymbol{x}_0}\right|$。假设雅克比矩

阵$\left[\dfrac{\partial \boldsymbol{h}(\boldsymbol{x}_0,\xi,t)}{\partial \boldsymbol{x}_0}\right]$的所有元素对于$t \geqslant 0$几乎处处连续，则方程$\boldsymbol{x}=\boldsymbol{h}(\boldsymbol{x}_0,\xi,t)$有唯一解$\boldsymbol{x}_0=\boldsymbol{h}^{-1}(\boldsymbol{x},\xi,t)$。对于任意$X_0 \subset \mathbf{R}^n$，$\xi \in \mathbf{R}^m$，$t \geqslant 0$，其映射空间$X(\xi,t) \subset \mathbf{R}^n$，即初始时刻目标存在于空间$X_0$的概率，就是$t$时刻目标存在于空间$X(\xi,t)$的概率。令目标初始分布$\rho_0(\boldsymbol{x}_0)$，$t$时刻目标分布$\rho(\boldsymbol{x},t)$，则

$$\int_{X_0}\rho_0(\boldsymbol{x}_0)\mathrm{d}\boldsymbol{x}_0=\int_{X(\xi,t)}\rho_0[\boldsymbol{h}^{-1}(\boldsymbol{x},\xi,t)]\frac{1}{J[\boldsymbol{h}^{-1}(\boldsymbol{x},\xi,t),\xi,t]}\mathrm{d}\boldsymbol{x}=\int_{X(\xi,t)}\rho(\boldsymbol{x},\xi,t)\mathrm{d}\boldsymbol{x}$$

所以，$\rho(\boldsymbol{x},\xi,t)=\dfrac{\rho_0[\boldsymbol{h}^{-1}(\boldsymbol{x},\xi,t)]}{J[\boldsymbol{h}^{-1}(\boldsymbol{x},\xi,t),\xi,t]}$。

于是有任意t时刻目标的分布密度函数为

$$\rho(\boldsymbol{x},t)=\int_{\mathbf{R}^m}\rho(\boldsymbol{x},\xi,t)\mathrm{d}\xi=\int_{\mathbf{R}^m}\frac{\rho_0[\boldsymbol{h}^{-1}(\boldsymbol{x},\xi,t)]}{J[\boldsymbol{h}^{-1}(\boldsymbol{x},\xi,t),\xi,t]}\mathrm{d}\xi \tag{4-3}$$

比较可以发现，式（4-2）是式（4-3）在一种特殊情况下的表达。

第 5 章 运动目标的随机过程描述

5.1 随机过程的定义

设概率空间$(\Omega, \mathcal{F}, P)$，T为直线上的参数集（可列或不可列），若对每一个$t \in T$，都有$(\Omega, \mathcal{F}, P)$中的随机变量$X(t, \boldsymbol{\omega})$，$\boldsymbol{\omega} \in \Omega$，则称随机变量族$\{X(t,\boldsymbol{\omega}), t \in T, \boldsymbol{\omega} \in \Omega\}$为$(\Omega, \mathcal{F}, P)$上的一个随机过程。有时简记为$\{X(t), t \in T\}$，或$X(t)$、$X_T(t)$等。

参数集T一般表示时间。随机过程是个统称，有时专指T是连续的场合。若T取离散值，称为随机序列，或时间序列。

随机过程的值域指所有随机变量的共同值域空间，称为状态空间或象空间。

随机过程涉及三个集合：概率空间、参数集、值域。

研究随机过程的三种观点：

（1）$\{X(t), t \in T\}$，当$t \in T$固定时，得到随机变量$X(t, \boldsymbol{\omega})$，因此可以把随机过程看成是$T$到随机变量空间的映射。

（2）当$\boldsymbol{\omega} \in \Omega$固定时，$X(t, \boldsymbol{\omega})$是$t$的函数，因此可以把随机过程看成是$\Omega$到函数空间的映射。

（3）随机过程是定义在$T \times \Omega$上的二元函数，因此随机过程可以看成是$T \times \Omega$到值域的映射。

5.2 随机过程的数字特征

设$\{X(t), -\infty < t < +\infty\}$是随机过程，对于某一时刻$t_1$，$X(t_1)$是一个一维随机变量，其分布函数为$F_{X_{t1}}(x)$，概率密度为$f_{X_{t1}}(x)$，于是可得它的均值或数学期望为

$$\mu_X(t_1) = E\{X(t_1)\} = \int_{-\infty}^{+\infty} x f_{X_{t1}}(x) \mathrm{d}x = \int_{-\infty}^{+\infty} x f_X(x, t_1) \mathrm{d}x$$

$f_{X_{t1}}(x)$ 一般是与 t_1 有关的函数，为了明显起见，把 $f_{X_{t1}}(x)$ 写成 $f_X(x,t_1)$，说明它是 t_1 的函数，因此它的期望值一般为 t_1 的函数。

随机变量 $X(t_1)$ 的二阶中心矩，称为随机过程的方差：

$$\begin{aligned}\sigma_X^2(t_1) &= D\{X(t_1)\} = E\{[X(t_1) - \mu_X(t_1)]^2\} \\ &= E\{[X(t_1)]^2\} - \{E[\mu_X(t_1)]\}^2 = \int_{-\infty}^{+\infty}[x - \mu_X(t_1)]^2 f_X(x,t_1)\mathrm{d}x\end{aligned}$$

方差的平方根 $\sigma_X(t_1)$ 称为随机过程 $X(t_1)$ 的均方根差或标准差，表示随机过程在时刻 t_1 对于均值的偏离程度。

均值和方差反映固定时刻的统计特性。

为了描述在两个不同时刻该随机过程状态之间的联系，要利用二维概率密度。设 $X(t_1)$ 和 $X(t_2)$ 是随机过程 $X(t)$ 在参数为 t_1、t_2 时的状态，$f_X(x_1,x_2;t_1,t_2)$ 为相应的二维概率密度，于是可得它们的二阶混合原点矩，即自相关函数为

$$\begin{aligned}R_X(t_1,t_2) &= E\{X(t_1)X(t_2)\} \\ &= \int_{-\infty}^{+\infty}\int_{-\infty}^{+\infty} x_1 x_2 f_X(x_1,x_2;t_1,t_2)\mathrm{d}x_1\mathrm{d}x_2\end{aligned}$$

$X(t_1)$ 和 $X(t_2)$ 的二阶混合中心矩，即随机过程 $X(t)$ 的协方差函数为

$$\begin{aligned}C_X(t_1,t_2) &= E\{[X(t_1) - \mu_X(t_1)][X(t_2) - \mu_X(t_2)]\} \\ &= \int_{-\infty}^{+\infty}\int_{-\infty}^{+\infty}[x_1 - \mu_X(t_1)][x_2 - \mu_X(t_2)]f_X(x_1,x_2;t_1,t_2)\mathrm{d}x_1\mathrm{d}x_2 \\ &= R_X(t_1,t_2) - \mu_X(t_1)\mu_X(t_2)\end{aligned}$$

当 $t_1 = t_2$ 时，有：$\sigma_X^2(t_1) = C_X(t_1,t_1) = R_X(t_1,t_1) - [\mu_X(t_1)]^2$。

5.3　马尔科夫过程

5.3.1　马尔科夫过程的定义

设有一随机过程 $\{X(t), t \in T\}$，在任意有限个点 $t_1 < t_2 < \cdots < t_{m-1} < t_m$ 对 $X(t)$ 观测得到相应的观测值 $x_1, x_2, \cdots, x_m$，若对任意 $t_m < t_{m+1} \in T$ 的条件概率密度函数满足条件：

$$f_{t_{m+1}/t_1,t_2,\cdots,t_m}(x_{m+1} / x_1, x_2, \cdots, x_m) = f_{t_{m+1}/t_m}(x_{m+1} / x_m)$$

则称这类过程为马尔科夫过程。这个条件称为过程的无后效性或马尔科夫性。

马尔科夫过程 $X(t)$ 的 $m+1$ 维概率密度可以表示为

$$
\begin{aligned}
& f_{t_0,t_1,t_2,\cdots,t_{m-1},t_m}(x_0,x_1,x_2,\cdots,x_{m-1},x_m) \\
& = f_{t_0,t_1,t_2,\cdots,t_{m-1}}(x_0,x_1,x_2,\cdots,x_{m-1}) \cdot f_{t_m/t_0,t_1,t_2,\cdots,t_{m-1}}(x_m / x_1,x_2,\cdots,x_{m-1}) \\
& = f_{t_0,t_1,t_2,\cdots,t_{m-2}}(x_0,x_1,x_2,\cdots,x_{m-2}) \cdot f_{t_{m-1}/t_0,t_1,t_2,\cdots,t_{m-2}}(x_{m-1} / x_1,x_2,\cdots,x_{m-2}) \cdot f_{t_m/t_{m-1}}(x_m / x_{m-1}) \\
& \cdots \\
& = f_{t_0}(x_0) \cdot f_{t_1/t_0}(x_1 / x_0) \cdot f_{t_2/t_1}(x_2 / x_1) \cdots \cdots f_{t_m/t_{m-1}}(x_m / x_{m-1})
\end{aligned} \tag{5-1}
$$

式（5-1）表明，$X(t)$的$m+1$维概率密度等于初始概率密度与一系列条件概率密度的乘积。这些条件概率密度称为转移概率密度。

5.3.2 马尔科夫链

设$\{X(k),k\in T\}$为随机变量序列，若对于任意的非负整数$t_1<t_2<\cdots<t_m<t_{m+1}$，只要$P\{X(t_1)=x_1,X(t_2)=x_2,\cdots,X(t_m)=x_m\}>0$，就有：

$$
\begin{aligned}
P\{X(t_{m+1}) &= x_{m+1} / X(t_1)=x_1,X(t_2)=x_2,\cdots,X(t_m)=x_m\} \\
&= P\{X(t_{m+1})=x_{m+1} / X(t_m)=x_m\}
\end{aligned}
$$

则称$X(k)$具有马尔科夫性。满足马尔科夫性的随机变量序列称为马尔科夫链。

由马尔科夫链的定义和式（5-1）可得，当状态为可数状态时，有：

$$
\begin{aligned}
& P\{X(0)=x_0,X(1)=x_1,\cdots,X(m)=x_m\} \\
& = P\{X(0)=x_0\}\cdot P\{X(1)=x_1 / X(0)=x_0\}\cdot \cdots \cdot P\{X(m)=x_m / X(m-1)=x_{m-1}\}
\end{aligned}
$$

上式中，$P\{X(0)=x_0\}$为序列的初始概率，$P\{X(k+1)=x_{k+1} / X(k)=x_k\}$称为$k$时刻的一步转移概率。用初始概率和每个时刻的一步转移概率，可以描述马尔科夫链的$m+1$维概率分布。令可数状态空间为I，k时刻的一步转移概率一般用$P_{ij}(k)$表示，$i,j\in I$。

当$P\{X(k+1)=j / X(k)=i\}=P_{ij}(k)=P_{ij}$，即从状态$i$转移到状态$j$的概率与$k$无关，则称这类马尔科夫链为齐次马尔科夫链。

由每一个$i,j\in I$转移概率$P_{ij}(k)$构成的矩阵$\boldsymbol{P}$称为一步转移概率矩阵。显然，矩阵的元素$P_{ij}(k)\geqslant 0$，且对任意i，都有$\sum_{j\in I}P_{ij}(k)=1$。

同样，可以定义m步转移概率$P_{ij}^{(m)}(k)=P\{X(k+m)=j / X(k)=i\}$和$m$步转移概率矩阵$\boldsymbol{P}^{(m)}(k)$。显然，$\boldsymbol{P}^{(1)}=\boldsymbol{P}$。通常还规定，$P_{ij}^{(0)}(k)=\delta_{ij}=\begin{cases}1, & i=j\\ 0, & i\neq j\end{cases}$。

对于齐次马尔科夫过程，有$\boldsymbol{P}^{(m+r)}=\boldsymbol{P}^{(m)}\cdot\boldsymbol{P}^{(r)}$，因而有$\boldsymbol{P}^{(m)}=\boldsymbol{P}^{m}$，即$m$步

转移概率矩阵可以从一步转移概率矩阵自乘 m 次得到。

设初始时刻状态空间 I 的概率为 $p_1, p_2, \cdots, p_N$，用行向量 $\boldsymbol{p}_0$ 表示，一步转移概率矩阵为 $\boldsymbol{P}$，则 m 次转移后，状态空间 I 的概率分布向量 $\boldsymbol{p} = \boldsymbol{p}_0 \boldsymbol{P}^{(m)} = \boldsymbol{p}_0 \boldsymbol{P}^m$。

5.4　离散空间目标随机运动

在研究离散空间目标运动时，离散空间无论是由一个一个的一维线段组成，还是由一个一个的二维区域组成，或者由一个一个的三维“盒子”组成，都没有什么差别。在离散空间中的随机运动可以用一个随机过程进行描述。目标空间就是随机过程的状态空间。在搜索理论研究中，往往将离散空间的元素称为“单元”，也有的直接称为“盒子”。

离散空间随机运动目标一般适合用参数（时间）离散状态离散的随机过程进行描述。5.3.2 节的马尔科夫链就是离散空间随机运动目标的很好的描述工具。

设初始时刻（$k = 0$）目标存在于 $i = 1, 2, \cdots, N$ 个单元的概率为 $p_0(i)$，用 N 维向量 $\boldsymbol{p}_0$ 表示。目标在各单元之间的转移概率为 p_{ij}，则有 $N \times N$ 阶转移概率矩阵 $\boldsymbol{P}$，应用上节马尔科夫链的有关知识可得，在任意 $K \geqslant 1$ 时刻，目标存在于各单元的概率分布向量 $\boldsymbol{p}_K = \boldsymbol{p}_0 \cdot \boldsymbol{P}^K$。

在有限的 N 个单元中，从 $k = 0$ 至 $k = K$，目标的可能运动路径，即样本路径集也是有限集。可以定义路径 $\boldsymbol{\omega}$ 的概率为 $p(\boldsymbol{\omega})$。令 $k \in \{0, 1, 2, \cdots, K\}$，$\xi_k \in I$，序列 $\boldsymbol{\omega} = (\xi_0, \xi_1, \xi_2, \cdots, \xi_K)$ 描述了一条样本路径，则

$$p(\boldsymbol{\omega}) = p_0(\xi_0) p_{\xi_0 \xi_1} p_{\xi_1 \xi_2} \cdots p_{\xi_{k-1} \xi_k} \cdots p_{\xi_{K-1} \xi_K}$$

5.5　连续空间目标随机运动

设 $T = [0, +\infty)$，目标空间 $X \subset \mathbf{R}^n$。对于每个固定的 $t \in T$，随机运动目标在连续空间中的空间位置 $\boldsymbol{X}(t)$ 都是一个随机向量，$\boldsymbol{X}(t)$ 为 n 个随机过程，可以表示为 $\{\boldsymbol{X}_t : t \in T\}$。

在二维空间中，$\boldsymbol{X}(t) = [x(t), y(t)]$，描述目标随机运动的随机过程是 $\{X(t), t \in T\}$ 和 $\{Y(t), t \in T\}$。

连续状态的随机过程也可以分为离散和连续参数（时间）两类。连续状态连续参数的随机过程常用来在搜索问题中研究连续空间中的连续时间运动

目标。

下面用一维空间的随机过程进行讨论。

随机微分方程 $\mathrm{d}x(t)=v(t)\mathrm{d}t$ 描述了由随机速度驱动的目标随机运动。其中 $x(t)\in\mathbf{R}$、$v(t)\in\mathbf{R}$ 均为随机过程。微分式是随机过程理论中定义的随机微分。当给定初始值 $x(t_0)=x_0$ 和一条样本 $v(t)$，可以求得一条样本路径 $x(t)$。

同样，由随机加速度驱动的目标随机运动的微分方程为 $\begin{cases}\mathrm{d}x(t)=v(t)\mathrm{d}t\\ \mathrm{d}v(t)=a(t)\mathrm{d}t\end{cases}$。其中 $x(t)$、$v(t)$、$a(t)$ 都是随机过程。当给定初始值 $x(t_0)=x_0$、$v(t_0)=v_0$ 和一条样本 $a(t)$，可以求得一条样本路径 $x(t)$。

上述两个微分方程组变换为积分形式分别为

$$x(t)=x_0+\int_0^t v(\tau)\mathrm{d}\tau,\quad x(t)=x_0+v_0t+\int_0^t\left[\int_0^s a(\tau)\mathrm{d}\tau\right]\mathrm{d}s$$

积分是随机过程理论中定义的随机积分。

将上述微分方程组扩展为更一般由维纳过程 W_t 驱动的动态方程：

$$\begin{cases}\mathrm{d}x(t)=f[x(t),t]\mathrm{d}t+g[x(t),t]\mathrm{d}W(t)\\ x(t_0)=x_0\end{cases}$$

上式称为伊藤随机微分方程，$W(t)$ 为维纳过程。等价的积分形式称为伊藤积分方程：

$$x(t)=x_0+\int_0^t f[x(\tau),\tau]\mathrm{d}\tau+\int_0^t g[x(\tau),\tau]\mathrm{d}W(\tau)$$

第一个积分式为均方积分，第二个积分式称为伊藤随机积分。

宏观目标的随机运动，一般不需要用这样的方程进行描述和求解。

5.6 运动目标转换密度函数

令 $\Delta\boldsymbol{x}=\boldsymbol{x}(t+\Delta t)-\boldsymbol{x}(t)$，$\boldsymbol{x}\in\mathbf{R}^n$，$\boldsymbol{\xi}\in\mathbf{R}^n$，定义转换密度函数 $q(\boldsymbol{\xi};t,\Delta t,\boldsymbol{x})$ 如下：

$$q(\boldsymbol{\xi};t,\Delta t,\boldsymbol{x})V(\Delta\boldsymbol{\xi})=\mathrm{prob}[\boldsymbol{\xi}\leqslant\Delta\boldsymbol{x}\leqslant\boldsymbol{\xi}+\Delta\boldsymbol{\xi}\,|\,\boldsymbol{x}(t)=\boldsymbol{x}]+0[V(\Delta\boldsymbol{\xi})]$$

在定义中，$\boldsymbol{x}(t)$ 是 t 时刻目标位置，$\boldsymbol{x}(t+\Delta t)$ 是 $t+\Delta t$ 时刻目标位置，则 $\Delta\boldsymbol{x}$ 是移动量。$\boldsymbol{\xi}$ 是空间向量，$\Delta\boldsymbol{\xi}$ 是微向量，$V(\Delta\boldsymbol{\xi})$ 是其体积小量，$0[V(\Delta\boldsymbol{\xi})]$ 是高阶无穷小量（可以参考 3.1.2 节关于概率分布密度函数的定义）。转换密度函数 $q(\boldsymbol{\xi};t,\Delta t,\boldsymbol{x})$ 是 t 时刻目标处于 $\boldsymbol{x}$ 条件下，给定间隔时间 Δt，目标的移动量为 $\boldsymbol{\xi}$ 的概率密度函数。作为概率密度函数，自变量是 $\boldsymbol{\xi}$，而 $\boldsymbol{x}$ 作为目标存在点的条

件，是参变量。因为自变量 ξ 是 n 维向量，所以转换密度函数 $q(\xi;t,\Delta t,\boldsymbol{x})$ 是 n 维联合分布密度函数。

随机向量 ξ 的各阶矩，可以体现随机移动量 ξ，即目标随机运动的随机性特征。

一阶矩，即数学期望向量：

$$\boldsymbol{E}(t,\Delta t,\boldsymbol{x}) = \int_{\mathbf{R}^n} \xi q(\xi;t,\Delta t,\boldsymbol{x})\mathrm{d}\xi$$

二阶原点矩，即自相关矩阵为

$$\boldsymbol{C}(t,\Delta t,\boldsymbol{x}) = \int_{\mathbf{R}^n} [\xi^{\mathrm{T}}\xi] q(\xi;t,\Delta t,\boldsymbol{x})\mathrm{d}\xi \quad \text{（设}\xi\text{为行向量）}$$

三阶矩及三阶以上的高阶矩用于对转换密度函数 $q(\xi;t,\Delta t,\boldsymbol{x})$ 的更精确的表示（理解这个问题，需要用到随机变量和随机过程的特征函数的概念）。可以设 ξ 的二阶矩为 $\boldsymbol{C}(\xi,\boldsymbol{x},t,\Delta t) = \boldsymbol{C}(\boldsymbol{x},t)\Delta t + \boldsymbol{0}(\Delta t)$，三阶矩以上为 $\boldsymbol{D}(\xi,\boldsymbol{x},t,\Delta t) = \boldsymbol{0}(\Delta t)$。矩阵 $\boldsymbol{0}(\Delta t)$ 的各元素均为 Δt 的高阶无穷小。这样的设定将大大降低运算和表达的复杂性，即便引入了对 ξ 的随机性特征表达的误差，在一般搜索理论问题中，也是可以接受的。

第6章 探测量与探测函数

6.1 探测量与搜索量

在关于搜索理论的英文文献中，经常出现单词“effort”和词组“amount of effort”。吴晓峰在 Lawrence D. Stone 的 *Theory of Optimal Search* 一书的中文译本《最优搜索理论》中，将其译为“搜索力”。它指的是投入搜索的直接影响搜索效果的一个数字量，例如搜索面积、搜索人数、器材数量、搜索时间等，都可以抽象为“搜索力”。“搜索力”这个词汇的翻译准确、贴切。仅限于本书，对这个中文词，做一点小小的改变。离开本书，建议仍然使用“搜索力”。

改变在于，用“探测量”和“搜索量”两个词，表示 amount of effort 这一个概念。改变说明：第一，尽管“搜索力”中的“力”，是“力量”的简称，但还是容易将其与物理中的“力”相混淆，用“量”表达了 amount，同时也有 effort 的意义；第二，在专门描述探测问题时，即在离散空间单元上、连续空间的点或一个区域上使用“探测量”，而在描述搜索问题时，即离散空间的所有单元上、连续空间的全空间上，使用“搜索量”。不需要明确区分探测和搜索的情况下，使用“搜索量”。在探测问题上，使用“搜索量”也可以。它们本来就是一个概念。在本书中，也会有混用的地方，不必因此而困扰。

探测量一般可用非负变量 z 表示。

6.1.1 离散探测量

离散探测量是指具有最小的单位量的探测量。通常，定义离散探测量为非负整数，即 $z \in \{0,1,2,\cdots\}$ 或 $z \in \{0,1,2,\cdots,N\}$ 。

连续空间的任意小的一个子空间中都含有无穷多个点。任意有限的离散探测量，只能分成有限份，分配到子空间的有限的点上。若连续子空间的每个点上都得到离散的探测量，则这个子空间的探测量总量将为无穷大。因此，离散探测量不能连续地分配到连续空间中。

从探测量空间分配的意义上说，离散探测量只能应用于离散空间搜索问题中。但在某些实际的连续空间的搜索问题中，具有一定尺度的目标，被抽象成点目标，而点目标的空间移动不影响探测量在目标上的分配，则这样的连续空间问题，仍然在“探测”的意义上可以应用离散的探测量。最典型的问题是，飞机在连续空间运动，雷达在较短的时间内接收到的回波脉冲数量是离散探测量。

6.1.2　连续探测量

连续探测量是无限可分的探测量。定义连续探测量 $z \in [0,+\infty)$ ，或根据情况，定义 $z \in [0, Z_{\max}]$ 。

连续空间的任意小的一个子空间中，含有无穷多个点。若连续子空间的每个点上都得到非 0 的探测量，则这个子空间的探测量总量将为无穷大。因此，连续空间中一个点上的探测量，实际上是探测量的空间密度。

令 $\Omega(\boldsymbol{x}_0)$ 为包含点 $\boldsymbol{x}_0$ 的一个子空间，其体积为 ΔV 。用 $\Delta Z(\Delta V, \boldsymbol{x}_0)$ 表示在包含 $\boldsymbol{x}_0$ 的空间体积 ΔV 内的探测量总量。

令该体积内的探测量的平均密度为 $\overline{z}(\Delta V, \boldsymbol{x}_0) = \dfrac{\Delta Z(\Delta V, \boldsymbol{x}_0)}{\Delta V}$ 。

令 $\Delta V \to 0$ ，则得到点 $\boldsymbol{x}_0$ 上的探测量密度为

$$z(\boldsymbol{x}_0) = \lim_{\Delta V \to 0} \frac{\Delta Z(\Delta V, \boldsymbol{x}_0)}{\Delta V} = \frac{\mathrm{d}Z(\boldsymbol{x}_0)}{\mathrm{d}V}$$

在连续空间中，描述空间点上的“探测量”的值 z 是探测量的空间密度值。在表述中，仍然称“空间某点上的探测量 z ”，也无不可。

6.2　探测函数

探测函数是用来描述探测器探测能力的函数。描述探测器的探测能力可以用多种指标量，例如探测距离、探测面积、平均时间等。在搜索理论中，从各种不同探测器中抽象出的对探测器能力进行描述的指标是“探测概率”。因此，探测函数是概率函数（值域在 $[0,1]$ ）。另外可以想象一下，没有目标，探测器自身无法描述探测能力。所以，探测函数是一个存在目标的条件概率函数。

探测函数以探测量为自变量，以目标空间点为参变量。根据具体情况，变量的具体形式会有变化。

6.2.1 离散空间探测函数

令离散空间指标集为I。定义探测函数$b:I\times[0,\infty)\to[0,1]$。

一般表示为$b(i,z)$，其意义是：单元i存在目标的条件下，对其施加探测量z发现目标的概率。

假如单元i存在目标的概率为$p(i)$，根据贝叶斯法则，在该单元施加探测量z，发现目标的概率为$P(i,z)=p(i)\cdot b(i,z)$。对于所有$i\in l$，如果有探测量$z(i)$，则在所有单元探测的发现概率为$\sum_{i\in I}P(i,z)$。

对于离散探测量，定义探测函数$b:I\times\{0,1,2,\cdots\}\to[0,1]$，其他概率关系相同。

6.2.2 连续空间探测函数

令$X\subset\mathbf{R}^n$，定义探测函数$b:X\times[0,\infty)\to[0,1]$。

一般表示为$b(\boldsymbol{x},z)$。其意义是，目标处于空间中的$\boldsymbol{x}$点条件下，在该点施加探测量（实为探测量密度）z，发现目标的概率。

假如$\boldsymbol{x}$点的存在目标的概率分布密度为$\rho(\boldsymbol{x})$，在该点施加的探测量为z，发现目标的概率密度则为$\rho(\boldsymbol{x})\cdot b(\boldsymbol{x},z)$。若探测器在空间中的探测量具有$z=f(\boldsymbol{x})$的形式，对目标进行探测，发现概率为$P(f)=\int_X\rho(\boldsymbol{x})\cdot b[\boldsymbol{x},f(\boldsymbol{x})]\mathrm{d}\boldsymbol{x}$。

6.3 探测率函数

6.3.1 连续探测量的探测率

有探测量$z_1<z_2\leqslant z_3<z_4$。运用探测量进行探测时，假设对于任意的不重叠的探测量区段$[z_1,z_2]$、$[z_3,z_4]$，是否发现目标是统计独立的。

令目标空间$X\subset\mathbf{R}^n$，$\boldsymbol{x}\in X$，定义探测率函数$\gamma(\boldsymbol{x},z)$如下：

$$\gamma(\boldsymbol{x},z)\Delta z=\text{prob}[\text{施加}[0,z]\text{未发现目标},\text{施加}(z,z+\Delta z)\text{发现目标}/\text{目标在}\boldsymbol{x}]+0(\Delta z)$$

式中：$0(\Delta z)$为Δz的高阶无穷小量。

探测率函数是一个概率密度函数。这个概率密度函数不是空间上的密度，而是探测量密度上的密度，即施加z未发现目标且施加“单位探测量密度增量”

发现目标的联合概率。

若探测率函数与 z 无关，则 $\gamma(\boldsymbol{x},z)=\gamma(\boldsymbol{x})$。

6.3.2　离散探测量的探测率

在离散探测量探测问题中，无法直接应用 6.3.1 节定义的探测率函数，因为不能令离散探测量 $\Delta z \to 0$。注意，连续探测量的探测率函数中的“单位探测量密度的增量”，在离散探测量中非常容易找到。

假设每个单位量的探测是否发现目标相互独立，定义离散探测量的探测率函数：

$$\alpha(i,z)=\text{prob}[\text{施加}[0,z]\text{未发现目标, 施加}(z+1)\text{发现目标/目标在单元}i]$$

如果探测率函数与 z 无关，则 $\alpha(i,z)=\alpha(i)$，也常常写为 α_i，表示目标存在于单元 i 条件下，对单元 i 施加 1 个单位探测量发现目标的概率值。

6.4　探测函数的一般形式

在 6.3 节定义了探测率函数的基础上，本节讨论 6.2 节定义的探测函数的一般形式。

6.4.1　连续探测量的探测函数

将探测量分为两部分，$[0,z]$、$(z,z+\Delta z)$，假设这两部分探测量发现目标相互独立，则施加 $z+\Delta z$ 的探测量未发现目标的概率，是这两部分均未发现目标概率的乘积，表示为

$$1-b(\boldsymbol{x},z+\Delta z)=[1-b(\boldsymbol{x},z)]\cdot[1-\gamma(\boldsymbol{x},z)\Delta z-0(\Delta z)]$$

整理得

$$\frac{b(\boldsymbol{x},z+\Delta z)-b(\boldsymbol{x},z)}{\Delta z}=[1-b(\boldsymbol{x},z)]\gamma(\boldsymbol{x},z)+[1-b(\boldsymbol{x},z)]\frac{0(\Delta z)}{\Delta z}$$

令 $\Delta z \to 0$，得到微分方程：

$$\frac{\mathrm{d}b(\boldsymbol{x},z)}{\mathrm{d}z}=[1-b(\boldsymbol{x},z)]\gamma(\boldsymbol{x},z)$$

此微分方程在初始条件 $b(\boldsymbol{x},0)=0$ 下的解就是连续探测量探测函数的一般形式：

$$b(\boldsymbol{x},z)=1-\exp\{-\int_0^z \gamma(\boldsymbol{x},\tau)\,\mathrm{d}\tau\}$$

如果探测率函数与探测量无关，即 $\gamma(\boldsymbol{x},z)=\gamma(\boldsymbol{x})$，则

$$b(\boldsymbol{x},z)=1-\exp\{-\gamma(\boldsymbol{x})z\}$$

6.4.2 离散探测量的探测函数

在定义了 $\alpha(i,z)$ 后，容易写出离散探测量的探测函数的一般形式为

$$b(i,z)=1-\prod_{j=1}^{z}[1-\alpha(i,j)]$$

若探测率函数与 z 无关，$\alpha(i,z)=\alpha(i)$，则

$$b(i,z)=1-[1-\alpha(i)]^{z}$$

6.4.3 发现势

将连续探测量探测函数的一般形式 $b(\boldsymbol{x},z)=1-\exp\{-\int_0^z\gamma(\boldsymbol{x},\tau)\mathrm{d}\tau\}$ 中的积分式定义为发现势：$u(\boldsymbol{x},z)=\int_0^z\gamma(\boldsymbol{x},\tau)\mathrm{d}\tau$。

探测函数可以表示为 $b(\boldsymbol{x},z)=1-\exp\{-u(\boldsymbol{x},z)\}$。

在离散探测量探测函数中，也可以定义发现势。令 $u(i,z)$ 为离散探测量探测的发现势，则

$$b(i,z)=1-\prod_{j=1}^{z}[1-\alpha(i,j)]=1-\exp\{-u(i,z)\}$$

可以求得发现势为

$$u(i,z)=-\ln\prod_{j=1}^{z}[1-\alpha(i,j)]$$

当 $\alpha(i,j)=\alpha(i)$，发现势 $u(i,z)=-z\ln[1-\alpha(i)]$。

应用发现势的概念，可以将连续探测量和离散探测量的探测函数用统一的形式表示：$b(u)=1-\exp\{-u\}$。

6.5 探测函数的空间变量形式

6.4 节已经给出探测函数的一般形式是负指数函数，其具体形式依赖于发现势的形式，而发现势的形式依赖于探测率函数。一般情况下，首先寻求探测率函数的表达形式，然后可以得到探测函数的表达形式。但在有的情况下，例如声纳探测水下目标，分析和实验都表明，发现目标的概率随距离的增加而减

小。由空间变量代替探测量作为探测函数的自变量，直接寻求探测函数的表达形式，比寻求探测率函数的表达形式要容易。

6.5.1　空间变量探测函数

在很多情况下（主要是连续空间的情况），在空间某点施加的探测量完全由该点与探测器所在点的位置关系所决定。令搜索空间与目标空间一致，$\boldsymbol{y}$ 表示探测器所在的位置点。将函数 $z=f(\boldsymbol{x},\boldsymbol{y})$ 代入探测函数 $b(\boldsymbol{x},z)$ 中，有：

$$b(\boldsymbol{x},z)=b[\boldsymbol{x},f(\boldsymbol{x},\boldsymbol{y})]=g(\boldsymbol{x},\boldsymbol{y})$$

因为 $g(\boldsymbol{x},\boldsymbol{y})$ 中没有探测量变量，所以可以将其称为空间变量形式的探测函数。不会造成混乱，一般也写为 $b(\boldsymbol{x},\boldsymbol{y})$。

若目标的分布密度函数为 $\rho(\boldsymbol{x})$，则探测器在 $\boldsymbol{y}$ 点进行探测的发现概率为

$$P(\boldsymbol{y})=\int_X \rho(\boldsymbol{x})\cdot b(\boldsymbol{x},\boldsymbol{y})\mathrm{d}\boldsymbol{x}$$

6.5.2　距离变量探测函数

若 $b(\boldsymbol{x},\boldsymbol{y})$ 的函数值仅取决于点 $\boldsymbol{x}$ 与点 $\boldsymbol{y}$ 之间的距离，则有 $b(\boldsymbol{x},\boldsymbol{y})=b(|\boldsymbol{x}-\boldsymbol{y}|)$，其中 $|\boldsymbol{x}-\boldsymbol{y}|$ 是向量 $\boldsymbol{x}-\boldsymbol{y}$ 的模，表示探测器与目标的距离。此时，探测函数由 $2n$ 个自变量变成 1 个自变量。这样的空间变量探测函数可以称为距离变量探测函数。在不用于空间运算，而仅描述探测器探测能力时，可以不计空间维度，将距离变量探测函数统一表示成定义在 $r\in[0,+\infty)$ 上的一元函数 $b(r)$。r 为空间点至探测器的距离。

常用的距离有限的探测函数模型为

$$b(r)\begin{cases}>0\ ,r\leqslant R\\=0\ ,r>R\end{cases}$$

式中：R 为探测器的最大作用距离。探测器的作用范围：在三维空间是一个以探测器为球心、半径为 R 的球形区域；在二维空间是一个以探测器为圆心、半径为 R 的圆形区域；在一维空间则是一个以探测器为中心、宽度为 $2R$ 的区间。

当 $r\leqslant R$ 时，如果有 $b(r)=b>0$，则上述探测函数模型在二维空间称为圆盘模型，表明探测器在作用范围内具有相同的探测能力。特别地，当 $b=1$，表明在作用范围内只要有目标，探测一定会发现。

更接近许多探测器（如雷达、声纳、目视等）的实际情况的距离探测函数模型，在 $r<R_1<R$，有 $b(r)=b>0$，经常取 $b=1$；在 $R_1\leqslant r\leqslant R$，$b(r)$ 是递减的，并且 $b(R_1)=b$，$b(R)=0$。或者，在 $0\leqslant r<+\infty$，$b(r)$ 从 1 递减至 0。

6.6 时间上的探测

时间上的探测指的是以“时间”作为“探测量”的探测。将本章的主要结论中的探测量z替换为连续时间t或离散时间k，就是本节的主要结论。

6.6.1 连续时间探测

设探测率函数为$\gamma(\boldsymbol{x},t)$。探测函数，即$\boldsymbol{x}$点有目标的条件下从0时刻持续探测到t时刻发现目标的概率为

$$b(\boldsymbol{x},t)=1-\exp\{-\int_0^t \gamma(\boldsymbol{x},\tau)\,\mathrm{d}\tau\}$$

对于非时变的探测率函数，探测函数为

$$b(\boldsymbol{x},t)=1-\exp\{-\gamma(\boldsymbol{x})t\}$$

对应于 6.5 节中讨论的空间变量形式的探测函数，在持续探测问题中，也可以引入探测器的空间位置。虽然目标与探测器的相对关系并不能转化为探测量t，但会影响探测率函数值，进而影响探测函数值。令$\boldsymbol{y}$为探测器位置，探测函数为

$$b(\boldsymbol{x},\boldsymbol{y},t)=1-\exp\{-\int_0^t \gamma(\boldsymbol{x},\boldsymbol{y})\,\mathrm{d}\tau\}$$

尽管$\gamma(\boldsymbol{x},\boldsymbol{y})$与时间无关，但上面探测函数的指数部分依然采用了积分的表达形式。与时间无关的函数$\gamma(\boldsymbol{x},\boldsymbol{y})$中，如果将空间中的两个点$\boldsymbol{x},\boldsymbol{y}$用$\boldsymbol{x}(\tau),\boldsymbol{y}(\tau)$代替，表示从0时刻到$t$时刻两条连续轨迹（无穷多的点对，显然$\int_0^t \gamma[\boldsymbol{x}(\tau),\boldsymbol{y}(\tau)]\,\mathrm{d}\tau \neq \gamma[\boldsymbol{x}(t),\boldsymbol{y}(t)]t$），则探测函数值$b[\boldsymbol{x}(t),\boldsymbol{y}(t)]=1-\exp\{-\int_0^t \gamma[\boldsymbol{x}(\tau),\ \boldsymbol{y}(\tau)]\,\mathrm{d}\tau\}$给出从0时刻到$t$时刻目标沿轨迹$\boldsymbol{x}(\tau)$运动的条件下，探测器沿轨迹$\boldsymbol{y}(\tau)$运动持续探测（这里真的应该称为“搜索”了）的发现概率。这个问题有点超前，有关内容将在以后的几章中专门介绍。

6.6.2 离散时间探测

设目标存在于单元i条件下，对单元i施加 1 次探测，发现目标的概率为$\alpha(i)$，则离散时间探测的探测函数为

$$b(i,k)=1-[1-\alpha(i)]^k$$

如果第j次探测的探测率为$\alpha(i,j)$，则探测函数为

$$b(i,k)=1-\prod_{j=1}^{k}[1-\alpha(i,j)]$$

6.6.3　发现目标平均时间

对目标进行持续探测，发现目标的时刻t_{d}是一个随机变量，其概率分布函数$P(t)=\mathrm{prob}(t_{\mathrm{d}}\leqslant t)$。这个概率分布函数表示在$t$时刻及之前发现目标的概率，与持续探测的探测函数的意义相同。去掉空间变量$\boldsymbol{x}$，或认为$\boldsymbol{x}$是某个确定的值，γ也是一个非时变的确定值，探测函数即概率分布函数为$P(t)=1-\exp(-\gamma t)$，可以求得发现目标的时刻t_{d}的数学期望为

$$E(t_{\mathrm{d}})=\int_{0}^{1}t\,\mathrm{d}P(t)=\int_{0}^{+\infty}t\gamma\exp(-\gamma t)\,\mathrm{d}t=\frac{1}{\gamma}$$

方差为

$$\sigma^{2}(t_{\mathrm{d}})=\int_{0}^{1}t^{2}\,\mathrm{d}P(t)-[E(t_{\mathrm{d}})]^{2}=\int_{0}^{+\infty}t^{2}\gamma\exp(-\gamma t)\,\mathrm{d}t-[E(t_{\mathrm{d}})]^{2}=\frac{1}{\gamma^{2}}$$

在实际应用中，发现目标的数学期望和方差可以通过统计实验的方法获得。上面两式可以用来估计探测率γ的值。

如果在空间中进行离散时间探测，有非时变的探测率α，发现目标的期望探测次数为

$$E(t_{\mathrm{d}})=\sum_{k=1}^{\infty}k[P(k)-P(k-1)]=\sum_{k=1}^{\infty}[1-P(k)]=\sum_{k=1}^{\infty}(1-\alpha)^{k-1}=\frac{1}{\alpha}$$

第7章 搜索策略及搜索资源

7.1 从探测到搜索

一般地叙述一种寻找目标的行为，探测和搜索往往没有十分清晰的区分。但为了理论上的严格和系统，本书对“探测”和“搜索”做些谈不上严格的区分。鉴于在第6章和第7章中已经讨论过探测的问题，这里首先给出“搜索”的“定义”(给定义二字打上引号，表示我对这件事没有把握)：

探测主体在探测量的空间和/或时间的分配上具有选择性的行为称为搜索。

与之相应，探测主体在确定的空间和时间上使用探测量的行为称为探测。

搜索策略就是将搜索量表示成空间和时间的函数，也称为搜索方案、搜索计划。

7.2 搜索的分类

着眼于搜索问题的不同方面，可以对搜索问题进行不同的分类。例如：按空间形式划分，可以分为连续空间搜索问题和离散空间搜索问题；按目标是否运动划分，可以分为静止目标搜索问题和运动目标搜索问题；按照空间维度，可分为线上的搜索问题和面上的搜索问题；按照搜索量形式，可以分为连续搜索量问题和离散搜索量问题等。

本章根据搜索量分配函数中是否存在时间变量，将搜索问题分为静态搜索问题和动态搜索问题。

7.3 搜索量的静态分配函数

7.3.1 离散空间分配函数

令 I 为离散空间单元指标集，定义离散空间连续搜索量分配函数：

$$f: I \to [0,\infty)$$

一般表示为 $f(i)=z$，其意义是，在离散空间 i，分配的搜索量为 z。

搜索空间总的搜索量为 $Z=\sum\limits_{i\in I} f(i)$。

定义 $f: I \to \{0,1,2,\cdots\}$ 为离散空间离散搜索量分配函数。

7.3.2 连续空间搜索量分配函数

目标空间 $X \subset \mathbf{R}^n$，定义搜索量分配函数 $f: X \to [0,\infty)$。一般表示为 $f(\boldsymbol{x})=z$，其意义是，在连续空间中的点 $\boldsymbol{x}$，分配的搜索量密度为 z。

在空间 Ω 上总的搜索量 $Z(\Omega)=\int_{\Omega} f(\boldsymbol{x})\mathrm{d}\boldsymbol{x}$。

7.3.3 静态分配函数的应用

没有时间变量的静态分配函数最适合描述“全能探测器”的搜索问题。所谓全能探测器是指在全空间对搜索量具有任意分配能力的探测器。实际上不存在物理上的全能探测器。2.2 节中提到的公安局长，他具有在三座山上任意分配警察数量（搜索量）的能力，他就是一个“全能探测器”。连续空间连续搜索量分配的“全能探测器”，主要作为一种数学模型，而在物理上是很难想象的。

“全能探测器”分配搜索量是不需要时间的，或者认为是一瞬间完成的。因此，也不需要考虑目标是静止的还是运动的，探测器是静止的还是运动的。在实际运用中，如果在搜索量的分配时间内，可以忽略目标的运动，则仍然可以用分配完成后的静态搜索量分配函数，描述对运动目标的搜索。

如果以时间作为搜索量进行分配，只要分配函数不是时变函数，仍然属于静态分配函数。

7.4 “全能探测器”的动态分配函数

7.4.1 离散空间离散时间分配函数

令 I 为离散空间单元指标集，$T=\{0,1,2,\cdots\}$ 为离散时间集。定义离散空间离散时间搜索量分配函数 $f: I\times T\to[0,\infty)$，表示为 $f(i,k)=z$。

到任意 K 时刻搜索空间的搜索量为 $Z(K)=\sum_{k=1}^{K}\sum_{i\in I}f(i,k)$。

具有离散时间变量的搜索量分配函数，其搜索量在离散时间点上的分配是不需要时间的。因此，动态分配函数可以认为是由一系列静态分配函数组成的。

7.4.2 连续空间连续时间分配函数

目标空间 $X\subset\mathbf{R}^n$，定义时间累积搜索量分配函数 $\varphi(\boldsymbol{x},t): X\times[0,\infty)\to[0,\infty)$。

对于任意时刻 $t\in[0,\infty)$ 和任意点 $\boldsymbol{x}\in X$，$\varphi(\boldsymbol{x},t)$ 是 $\boldsymbol{x}$ 点到 t 累积的搜索量密度。

令 $M(t)$ 是全空间搜索量在时间上的累积量，则

$$M(t)=\int_X\varphi(\boldsymbol{x},t)\,\mathrm{d}\boldsymbol{x}$$

式中：$M(t)$ 和 $\varphi(\boldsymbol{x},t)$ 均为 t 的增函数。

用连续空间连续时间分配函数描述的搜索策略的“全能探测器”是很难想象的。

7.5 搜索路径

大多数物理探测器的作用范围在空间上是受限的。使用这种探测器进行搜索，搜索量的分配需要依靠探测器在空间的运动完成。由探测器在空间中运动实现的搜索称为路径搜索。探测器的速度是有限的，探测器的空间位置变化一定是在时间上实现的，因此，如果用搜索量分配函数描述路径搜索，这个分配函数也是一个带有时间变量的动态分配函数，但是是一个空间上严格受限的动态分配函数。

虽然有些空间上严格受限的搜索量分配问题可以用动态分配函数进行描

述，甚至可以用静态分配函数进行描述，但在理论分析和实际应用中，直接使用“搜索路径”描述搜索策略要直观、方便、清晰得多。

7.5.1　离散空间搜索路径

令 I 为离散空间单元指标集，$T=\{1,2,\cdots\}$ 为离散时间集。

如果在任意 $k\in T$，只能对某一个单元 ξ_k 进行探测（这就是对搜索量分配的一种限制），施加的连续探测量为 z_{ξ_k}，则空间单元与探测量的序列对表示一条搜索路径及其上的探测量：

$$(\boldsymbol{\xi},\boldsymbol{Z})=((\xi_1,z_{\xi_1}),(\xi_2,z_{\xi_2}),\cdots,(\xi_k,z_{\xi_k}),\cdots)$$

式中：$\xi_k\in I$，$k\in T$。对于任意 $k\in T$，有 $\xi_k\neq\xi_{k+1}$。

当限定每个时刻的探测，都是 1 个单位探测量时，则离散空间的一个搜索路径可以表示为空间单元的序列 $\boldsymbol{\xi}=(\xi_1,\xi_2,\cdots,\xi_k,\cdots)$。此时，不需要有 $\xi_k\neq\xi_{k+1}$ 条件。对于离散探测量，不需要序列对的形式，仅用路径序列，就可以表达路径上的搜索量分配。

7.5.2　连续空间搜索路径

令搜索空间 $Y\subset\mathbf{R}^m$，$t\in[0,+\infty)$。向量函数 $\boldsymbol{y}(t)\in Y$，描述了探测器的一条搜索路径。路径上的搜索量分配由探测函数描述。

7.6　搜索资源与资源函数

搜索资源也称为搜索费用、搜索成本、搜索代价。作为搜索问题中的量值，这些不同词汇的意义完全相同。

在搜索问题中，影响到“搜索量”的基本量值可以作为“搜索资源”。例如：用一架飞机对某个区域进行搜索，飞机的载油量可以作为“搜索资源”；小明进山“搜狗”，携带的面包和水，可以作为“搜索资源”。

搜索量与资源之间的关系用一个函数表达出来，就是“资源函数”。令小明的搜索量是搜索面积 s（km^2），面包数是 n。假如小明每携带 1 个面包，可以搜索 $2\mathrm{km}^2$，则 $n=0.5s$ 就是小明“搜狗”的资源函数。

搜索资源和资源函数主要在搜索方案的最优化问题中作为约束条件。携带面包数量不同，小明的最优搜索方案是不一样的。有时也被用于对搜索方案的搜索效果的评估，例如可以计算一下，小明用某一种搜索方案进行“搜狗”平均需要多少面包。

在搜索理论研究中，一般不特别考虑各种各样复杂的资源函数，而是直接以“搜索量”作为“资源量”。

7.6.1 离散空间资源函数

设离散空间为I，定义资源函数$C: I\times[0,\infty)\to[0,\infty)$。表示为$c(i,z)$，其意义为，在单元$i$施加搜索量$z$所使用的资源量。如果搜索量分配函数为$z=f(i)$，则搜索使用的资源总量为$C(f)=\sum_{i\in I}c[i,f(i)]$。

当资源函数只与搜索量有关，而与空间无关时，$c[i,f(i)]=c[f(i)]$。

如果以搜索量作为资源量，则$c[i,f(i)]=c[f(i)]=f(i)$。

7.6.2 连续空间资源函数

令$X\subset\mathbf{R}^n$，定义资源函数$C: X\times[0,\infty)\to[0,\infty)$。表示为$c(\boldsymbol{x},z)$，其意义是空间$\boldsymbol{x}$点的搜索量密度为$z$时，该点上的资源密度。

如果搜索量分配函数为$z=f(\boldsymbol{x})$，则搜索使用的资源总量为

$$C(f)=\int_X c[\boldsymbol{x},f(\boldsymbol{x})]\mathrm{d}\boldsymbol{x}$$

与连续空间搜索量密度的定义类似，在连续空间的点上所定义的资源是资源量的空间密度。

当资源函数只与搜索量有关，而与空间位置无关时，$c[\boldsymbol{x},f(\boldsymbol{x})]=c[f(\boldsymbol{x})]$。

如果以搜索量作为资源量，则

$$c[\boldsymbol{x},f(\boldsymbol{x})]=c[f(\boldsymbol{x})]=f(\boldsymbol{x})$$

第二篇 搜索模型

因为涉及探测器和目标运动形态以及空间形式的变化，搜索模型的种类会很多。本篇仅介绍几种典型的搜索模型和一种通用模型。

本书原计划写一篇“搜索方案评估”。所谓搜索方案的评估，就是建立搜索模型，将给定的搜索方案输入搜索模型，计算出发现概率或发现目标费用均值。本篇的搜索模型理论几乎就是搜索方案评估理论的全部。在实际进行搜索方案评估时，要涉及对问题的分析，对目标、探测器的建模，搜索方案的数学化等工作，而这些工作并没有统一、系统的方法。本书将在“第四篇 专题”中，结合实际应用，讨论搜索方案评估的有关问题。

第8章 搜索模型概述

在给定的目标信息和探测器信息条件下，可以用一个数字评价一个给定的搜索策略，这个数字就是搜索效能指标。最常用的搜索效能指标是发现概率、发现目标消耗资源期望值、发现目标时间期望值。有的问题只能使用一种指标，有的问题可以使用不同的指标。

当搜索策略用一般的函数表示时，效能指标则成为一个泛函，或称其为效能函数。目标信息、探测器条件、搜索策略三者与效能指标函数之间的关系称为搜索模型。

用“全能探测器”对“静止目标”进行搜索的搜索模型，称为静态搜索模型。

如果在效果指标函数中存在时间变量，或者在效果指标的计算中涉及时间参数，这样的搜索模型称为动态搜索模型。在一般的意义上，静态模型是动态模型的一种特殊情况，静止目标搜索模型是运动目标搜索模型的一种特殊情况。分开进行介绍是出于实用上的考虑。在处理简单一些的问题时，直接应用简单模型更方便。

8.1 静态搜索模型

所谓静态搜索模型指的是没有时间变量的搜索模型。在静态搜索模型中，搜索量的分配是不需要消耗时间的，这在实际问题中是很难想象的。如果搜索量的分配是需要一定时间的，在应用静态模型时，可以认为搜索量分配的时间过程中不产生搜索效果，而只计搜索量分配完成后的搜索效果。

8.1.1 连续空间静态搜索模型

设目标空间 $X \subset \mathbf{R}^n$，静止目标的分布密度函数为 $\rho(\boldsymbol{x})$，探测器探测函数

为 $b(\boldsymbol{x},z)$ 。搜索量分配函数，即搜索策略为 $z=f(\boldsymbol{x})$ 。则有如下搜索模型，即搜索的发现概率函数为

$$P(f)=\int_X \rho(\boldsymbol{x})\cdot b[\boldsymbol{x},f(\boldsymbol{x})]\mathrm{d}\boldsymbol{x} \tag{8-1}$$

上述表达与 6.2.2 节中的表达是一样的。对于“全能探测器”的静态搜索而言，“搜索”与“探测”是一致的。如果一定要找到点区别，可以认为：探测器用固有的确定的探测量分配函数 $z=f(\boldsymbol{x})$ 进行工作，是“探测”；探测器在无穷多种搜索量分配函数中选择了某一种分配函数 $z=f(\boldsymbol{x})$ 进行工作，是“搜索”。引申到式（8-1），如果 $z=f(\boldsymbol{x})$ 是某个确定的函数，则 $P(f)$ 就是一个发现概率值。如果 $z=f(\boldsymbol{x})$ 表示在某个函数集合中的函数，则 $P(f)$ 就是“函数的函数”，称为“泛函”。

8.1.2　离散空间静态搜索模型

离散空间指标集为 I ，静止目标的概率分布为 $p(i)$ ，向量形式 $\boldsymbol{p}=[p(1),p(2),\cdots,p(N)]$ 。探测函数为 $b(i,z)$ ，向量形式为 $\boldsymbol{b}=[b(1,z),b(2,z),\cdots,b(N,z)]$ 。搜索策略 $z=f(i)$ ，向量形式为 $\boldsymbol{F}=[f(1),f(2),\cdots,f(N)]$ 。发现目标的概率函数为

$$P(\boldsymbol{F})=\sum_{i\in I}P(i,z)=\sum_{i\in I}p(i)\cdot b[i,f(i)]=\boldsymbol{p}\cdot\boldsymbol{b}^{\mathrm{T}} \tag{8-2}$$

8.1.3　静态搜索模型中的时间量

当连续时间 t 或离散时间 k 表示搜索量，则静态搜索模型中可以出现时间量。此时，时间是搜索策略函数的自变量，而不是搜索者或目标状态变化的进程。

8.1.4　期望费用模型

前述的静态搜索模型都是以发现概率为指标的搜索量分配函数模型。对于搜索量分配函数形式的搜索策略，存在静态的期望费用模型吗？

对于给定的某个搜索量分配函数 $z=f(\boldsymbol{x})$ ，其费用函数 $c[f(\boldsymbol{x})]$ 已定，总费用为确定的值 $C(f)=\int_X c[f(\boldsymbol{x})]\mathrm{d}\boldsymbol{x}$ ，因此，不存在“按照搜索策略 $f(\boldsymbol{x})$ 进行搜索，发现目标的期望费用”这个问题。

静态搜索模型一定是“发现概率”搜索模型。

8.2 动态搜索模型

含有时间变量的搜索模型称为动态搜索模型。时间变量可以来自以下的任意一个因素。第一，目标。当目标是运动目标时，目标的运动在时间上展开。第二，探测器。时变的探测函数或探测率函数中含有时间变量。第三，探测器的运动。第四，在时间上供应的搜索量。具体可以将动态搜索模型分为搜索量分配模型和搜索路径模型。

8.2.1 搜索量分配模型

如果有与时间无关的搜索量分配函数 $z = f(\boldsymbol{x})$，则意味着在某一个时刻，在全空间分配了搜索量对该时刻的目标进行了一瞬间完成的搜索。这种搜索只针对这一时刻目标的分布，与目标是运动的还是静止的无关。这种探测只基于这一时刻的探测器探测能力，与探测函数、探测率函数是恒定的还是时变的无关。所以，动态的搜索量分配模型是指搜索量分配函数中含有时间变量。具体的动态搜索模型在第 12 章、第 18 章和第 19 章中进行讨论。

8.2.2 搜索路径模型

搜索路径必然在时间上展开，因此，所有的以路径函数为搜索策略的搜索路径模型，都是动态搜索模型。对于静止目标且探测器有非时变的探测函数，发现概率的动态搜索模型能够转化为以时间为搜索量的静态搜索模型。关于搜索路径模型，将在以后的许多章中详细讨论。

第 9 章

离散空间静止目标路径搜索模型

9.1 基本问题模型

9.1.1 基本问题

离散空间单元指标集 $I=\{1,2,\cdots,N\}$，离散时间集 $T=\{1,2,\cdots,k,\cdots\}$。

在每个离散时间，对一个单元施加 1 个单位量的搜索量，称为一次探测。对于 $i\in I$，定义 $p(i)\in(0,1)$ 为目标存在于单元 i 的先验概率，有 $\sum_{i=1}^{N}p(i)=1$；$\alpha_i\in(0,1)$ 为单元 i 的探测率；$c_i\in\mathbf{R}^+$ 为在单元 i 进行一次探测的资源量，以下称其为费用。

一个搜索路径可以表示为无穷序列 $\xi=(\xi_1,\xi_2,\cdots\xi_k,\cdots)$，$k\in T,\xi_k\in I$。

设 $P(\xi,K)$ 为按照搜索序列 ξ 经过 K 次探测，发现目标的概率。

9.1.2 发现概率模型

首先，考察一种简单情况。假设一个搜索序列 $\xi=(\xi_1,\xi_2,\cdots\xi_k,\cdots,\xi_K)$，且序列中没有重复的单元。在这种情况下，搜索序列 ξ 经过 K 次探测，发现目标的概率 $P(\xi,K)$ 具有怎样的表达形式？

令 $\bar{P}(\xi,k)$ 为按照序列 ξ 经过 k 次探测未发现目标的概率。显然，发现目标的概率为 $P(\xi,k)=1-\bar{P}(\xi,k)$。而经过 k 次探测未发现目标，就是从第 1～k 次探测的每次探测都没发现目标。令 $\tilde{p}_k(\xi_k)$ 为前 $k-1$ 次探测未发现目标，单元 ξ_k 存在目标的后验概率。因为序列中没有重复探测的单元，所以 $\tilde{p}_k(\xi_k)=\dfrac{p(\xi_k)}{1-P(\xi,k-1)}$。序列经过 K 次探测发现概率的一般表达式为 $P(\xi,K)=1-\prod_{k=1}^{K}[1-\tilde{p}_k(\xi_k)\alpha_{\xi_k}]$。将后验概率代入，有：

$$\overline{P}(\xi,K)=\prod_{k=1}^{K}[1-\tilde{p}_k(\xi_k)\alpha_{\xi_k}]=\prod_{k=1}^{K}[1-\frac{p(\xi_k)\alpha_{\xi_k}}{1-P(\xi,k-1)}]$$
$$=[1-p(\xi_1)\alpha_{\xi_1}]\cdot[1-\frac{p(\xi_2)\alpha_{\xi_2}}{1-P(\xi,1)}]\cdots\cdots[1-\frac{p(\xi_K)\alpha_{\xi_K}}{1-P(\xi,K-1)}]$$
$$=1-[P(\xi,K-1)+p(\xi_K)\alpha_{\xi_K}]$$
$$=1-P(\xi,K)$$

将 $P(\xi,K-1)$ 多次迭代展开，得

$$P(\xi,K)=\sum_{k=1}^{K}p(\xi_k)\alpha_{\xi_k} \qquad (9\text{-}1)$$

式（9-1）为没有重复单元的搜索路径的概率关系，非常简单。因为没有重复探测的单元，式（9-1）中的求和可以认为是在时间上求和，也可以认为是在空间上求和。如果将其认为是在空间上的求和，式（9-1）与式（8-2）是相同的。

如果搜索序列中有重复探测的单元，问题稍微复杂一些。定义 $M(i,k,\xi)$ 为序列 ξ 的前 k 次探测中，单元 i 的探测次数。如果前 $k-1$ 次探测中，单元 ξ_k 共有 $m=M(\xi_k,k-1,\xi)$ 次探测，设这 $M(\xi_k,k-1,\xi)$ 次探测在序列的第 $k_1,k_2,\cdots,k_m$ 项。设 $\overline{P}(\xi,k_n-k_l)$ 表示序列在第 k_l 之后到第 k_n 次探测未发现目标的概率。则：

$$\tilde{p}_k(\xi_k)=\frac{p(\xi_k)(1-\alpha_{\xi_k})}{\overline{P}(\xi,k_1)}\cdot\frac{1-\alpha_{\xi_k}}{\overline{P}(\xi,k_2-k_1)}\cdots\cdots\frac{1-\alpha_{\xi_k}}{\overline{P}(\xi,k_m-k_{m-1})}\cdot\frac{1}{\overline{P}(\xi,k-1-k_m)}$$
$$=\frac{p(\xi_k)(1-\alpha_{\xi_k})^m}{\overline{P}(\xi,k-1)}=\frac{p(\xi_k)(1-\alpha_{\xi_k})^m}{1-P(\xi,k-1)}$$

$$\overline{P}(\xi,K)=\prod_{k=1}^{K}[1-\tilde{p}_k(\xi_k)\alpha_{\xi_k}]=\prod_{k=1}^{K}[1-\frac{p(\xi_k)(1-\alpha_{\xi_k})^{M(\xi_k,k-1,\xi)}\alpha_{\xi_k}}{1-P(\xi,k-1)}]$$
$$=[1-p(\xi_1)\alpha_{\xi_1}]\cdot[1-\frac{p(\xi_2)(1-\alpha_{\xi_2})^{M(\xi_k,1,\xi)}\alpha_{\xi_2}}{1-P(\xi,1)}]\cdots\cdots[1-\frac{p(\xi_K)(1-\alpha_{\xi_K})^{M(\xi_K,K-1,\xi)}\alpha_{\xi_K}}{1-P(\xi,K-1)}]$$
$$=1-[P(\xi,K-1)+p(\xi_K)(1-\alpha_{\xi_K})^{M(\xi_K,K-1,\xi)}\alpha_{\xi_K}]$$
$$P(\xi,K)=P(\xi,K-1)+p(\xi_K)(1-\alpha_{\xi_K})^{M(\xi_K,K-1,\xi)}\alpha_{\xi_K}$$
$$=\sum_{k=1}^{K}p(\xi_k)(1-\alpha_{\xi_k})^{M(\xi_k,k-1,\xi)}\alpha_{\xi_k}$$

将上式中按照时间的求和，进行相同单元的分组求和，有

$$P(\xi,K)=\sum_{k=1}^{K}p(\xi_k)(1-\alpha_{\xi_k})^{M(\xi_k,k-1,\xi)}\alpha_{\xi_k}$$

$$=\sum_{i=1}^{N}p(i)\alpha_i\sum_{j=0}^{M(i,K,\xi)-1}(1-\alpha_i)^j$$

$$=\sum_{i=1}^{N}p(i)[1-(1-\alpha_i)^{M(i,K,\xi)}]$$

上式的结果就是离散空间静止目标路径搜索的概率模型：

$$P(\xi,K)=\sum_{i=1}^{N}p(i)[1-(1-\alpha_i)^{M(i,K,\xi)}] \tag{9-2}$$

令 $b(i,z)=1-(1-\alpha_i)^z$ 为探测函数，式（9-2）与离散空间静态搜索模型（式（8-2））有同样的形式。发现概率在序列上的关系，在式（9-2）中成为空间单元上的求和关系。这体现了静止目标搜索路径的问题与搜索量分配的问题具有内在的统一性。式（9-2）中并不涉及序列中各单元的先后顺序，表明静止目标搜索路径的发现概率只与在各单元的探测次数有关，而与探测的排列次序无关。

9.1.3 期望费用模型

沿着一条路径，即根据一个序列进行搜索时，发现目标时消耗的总费用是一个随机变量。为寻求发现目标费用的期望值，构造 ξ 为无限长的搜索序列。

令 $C(\xi,K)=\sum_{k=1}^{K}c_{\xi_k}$ 为按照序列 ξ 探测进行到第 K 次消耗的总费用。无穷序列 ξ 的总费用 $C(\xi)=\lim_{K\to\infty}C(\xi,K)$。

令 $\Delta C_k=C(\xi,k)-C(\xi,k-1)$，显然有 $\Delta C_k=c_{\xi_k}$。

如果序列的第 k 次探测在单元 i，在单元 i 探测获得的概率增量就是搜索序列的概率增量 $\Delta P_k=P(\xi,k)-P(\xi,k-1)=p(i)(1-\alpha_i)^{M(i,k-1,\xi)}\alpha_i$。

按照序列 ξ 进行了 K 次探测，对发现目标费用均值的一个估计为

$$E[C(\xi,K)]=\sum_{k=1}^{K}[C(\xi,k)\Delta P_k]+C(\xi,K)[1-P(\xi,K)] \tag{9-3}$$

假设无穷序列 ξ 中，每个单元的探测次数都是无穷多次，则有 $\lim_{K\to\infty}P(\xi,K)=1$。因为 $1-P(\xi,K)$ 随 K 的增大呈指数减小，$C(\xi,K)$ 的上限和下限都随 K 的增大而线性增大，所以有：$\lim_{K\to+\infty}C(\xi,K)[1-P(\xi,K)]=0$。无穷序列 ξ 具有有限的发现目标期望费用为

$$
\begin{aligned}
E[C(\xi)] &= \lim_{K\to\infty} E[C(\xi,K)] \\
&= \sum_{k=1}^{\infty} C(\xi,k)\Delta P_k \\
&= \sum_{k=1}^{\infty}[(\sum_{j=1}^{k} c_{\xi_j})p(\xi_k)(1-\alpha_{\xi_k})^{M(\xi_k,k-1,\xi)}\alpha_{\xi_k}]
\end{aligned}
\tag{9-4}
$$

发现目标期望费用的另外一种表达形式为

$$
\begin{aligned}
E[C(\xi)] &= \lim_{K\to\infty} E[C(\xi,K)] \\
&= \sum_{k=1}^{\infty} C(\xi,k)\Delta P_k \\
&= \sum_{k=1}^{\infty} \Delta C_k[1-P(\xi,k-1)] \\
&= \sum_{k=1}^{\infty} c_{\xi_k}[1-\sum_{i=1}^{N} p(i)[1-(1-\alpha_i)^{M(i,k-1,\xi)}]
\end{aligned}
\tag{9-5}
$$

图 9.1 中的阶梯状曲线是序列ξ的费用与发现概率的关系，图中阴影区域的面积则为期望费用值。其中，式（9-4）对应着将横向长方形面积进行纵向累加而成的阴影面积，式（9-5）对应着将竖向长方形面积进行横向累加而成的阴影面积。

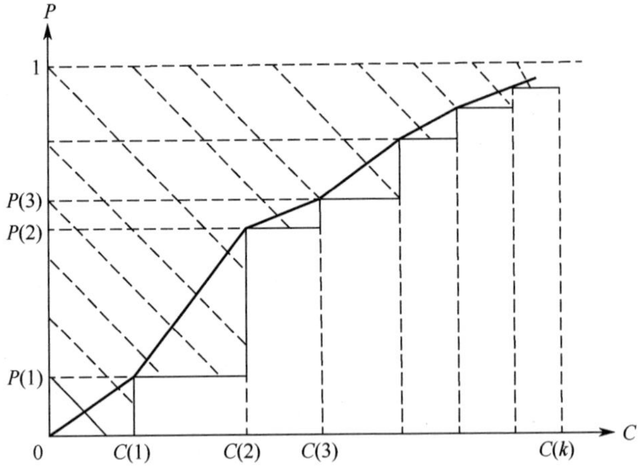

图 9.1　序列概率曲线

用有限长序列估计费用均值时，不要漏掉式（9-3）的最后一项。但序列长度相对于单元数量如果足够长，也就是每个单元都经过了很多次的探测，最后一项对估计误差的影响会很小。

对于所有单元，如果有 $c_i = 1$，则一次探测的费用与一次探测的时间单位一致，上述期望费用模型将简化为期望探测次数模型。

9.2　具有转换费用的搜索模型

在基本问题中，只有在单元中的探测有费用，而在单元之间的转换是不需要费用的。本节在基本问题基础上，讨论具有转换费用的搜索模型。

令 $d(i,j)$ 表示从单元 i 转换到单元 j 的费用，称为转换费用或转移费用。对于 $i,j,l \in I$，假设：① $d(i,i)=0$；② $d(i,j) \geqslant 0, i \neq j$；③ $d(i,j) \leqslant d(i,l)+d(l,j)$。令 $A(0,i) \geqslant 0$ 是从 $0 \notin I$ 的搜索起始位置到达初始探测单元 i 的转换费用。

其他设定与 9.1 节相同。

令 $c(\xi,k)=d(\xi_{k-1},\xi_k)+c_{\xi_k}$ 表示序列的第 k 次探测的费用，包括转移到单元 ξ_k 的费用和在 ξ_k 进行一次探测的费用。

令 $\xi_0 = 0$，按序列 ξ 完成 K 次探测消耗的总费用为

$$C(\xi,K)=\sum_{k=1}^{K} c(\xi,k)=\sum_{k=1}^{K}[d(\xi_{k-1},\xi_k)+c_{\xi_k}]$$

按照序列 ξ 进行探测，发现目标的期望费用为

$$E[C(\xi)]=\lim_{K\to\infty} E[C(\xi,K)]=\sum_{k=1}^{\infty} C(\xi,k)\Delta P_k=\sum_{k=1}^{\infty} c(\xi,k)[1-P(\xi,k-1)] \quad (9\text{-}6)$$

式（9-6）与式（9-4）、式（9-5）相比，除了在总费用和一次探测的费用中包含了转移费用外，其他完全相同。

作为特殊情况，如果转换费用只与到达单元有关，而与出发单元无关，则 $d(j,i)=d(i)$，$c(\xi,k)=d(\xi_k)+c_{\xi_k}$，转换费用完全合并到探测费用中，本节的问题退化到基本问题中。

因为发现概率与转换费用无关，所以本节问题的发现概率模型与基本问题的发现概率模型相同。

9.3　路径上的搜索量模型

如果将 9.2 节问题中每个离散时刻在一个单元中进行的一次探测，即 1 个单位搜索量的探测，改为连续搜索量变量，则离散空间静止目标路径搜索问题，

称为路径上的搜索量问题。本节讨论带有转换费用的路径上的搜索量模型。

为了简化分析，设探测费用与探测量是同一个量，即 $c(i,k)=x(i,k)$（本节用 x，而不是像第一篇中用 z 表示搜索量）。注意，与前两节不同，$c(i,k)$ 不再是某个预定的常数，而是搜索策略中可以选择的量，在搜索模型中是变量。

令转换费用是只与到达单元有关的常数 d_i。

由路径序列 $\boldsymbol{\xi}=(\xi_1,\xi_2,\cdots,\xi_k,\cdots)$ 中各次探测的搜索量组成一个搜索策略序列：

$\boldsymbol{\pi}=(x(\xi_1),x(\xi_2),\cdots,x(\xi_k),\cdots)$。$k\in T$，$\xi_k\in I$，$\xi_k\neq\xi_{k-1}$，$0\leqslant x(\xi_k)<\infty$。

设单元的探测函数为 $b(i,x)$。

定义探测次序向量函数 $\boldsymbol{M}(k)=(\xi_k,m_k)$，表示序列 $\boldsymbol{\pi}$ 中的第 k 次探测是在单元 ξ_k 中的第 m_k 次探测。

当 $\boldsymbol{M}(k)=(i,m_k)$，有该次探测的费用 $c_{\boldsymbol{M}(k)}=d_i+x_{im_k}$。$x_{im_k}$ 为在单元 i 的第 m_k 次探测所消耗费用即搜索量。

定义 $X(i,m_k)$ 为完成序列的第 k 次探测后，在单元 i 中的总探测费用：

$$X(i,m_k)=\sum_{j=1}^{m_k}x_{ij} \tag{9-7}$$

对于任意一个单元 i，当其存在目标的先验概率为 $p(i)$、探测函数为 $b(i,x)$，在该单元发现目标的概率与转移费用无关，只与施加在该单元的探测量有关，为 $P_i(x)=p(i)b(i,x)$，其对应的发现概率密度函数为 $\rho_i(x)=\dfrac{\mathrm{d}P_i(x)}{\mathrm{d}x}=p(i)b'(i,x)$。在探测序列完成第 k 次探测后，如果 $\boldsymbol{M}(k)=(i,m_k)$，则单元 i 的发现概率为

$$P_i[X(i,m_k)]=p(i)b[i,X(i,m_k)] \tag{9-8}$$

当 $\boldsymbol{M}(k)=(i,m_k)$，单元 i 第 m_k 次探测的概率增量：

$$\Delta P_{im_k}=P_i[X(i,m_k)]-P_i[X(i,m_k-1)]$$

该增量也是序列第 k 次探测的概率增量 $\Delta P(k)$，即

$$\Delta P(k)=\Delta P_{im_k}=P_i[X(i,m_k)]-P_i[X(i,m_k-1)] \tag{9-9}$$

在图 9.2 中，由 x_{im_k}、ΔP_{im_k} 和单元发现概率曲线 $P_i(x)$ 组成的伪三角形的面积为

$$S_{\boldsymbol{M}(k)}=S_{im_k}=\int_{X(i,m_k-1)}^{X(i,m_k)}P_i(x)\,\mathrm{d}x-x_{im_k}P_i[X(i,m_k-1)]$$

在一个单元中的发现概率，在转移费用的消耗中保持不变而随搜索量即探测费用变化。图 9.3 所示为探测序列发现概率与总费用的变化关系示意曲线。

设按照搜索策略 $\boldsymbol{\pi}$ 进行搜索，总搜索费用（包括转移费用和探测费用）变

量为 y，令已经完成的第 $K-1$ 次探测之后至第 K 次探测结束之前的费用变量为 $z(K)$。有：

$$y=\sum_{k=1}^{K-1}[d_{\xi_k}+x(\xi_k)]+z(K)$$

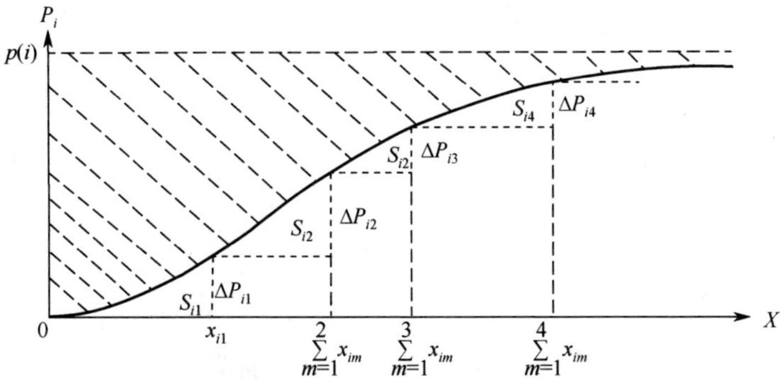

图 9.2　固定单元连续探测概率曲线示意图

假设已完成 $K-1$ 次探测，尚未开始第 K 次探测，序列的发现概率为

$$P(\boldsymbol{\pi},y)=\sum_{k=1}^{K-1}\Delta P(k)$$

因为尚未开始第 K 次探测，所以 $z(K)$ 的变化不引起 $P(\boldsymbol{\pi},y)$ 的变化，见图 9.3 概率曲线的水平段。

当开始进行第 K 次探测，$z(K)$ 的变化将引起发现概率的变化，序列的发现概率：

$$P(\boldsymbol{\pi},y)=\sum_{k=1}^{K-1}\Delta P(k)+p(\xi_K)\{b[\xi_K,X(\xi_K,m_{\xi_K}-1)+z(K)-d_{\xi_K}]-b[\xi_K,X(\xi_K,m_{\xi_K}-1)]\}$$

令 $Z^+(K)=\begin{cases} z(K)-d_{\xi_K}, & z(K)-d_{\xi_K}>0 \\ 0, & z(K)-d_{\xi_K}\leqslant 0 \end{cases}$，则统一上述两种情况的发现概率：

$$P(\boldsymbol{\pi},y)=\sum_{k=1}^{K-1}\Delta P(k)+p(\xi_K)\{b[\xi_K,X(\xi_K,m_{\xi_K}-1)+Z^+(K)]-b[\xi_K,X(\xi_K,m_{\xi_K}-1)]\} \tag{9-10}$$

期望费用模型为：

$$E[y(\boldsymbol{\pi})]=\int_0^{\infty}[1-P(\boldsymbol{\pi},y)]\mathrm{d}y \tag{9-11}$$

图 9.3 中阴影部分的面积即为按照序列 $\boldsymbol{\pi}$ 进行搜索，发现目标的期望费用。

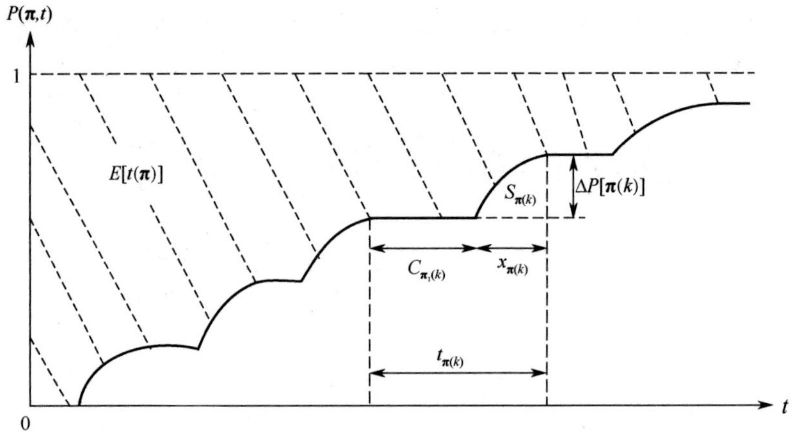

图 9.3　序列搜索概率曲线示意图

将转移费用和探测量统一为连续时间，本节的模型就是路径上的探测时间与发现概率的关系模型和离散空间路径搜索发现目标期望时间模型。（图 9.3 直接引用自拙著《单向最优搜索理论》，以时间为费用变量。）

第10章 静止目标一维搜索模型

10.1 “相遇”与“发现”

首先定义“点探测器”：设目标空间和探测空间同维，如果探测器的距离探测函数为$b(r)=\begin{cases}1, & r=0\\0, & r>0\end{cases}$，则称这种探测器为点探测器。

对于点目标，在一维空间中，当探测器与目标处于同一位置，即“相遇”，可以发现目标。

如果在二维或二维以上的空间中，探测器与目标相遇，同样可以发现目标。但即使在有限的空间中，无论探测器如何运动，运动多长时间，点探测器与点目标相遇的概率都是0。

给出对连续空间中的目标和探测能力的有搜索论意义的假设：

（1）一维空间中，允许以点目标和点探测器的相遇作为“发现目标”；

（2）二维和二维以上空间，不允许同为点目标和点探测器。

10.2 一维期望路程搜索模型

一个静止的目标存在于一维空间中。探测器在同一空间中运动搜索，如果探测器与目标相遇，则发现目标，搜索成功。

设ξ为目标所在的位置，定义目标存在的概率函数$F(x)=\text{prob}\{\xi\leqslant x\}\in[0,1]$，$\xi,x\in\mathbf{R}$。不失一般性，令探测器初始位置$x_0=0$。

令：d是使$F(x)=1$的x的最小值；c是使$F(x)=0$的x的最大值。

用数学语言描述，令$d=\sup\{x:F(x)<1\}$，$c=\inf\{x:F(x)>0\}$。

一个一定发现目标的搜索策略，必须是搜索路径覆盖(c,d)的搜索策略。

当探测器初始位置$x_0=0$时，一个具有搜索论意义的问题必须有$c<0$,

$d>0$（否则，任何智力正常的人都会知道那个唯一的搜索策略）。

假设探测器在一维空间上的运动可以进行瞬时的折返，令 a_k 为离散时刻 $k=1,2,\cdots$ 上探测器进行折返时的位置。

对于以正向开始的交替方向的搜索，转向点具有关系：

$\cdots a_6 \leqslant a_4 \leqslant a_2 \leqslant 0 \leqslant a_1 \leqslant a_3 \leqslant a_5 \cdots$。

对于以负向开始的交替方向的搜索，转向点具有关系：

$\cdots a_5 \leqslant a_3 \leqslant a_1 \leqslant 0 \leqslant a_2 \leqslant a_4 \leqslant a_6 \cdots$。

序列 $a=\{a_1,a_2,\cdots,a_k,\cdots\}$ 称为一种搜索策略，或搜索路径。一个序列，如果其满足的上述不等式关系是严格不等式，则称该序列为强搜索序列，否则称为弱搜索序列。本节假设给定的搜索策略均为强搜索策略。

将探测器经过折返回到起始点称为一次搜索。搜索者在第 m 次搜索折返前，处于 x 时，运动的总路程为 $X_m(x,\boldsymbol{a})=|x|+\sum_{k=1}^{m-1}2|a_k|$。对于一次搜索中的有效搜索，$x$ 处于前 $m-1$ 次搜索在同一个方向未到达的区域，有 $|a_{m-2}|<|x|\leqslant|a_m|$。

在进行第 m 次搜索到达 a_m 时，对运动路程期望值的估计为

$$E[X_m(\boldsymbol{a})]=\int_{F(a_{m-1})}^{F(a_m)} X_m(x,\boldsymbol{a})\mathrm{d}F(x)+X_m(a_m,\boldsymbol{a})[1-\frac{a_m}{|a_m|}F(a_m)-\frac{a_{m-1}}{|a_{m-1}|}F(a_{m-1})]$$

令 $a_{-1}=a_0=0$，$\int_{a_{m-2}}^{a_m}\{\cdot\}\mathrm{d}F(x)=\left|\int_{a_{m-2}}^{a_m}\{\cdot\}\mathrm{d}F(x)\right|$。对于一个搜索序列，发现目标时探测器运动路程是一个随机变量。当给定目标概率函数 $F(x)$ 时，按照覆盖 (c,d) 的无穷序列 $\boldsymbol{a}$ 进行搜索，发现目标期望运动路程为

$$\begin{aligned}
E[X(\boldsymbol{a})]&=\lim_{m\to\infty}E[X_m(\boldsymbol{a})]\\
&=\int_{F(c)}^{F(d)}[|x|+\sum_{k=1}^{\infty}2|a_k|]\mathrm{d}F(x)\\
&=\int_0^1|x|\mathrm{d}F(x)+2\sum_{m=1}^{\infty}\int_{F(a_{m-2})}^{F(a_m)}\sum_{k=1}^{m-1}|a_k|\mathrm{d}F(x)\\
&=\int_0^1|x|\mathrm{d}F(x)+2\sum_{m=1}^{\infty}\{[\sum_{k=1}^{m-1}|a_k|]\cdot[|F(a_m)-F(a_{m-2})|]\}
\end{aligned}$$

上式中，$\int_0^1|x|\mathrm{d}F(x)$ 是不计重复搜索的搜索路程期望值，第二部分求和式是折返搜索发现目标的期望路程，该部分有：

$$2\sum_{m=1}^{\infty}\int_{F(a_{m-2})}^{F(a_m)}\sum_{k=1}^{m-1}|a_k|\mathrm{d}F(x)$$
$$=2\sum_{m=1}^{\infty}|a_m|[\sum_{k=m}^{\infty}\int_{F(a_{k-2})}^{F(a_k)}\mathrm{d}F(x)$$
$$=2\sum_{m=1}^{\infty}|a_m|[\sum_{k=1}^{\infty}\int_{F(a_{k-2})}^{F(a_k)}\mathrm{d}F(x)-\sum_{k=1}^{m-1}\int_{F(a_{k-2})}^{F(a_k)}\mathrm{d}F(x)]$$
$$=2\sum_{m=1}^{\infty}|a_m|[\int_{c}^{d}\mathrm{d}F(x)-\sum_{k=1}^{m-1}\int_{F(a_{k-2})}^{F(a_k)}\mathrm{d}F(x)]$$
$$=2\sum_{m=1}^{\infty}|a_m|[1-\int_{F(a_{m-1})}^{F(a_m)}\mathrm{d}F(x)]$$
$$=2\sum_{m=1}^{\infty}|a_m|[1-|F(a_m)-F(a_{m-1})|]$$

所以，期望路程模型还可以表示为

$$E[X(\boldsymbol{a})]=\int_0^1|x|\mathrm{d}F(x)+2\sum_{m=1}^{\infty}|a_m|[1-|F(a_m)-F(a_{m-1})|]$$

当c和d至少有一个有限数时，全覆盖的搜索策略$\boldsymbol{a}$是一个有限长的序列。设$\boldsymbol{a}$的序列长度是K，则a_{K-1}必为c、d中的一个有限值，而a_K不再是折返点，而是搜索的“终点”，是c、d中的另一个有限值或唯一的一个正无穷大或负无穷大。按搜索策略$\boldsymbol{a}$搜索发现目标的期望搜索路程为

$$E[X(\boldsymbol{a})]$$
$$=\int_0^1|x|\mathrm{d}F(x)+2\sum_{m=1}^{K-1}\{[\sum_{k=1}^{m-1}|a_k|]\cdot[|F(a_m)-F(a_{m-2})|]\}$$
$$=\int_0^1|x|\mathrm{d}F(x)+2\sum_{m=1}^{K-1}|a_m|[1-|F(a_m)-F(a_{m-1})|]$$

10.3 一维发现概率模型

令A_m^-是$\{a_m,a_{m-1}\}$中的负值项，A_m^+是$\{a_m,a_{m-1}\}$中的正值项。在给定目标概率分布函数$F(x)$的条件下，按序列$\boldsymbol{a}$进行搜索，完成第K次搜索，发现目标的概率：

$$P(K)=\int_{A_K^-}^{A_K^+}\mathrm{d}F(x)=F(A_K^+)-F(A_K^-)$$

10.4 简单的最优化分析

本书第三篇“最优搜索理论”中，不包括一维搜索的最优化问题。寻求一个序列 $\boldsymbol{a}=(a_1,a_2,\cdots,a_k,\cdots)$，使 $E[X(\boldsymbol{a})]$ 极小，是一个比较复杂的问题。本章中，对一维搜索的最优化问题进行简单的、不严格的分析。

（1）如果探测器不能进行折返，只能向一个方向运动搜索，最优搜索方向是目标存在概率较大的方向。若 $F(x_0)<0.5$，应正向搜索；若 $F(x_0)>0.5$，应反向搜索；若 $F(x_0)=0.5$，任意方向均可。当然，这是不考虑行程，仅考虑发现概率的最优策略。

以概率与行程的平均值为准则，有限分布的情况下，若 $\dfrac{1-F(x_0)}{d}>\dfrac{F(x_0)}{|c|}$，应选择正向搜索，否则选择反向搜索。

（2）设概率密度函数 $\rho(x)=\dfrac{\mathrm{d}F(x)}{\mathrm{d}x}$。在正向的最优折返点 a_m，必处于概率密度函数的下降处；在反向的最优折返点 a_m，必处于概率密度函数的上升处。这个原则适用于概率函数不可导的情况。用 $|x|$ 的变化统一正向和负向。最优折返点一定不在随 $|x|$ 的增加概率密度函数增加的点上。

（3）对于均匀分布的目标，向任意方向搜索至分布边界，折返搜索到另一个分布边界，发现期望路程是相同的。

（4）对于给定的概率函数 $F(x)$，交替折返搜索的最小的期望路程，不超过 9 倍的 $\int_{F(c)}^{F(d)}|x|\mathrm{d}F(x)$。

（5）如果 $F(x)$ 在 $x=0$ 处的左导数和右导数都是无限的，则不存在期望路程最小的左右序列。

第 11 章 离散空间运动目标路径搜索模型

11.1 基本问题与状态转移方程

离散空间单元指标集 $I=\{1,2,\cdots,N\}$，离散时间集 $T=\{1,2,\cdots,k,\cdots\}$。

设目标的初始概率分布 $\boldsymbol{p}=[p(1),p(2),\cdots,p(N)]$。

将 $k-1\sim k$ 时刻称为第 k 时间段。探测序列 $\boldsymbol{\xi}=(\xi_1,\xi_2,\cdots)$，$\xi_k\in I$，表示在每个离散时间段，对一个单元施加 1 个单位量的搜索量，称为一次探测。目标在单元 i 条件下，一次探测的发现概率为 α_i，$i\in I$。

齐次马尔科夫目标在离散时刻上在单元间转移运动，设其一步转移矩阵为 $\boldsymbol{A}$。

在第 1 个时间段，在单元 ξ_1 探测未发现目标，目标的后验概率是初始分布和探测单元 ξ_1 的函数：

$$\tilde{\boldsymbol{p}}'(1)=\boldsymbol{g}(\boldsymbol{p},\xi_1)=\boldsymbol{p}\cdot\frac{1-\delta_{\xi_1 i}\alpha_i}{1-p(\xi_1)\alpha_{\xi_1}}$$

δ_{ij} 为 Kronecker 函数，$i=j$ 时，$\delta_{ij}=1$；$i\neq j$ 时，$\delta_{ij}=0$。

在 $k=1$ 时刻，目标发生转移，在第 2 时间段探测前，目标的概率分布为 $\tilde{\boldsymbol{p}}(2)=\tilde{\boldsymbol{p}}'(1)\cdot\boldsymbol{A}$。在单元 ξ_2 探测未发现目标的后验概率分布为

$$\tilde{\boldsymbol{p}}'(2)=\boldsymbol{g}[\tilde{\boldsymbol{p}}(2),\xi_2]=\tilde{\boldsymbol{p}}(2)\cdot\frac{1-\delta_{\xi_2 i}\alpha_i}{1-\tilde{p}(\xi_2,2)\alpha_{\xi_2}}$$

依次得到递推的状态转移方程如下：

$$\begin{cases}\tilde{\boldsymbol{p}}(1)=\boldsymbol{p}\\ \tilde{\boldsymbol{p}}'(k)=\boldsymbol{g}[\tilde{\boldsymbol{p}}(k),\xi_k]=\tilde{\boldsymbol{p}}(k)\cdot\dfrac{1-\delta_{\xi_k i}\alpha_i}{1-\tilde{p}(\xi_k,k)\alpha_{\xi_k}}\\ \tilde{\boldsymbol{p}}(k+1)=\tilde{\boldsymbol{p}}'(k)\cdot\boldsymbol{A}\end{cases}\tag{11-1}$$

式中：$\dfrac{1-\delta_{\xi_k i}\alpha_i}{1-\tilde{p}(\xi_k,k)\alpha_{\xi_k}}$ 为与对应向量 $\tilde{\boldsymbol{p}}(k)$ 中 $i=1,2,\cdots,N$ 的各元素相乘的系数。

$\tilde{\boldsymbol{p}}(k)$、$\tilde{\boldsymbol{p}}'(k)$ 分别为第 k 时间段的探前状态和探后状态。

11.2 发现概率模型

第 1 次探测的发现概率取决于 ξ_1 和该单元的目标初始概率 $p(\xi_1)$ 和探测率 α_{ξ_1}；第 2 次及以后各次的发现概率取决于 ξ_k 和该单元前一时段的后验概率经目标转移后的目标概率 $\tilde{p}(\xi_k)$ 和探测率 α_{ξ_k}。其中，探测率不随探测次数变化。所以，按照搜索序列 $\boldsymbol{\xi}$ 进行完第 K 次探测，没发现目标的概率为 $\prod_{k=1}^{K}[1-\tilde{p}(\xi_k)\alpha_{\xi_k}]$，则按照搜索序列 $\boldsymbol{\xi}$ 进行 K 次探测，发现目标的概率为

$$P(\boldsymbol{\xi},K)=1-\prod_{k=1}^{K}[1-\tilde{p}(\xi_k)\alpha_{\xi_k}] \tag{11-2}$$

式中：$\tilde{p}(\xi_k)$ 依据状态转移方程式（11-1）进行递推计算。

11.3 期望费用模型

对于 $i\in I$，$c_i\in\mathbf{R}^+$ 表示在单元 i 进行一次探测的费用。一个搜索策略为无穷序列 $\boldsymbol{\xi}=(\xi_1,\xi_2,\cdots,\xi_k,\cdots)$。

令 $C(\boldsymbol{\xi},K)=\sum_{k=1}^{K}c_{\xi_k}$ 为按照序列 $\boldsymbol{\xi}$ 探测进行到第 K 次消耗的总费用。令 $\Delta C_k=C(\boldsymbol{\xi},k)-C(\boldsymbol{\xi},k-1)$，显然有 $\Delta C_k=c_{\xi_k}$。

根据式（11-2），序列的第 K 次探测获得的发现概率增量就是前 $K-1$ 次探测未发现第 K 次探测发现的概率：

$$\Delta P_K=P(\boldsymbol{\xi},K)-P(\boldsymbol{\xi},K-1)=\{\prod_{k=1}^{K-1}[1-\tilde{p}(\xi_k)\alpha_{\xi_k}]\}\tilde{p}(\xi_K)\alpha_{\xi_K} \tag{11-3}$$

按照序列 $\boldsymbol{\xi}$ 进行了 K 次探测，对发现目标费用均值的一个估计为

$$E[C(\boldsymbol{\xi},K)]=\sum_{k=1}^{K}[C(\boldsymbol{\xi},k)\Delta P_k]+C(\boldsymbol{\xi},K)[1-P(\boldsymbol{\xi},K)] \tag{11-4}$$

假设无穷序列 $\boldsymbol{\xi}$ 中，每个单元的探测次数都是无穷多次，则有 $\lim_{K\to\infty}P(\boldsymbol{\xi},K)=1$，无穷序列 $\boldsymbol{\xi}$ 具有有限的发现目标期望费用为

$$
\begin{aligned}
E[C(\xi)] &= \lim_{K\to\infty} E[C(\xi,K)] \\
&= \sum_{k=1}^{\infty} C(\xi,k)\Delta P_k \\
&= \sum_{k=1}^{\infty} c_{\xi_k}[1-P(\xi,k-1)]
\end{aligned}
\tag{11-5}
$$

第 12 章 运动目标搜索量分配搜索模型

12.1 确定性运动目标搜索模型

设初始时刻目标空间 $X \subset \mathbf{R}^n$。在任意 $t>0$ 时刻，目标空间 $Y \subset \mathbf{R}^n$。任意时刻目标的空间位置是初始时刻目标位置和时间的函数，可描述为 $\boldsymbol{y}=\boldsymbol{h}(\boldsymbol{x},t)$，其中定义函数 $\boldsymbol{h}$，即

$$\boldsymbol{h}: X \times [0,+\infty) \to Y$$

对于确定性运动目标，函数 $\boldsymbol{h}$ 是一一对应的确定性的函数向量。设初始时刻目标的分布密度函数为 $\rho_0(\boldsymbol{x})$，任意时刻 t 目标的概率分布密度为

$$\frac{\rho(\boldsymbol{y},t)}{J[\boldsymbol{h}^{-1}(\boldsymbol{y},t),t]}$$

式中：$\boldsymbol{h}^{-1}(\boldsymbol{y},t)=\boldsymbol{x}$，为 $\boldsymbol{h}$ 的逆函数向量。

定义 X 上针对静止目标的搜索量密度分配函数 $\varphi(\boldsymbol{x},t): X \times [0,\infty) \to [0,\infty)$。设 $\varphi(\boldsymbol{x},t)$ 对时间的偏导数存在，令 $\dot{\varphi}(\boldsymbol{x},t)=\dfrac{\partial \varphi(\boldsymbol{x},t)}{\partial t}$，$\boldsymbol{x} \in X, t \geqslant 0$，表示 t 时刻在 $\boldsymbol{x}$ 点上搜索量密度的累积速率。并且 $\varphi(\boldsymbol{x},t)=\int_0^t \dot{\varphi}(\boldsymbol{x},\tau)\mathrm{d}\tau$，$\boldsymbol{x} \in X, t \geqslant 0$。

$\varphi(\boldsymbol{x},t)$ 为以初始时刻目标分布为条件的关于静止目标的一个搜索量密度分配函数。关于静止目标在某个点 $\boldsymbol{x}$ 上按照速率 $\dot{\varphi}(\boldsymbol{x},t)$ 在 0～t 时间内累积的搜索量 $\varphi(\boldsymbol{x},t)$，对于确定性运动目标，则应施加在 0～$t$ 的轨迹 $\boldsymbol{y}(t)=\boldsymbol{h}(\boldsymbol{x},t)$ 上。

对于固定的一个点 $\boldsymbol{y} \in Y$，令搜索量密度累积速率为 $\psi(\boldsymbol{y},t)$，该累积速率，对于不同的时刻 t，对应不同的点 $\boldsymbol{x}$。有：$\psi(\boldsymbol{y},t)=\dot{\varphi}[\boldsymbol{h}^{-1}(\boldsymbol{y},t),t]$。

在 $Y \subset \mathbf{R}^n$，$t \in [0,+\infty)$ 上的一个空间时间函数 $\psi(\boldsymbol{y},t)$ 称为一个搜索策略。

$\int_0^t \psi(\boldsymbol{y},\tau)\mathrm{d}\tau$ 表示在点 $\boldsymbol{y}$，0～t 时刻累积的搜索量密度。

$\int_Y\int_0^t\psi(\boldsymbol{y},\tau)\mathrm{d}\tau\mathrm{d}\boldsymbol{y}$ 表示在空间 Y 上，从 0 ～ t 时刻积累的总搜索量。

定义探测函数 $b:X\times[0,+\infty)\to[0,1]$，表示目标初始时刻处于点 $\boldsymbol{x}$ 的条件下，按照搜索量密度累积速率 $\psi[\boldsymbol{h}(\boldsymbol{x},t)]$ 探测进行到 T 时刻发现目标的概率。

按照搜索策略 $\psi(\boldsymbol{y},t)$ 进行到某个时刻 T，发现目标的概率为

$$P_T(\psi)=\int_X\rho_0(\boldsymbol{x})b[\boldsymbol{x},\int_0^T\psi[\boldsymbol{h}(\boldsymbol{x},t),t]\mathrm{d}t]\mathrm{d}\boldsymbol{x} \tag{12-1}$$

搜索策略 $\psi(\boldsymbol{y},t)$ 的期望发现目标时间为

$$\begin{aligned}E(t_d)&=\int_0^{+\infty}[1-P_t(\psi)]\mathrm{d}t\\&=\int_0^{+\infty}\{1-\int_X\rho_0(\boldsymbol{x})b[\boldsymbol{x},\int_0^t\psi[\boldsymbol{h}(\boldsymbol{x},\tau),\tau]\mathrm{d}\tau]\mathrm{d}\boldsymbol{x}\}\mathrm{d}t\end{aligned} \tag{12-2}$$

12.2 基于随机参数的运动目标搜索模型

直接利用 4.5 节的结论（符号表示有点变化），设随机参数向量 $\boldsymbol{\xi}\in\mathbf{R}^m$，任意时刻目标的空间位置是初始时刻目标位置、参数向量 $\boldsymbol{\xi}$ 和时间的函数：

$$\boldsymbol{y}=\boldsymbol{h}(\boldsymbol{x},\boldsymbol{\xi},t)$$

任意 t 时刻目标的分布密度函数为

$$\rho(\boldsymbol{y},t)=\int_{\mathbf{R}^m}\frac{\rho_0[\boldsymbol{h}^{-1}(\boldsymbol{y},\boldsymbol{\xi},t),\boldsymbol{\xi}]}{J[\boldsymbol{h}^{-1}(\boldsymbol{y},\boldsymbol{\xi},t),\boldsymbol{\xi},t]}\mathrm{d}\boldsymbol{\xi} \tag{12-3}$$

搜索策略为一个搜索量密度累积速率函数 $\psi(\boldsymbol{y},t)$。搜索进行到 T 时刻，在初始 $\boldsymbol{x}$ 点所经过的路径 $\boldsymbol{h}(\boldsymbol{x},\boldsymbol{\xi},t)$ 上积累的搜索量密度为 $\int_0^T\psi[\boldsymbol{h}(\boldsymbol{x},\boldsymbol{\xi},t),t]\mathrm{d}t$。

定义探测函数 $b:X\times[0,\infty)\to[0,1]$。$b\{\boldsymbol{x},\int_0^T\psi[\boldsymbol{h}(\boldsymbol{x},\boldsymbol{\xi},t),t]\mathrm{d}t\}$ 表示目标初始时刻处于点 $\boldsymbol{x}$，且随机参数为 $\boldsymbol{\xi}$ 的条件下，按照搜索量密度累积速率 $\psi[\boldsymbol{h}(\boldsymbol{x},\boldsymbol{\xi},t),t]$ 探测进行到 T 时刻，发现目标的概率，也可以表示为 $b\{\int_0^T\psi[\boldsymbol{h}(\boldsymbol{x},\boldsymbol{\xi},t),t]\mathrm{d}t\}$。

按照搜索策略 $\psi(\boldsymbol{y},t)$ 搜索进行到某个时刻 T，发现目标的概率为

$$P_T(\psi)=\int_{\mathbf{R}^m}\int_{\mathbf{R}^n}\rho(\boldsymbol{x},\boldsymbol{\xi})b\{\int_0^T\psi[\boldsymbol{h}(\boldsymbol{x},\boldsymbol{\xi},t),t]\mathrm{d}t\}\mathrm{d}\boldsymbol{x}\mathrm{d}\boldsymbol{\xi} \tag{12-4}$$

式中：$\rho(\boldsymbol{x},\boldsymbol{\xi})$ 为目标初始位置与随机参数的联合概率分布。如果初始分布与随机参数分布相互独立，则 $\rho(\boldsymbol{x},\boldsymbol{\xi})=\rho_0(\boldsymbol{x})\rho(\boldsymbol{\xi})$。

发现目标的期望时间：

$$E(t_d)=\int_0^{\infty}[1-P_t(\psi)]\mathrm{d}t \tag{12-5}$$

12.3 基于随机过程的运动目标搜索模型

12.3.1 连续空间连续时间

设连续时间 $t\in[0,T]$，$T>0$，搜索空间 $Y\subset\mathbf{R}^n$。函数 $\psi(\boldsymbol{y},t):Y\times[0,T]\to[0,\infty)$，表示搜索量密度的累积速率，称为空间和时间上的一个搜索策略。

设目标空间 $X\subset\mathbf{R}^n$。运动目标的位置是关于时间的函数，用随机过程 $\{X_t:t\in[0,T]\}$ 描述。到时刻 T，在空间路径 $\boldsymbol{\omega}$ 所施加的搜索量密度总量为

$$\int_0^T W[X(\boldsymbol{\omega},t),t]\psi[X(\boldsymbol{\omega},t),t]\mathrm{d}t$$

式中：$X(\boldsymbol{\omega},t)$ 为空间轨迹 $\boldsymbol{\omega}$ 上的一条样本路径；$W(\boldsymbol{y},t)$ 为定义在 Y 和 $[0,T]$ 上的加权函数，也称为探测率函数，表示在不同的时间和空间点，同样的搜索量密度所带来的搜索效果的差异。$W(\boldsymbol{y},t)\equiv 1$ 是一种特殊的加权函数，即效果无差异的搜索。

回顾一下在 6.2 节中定义的探测函数 $b(\boldsymbol{x},z)$，这个探测函数表示目标处于空间中的 $\boldsymbol{x}$ 点条件下，在该点施加探测量 z 发现目标的概率。在此基础上，将目标处于空间中的某点的条件，扩展到一条样本路径上，将施加在一点上的探测量，扩展到施加在该路径上的搜索量，定义新的探测函数（称其为搜索函数更贴切一些）：

$$b[\int_0^T W[X(\boldsymbol{\omega},t),t]\psi[X(\boldsymbol{\omega},t),t]\mathrm{d}t]$$

上式表示，在目标的运动路径为 $\boldsymbol{\omega}$ 的条件下，按照搜索策略 ψ 搜索到时刻 T，发现目标的概率。

定义按照搜索策略 ψ 搜索到时刻 T，发现目标的概率为探测函数 b 在所有样本路径上的期望值：

$$P_T(\psi)=E\{b[\int_0^T W[X(\omega,t),t]\psi[X(\omega,t),t]\mathrm{d}t]\} \tag{12-6}$$

12.3.2 连续空间离散时间

在连续空间中，实施探测的时间是离散时间，目标的随机运动也发生在离散时间上。

设离散时间 $k\in\{0,1,2,\cdots,K\}$，搜索空间 $Y\subset\mathbf{R}^n$。定义函数 $\psi(\boldsymbol{y},k)$:

$Y\times\{0,1,2,\cdots,K\}\to[0,\infty)$ 是 Y 和 $\{0,1,2,\cdots,K\}$ 上的一个搜索策略。因为时间上的离散性，$\psi(\boldsymbol{y},k)$ 表示的是搜索量密度，而不是 12.3.1 节中的搜索量密度的时间变化率。

因为探测在离散时间上，所以连续空间中的目标运动可以用一个离散时间随机过程 $\{X_k:k=0,1,2,\cdots,K\}$ 进行描述。

按照搜索策略 ψ 搜索到时刻 K，发现目标的概率为

$$P_K(\psi)=E\{b[\sum_{k=0}^{K}W(X(\omega,k),k)\psi(X(\omega,k),k)]\} \tag{12-7}$$

12.3.3　离散空间离散时间

设离散时间 $k\in\{0,1,2,\cdots,K\}$，离散空间指标集 $I=\{1,2,\cdots\}$。

定义函数 $\psi(i,t):I\times\{0,1,2,\cdots,K\}\to[0,\infty)$ 是 I 和 $\{0,1,2,\cdots,K\}$ 上的一个搜索策略，表示离散空间和离散时间上的搜索量。

目标的随机运动用离散时间随机过程 $\{X_k:k=0,1,2,\cdots,K\}$ 进行描述。

按照搜索策略 ψ 搜索到时刻 K，发现目标的概率为

$$P_K(\psi)=E\{b[\sum_{k=0}^{K}W(X(\omega,k),k)\psi(X(\omega,k),k)]\} \tag{12-8}$$

式（12-8）在形式上与式（12-7）完全相同，但应注意，策略 ψ 在式（12-7）中是搜索量密度，而在式（12-8）中是搜索量。样本路径 $\boldsymbol{\omega}$ 在式（12-7）中是目标的连续运动路径，而在式（12-8）中是目标离散空间单元的一个样本序列。

当离散空间指标集 $I=\{1,2,\cdots,N\}$，即空间单元数有限时，样本路径的数量也是有限的，于是可以定义样本路径集 Ω 及其上的样本路径概率 $p(\boldsymbol{\omega})$。假如随机运动目标具有马尔科夫性，并假定探测函数是指数型探测函数，则

$$\begin{aligned}P_K(\psi)&=E\{b[\sum_{k=0}^{K}W(X(\boldsymbol{\omega},k),t)\psi(X(\boldsymbol{\omega},k),k)]\}\\&=\sum\nolimits_{\omega\in\Omega}p(\omega)b[\sum_{k=0}^{K}W(X(\boldsymbol{\omega},k),t)\psi(X(\boldsymbol{\omega},k),k)]\\&=\sum\nolimits_{\omega\in\Omega}p(\boldsymbol{\omega})\{1-\exp[-\sum_{k=0}^{K}W(\boldsymbol{\omega},k)\psi(\boldsymbol{\omega},k)]\}\\&=1-\sum\nolimits_{\omega\in\Omega}p(\boldsymbol{\omega})\exp[-\sum_{k=0}^{K}W(\boldsymbol{\omega},k)\psi(\boldsymbol{\omega},k)]\end{aligned} \tag{12-9}$$

如果给定条件是目标的初始概率分布 $p_0(i)$ 和马尔科夫一步转移矩阵

$\boldsymbol{A}(t)$，则任意k时刻目标的概率分布向量为$\boldsymbol{p}_k = \boldsymbol{p}_0 \prod_{t=1}^{k} \boldsymbol{A}(t)$。

对于所有$\boldsymbol{\omega} \in \Omega$，目标运动路径概率：

$$p(\boldsymbol{\omega}) = \prod_{k=0}^{K} p_k(\omega_k) \tag{12-10}$$

式中：$\omega_k \in I$，为路径$\boldsymbol{\omega}$在k时刻所在的空间单元。

第 13 章

搜索方程与通用搜索模型

13.1 搜索状态函数

下面定义的一个概率密度函数、一个概率函数，统称为搜索状态函数。

13.1.1 搜索概率密度函数

令 $t \in [0,T]$ 。目标空间 $X \subset \mathbf{R}^n$ ，搜索空间 $Y \subset \mathbf{R}^m$ 。搜索路径函数 $\boldsymbol{Y}:[0,T] \to Y$ ，表示搜索者或探测器从 0～T 时刻的运动轨迹。$\boldsymbol{y} = \boldsymbol{Y}(t)$ ，表示 t 时刻搜索者位置。

定义 t 时刻目标位置和搜索过程的搜索概率分布密度函数 $f(\boldsymbol{x},t,\boldsymbol{Y})$：

$$f(\boldsymbol{x},t,\boldsymbol{Y})V(\Delta\boldsymbol{x}) = \text{Prob}\{t\text{时刻目标存在于}[\boldsymbol{x},\boldsymbol{x}+\Delta\boldsymbol{x}],\text{且}\boldsymbol{Y}(0)\text{至}\boldsymbol{Y}(t)\text{搜索未发现目标}\} + 0[V(\Delta\boldsymbol{x})] \tag{13-1}$$

式中：$V(\Delta\boldsymbol{x})$ 为微体积；$0[V(\Delta\boldsymbol{x})]$ 为其高阶无穷小量。

上述定义的概率分布密度函数 $f(\boldsymbol{x},t,\boldsymbol{Y})$ 不再是第 3 章中单纯的目标的概率分布密度函数，而是包含了从 0 ～ t 时刻按轨迹 $\boldsymbol{Y}$ 搜索（暂且不管探测器的具体描述）未发现目标这一事件和 t 时刻目标存在于 $\boldsymbol{x}$ 的联合分布。按照该函数的定义，搜索者沿着轨迹 $\boldsymbol{Y}$ 搜索到 t 时刻，未发现目标的概率为 $\int_X f(\boldsymbol{x},t,\boldsymbol{Y})\mathrm{d}\,\boldsymbol{x}$ ，则发现目标的概率为

$$P_t(\boldsymbol{Y}) = 1 - \int_X f(\boldsymbol{x},t,\boldsymbol{Y})\mathrm{d}\,\boldsymbol{x} \tag{13-2}$$

根据贝叶斯公式，沿着 $\boldsymbol{Y}$ 搜索到 t 时刻未发现目标条件下，目标在 t 时刻的后验概率分布密度函数为

$$\tilde{\rho}(\boldsymbol{x},t) = \frac{f(\boldsymbol{x},t,\boldsymbol{Y})}{1 - P_t(\boldsymbol{Y})} = \frac{f(\boldsymbol{x},t,\boldsymbol{Y})}{\int_X f(\boldsymbol{x},t,\boldsymbol{Y})\mathrm{d}\,\boldsymbol{x}}$$

13.1.2 存活概率函数

定义t时刻目标存在于$\boldsymbol{x}$的条件下，沿着$\boldsymbol{Y}$从t时刻搜索到T时刻，未发现目标的概率，即目标存活概率$u(\boldsymbol{x},t,T,\boldsymbol{Y})$为

$$u(\boldsymbol{x},t,T,\boldsymbol{Y})=\text{Prob}\{\boldsymbol{Y}(t)\sim\boldsymbol{Y}(T)\text{搜索未发现目标}/\boldsymbol{X}(t)=\boldsymbol{x}\} \tag{13-3}$$

与$f(\boldsymbol{x},t,\boldsymbol{Y})$比较，存活概率函数$u(\boldsymbol{x},t,T,\boldsymbol{Y})$是一个概率，而不是概率密度，另外，它描述的搜索过程是$t\sim T$时刻，而不是$0\sim t$时刻。

沿$\boldsymbol{Y}$从$0\sim T$时刻发现目标的概率，可以用任意$t\in[0,T]$的f函数和u函数表示为

$$P_T(\boldsymbol{Y})=1-\int_X f(\boldsymbol{x},t,\boldsymbol{Y})u(\boldsymbol{x},t,T,\boldsymbol{Y})\,\mathrm{d}\boldsymbol{x} \tag{13-4}$$

因为有$u(\boldsymbol{x},T,T,\boldsymbol{Y})=1$，所以当时$t=T$时，从式（13-4）和从式（13-2）得到同样的表达：

$$P_T(\boldsymbol{Y})=1-\int_X f(\boldsymbol{x},T,\boldsymbol{Y})\,\mathrm{d}\boldsymbol{x} \tag{13-5}$$

当$t=0$，$f(\boldsymbol{x},0,\boldsymbol{Y})=\rho(\boldsymbol{x},0)=\rho_0(\boldsymbol{x})$，有：

$$P_T(\boldsymbol{Y})=1-\int_X \rho_0(\boldsymbol{x})u(\boldsymbol{x},0,T,\boldsymbol{Y})\,\mathrm{d}\boldsymbol{x}=1-E[u(\boldsymbol{x},0,T,\boldsymbol{Y})] \tag{13-6}$$

式中：$E[u(\boldsymbol{x},0,T,\boldsymbol{Y})]$为沿$\boldsymbol{Y}$从0时刻搜索到$T$时刻，目标未被发现概率的空间均值。

假如在搜索空间中没有搜索行为，“没发现目标”成为必然事件，显然有$u(\boldsymbol{x},t,T,\boldsymbol{Y})=1$，而$f(\boldsymbol{x},t,\boldsymbol{Y})$退化为目标的概率密度分布，即$f(\boldsymbol{x},t,\boldsymbol{Y})=\rho(\boldsymbol{x},t)$。

13.1.3 关于状态函数的一个说明

本节定义了两个状态函数，一个是搜索概率密度函数，可以简称为f函数，一个是存活概率函数，可以简称为u函数。13.2 节是关于这两个函数的状态方程。定义两个状态函数以及求解两个状态方程，是因为将在本书第三篇讨论的最优搜索问题中，需要用到这两个状态函数。如果仅为了建立搜索模型计算某条搜索轨迹的发现概率，使用f函数或u函数中的任意一个状态函数就可以。

13.2 搜索状态方程

从搜索状态函数可以获得发现概率，但是怎么样能够获得搜索状态函数呢？由搜索状态函数构成的微分方程，称为搜索状态方程。显然，搜索状态方

程的解就是搜索状态函数了。

13.2.1　探测率函数与目标的假定

定义探测率函数 $\gamma(\boldsymbol{x},t,\boldsymbol{y})$：

$$\gamma(\boldsymbol{x},t,\boldsymbol{y})\Delta t=\text{prob}\{\text{在}[0,t]\text{未发现目标, 在}(t,t+\Delta t)\text{发现目标}/ \boldsymbol{X}(t)=\boldsymbol{x},\boldsymbol{Y}(t)=\boldsymbol{y}\}+0(\Delta t) \tag{13-7}$$

式中：$0(\Delta t)$ 为 Δt 的高阶无穷小量。

设随机运动目标的转换概率密度函数为 $q(\xi,t,\Delta t,\boldsymbol{x})$（见 5.6 节的定义），并假设随机向量 $\boldsymbol{\xi}$ 各阶矩满足式（13.8）～式（13.10）。

一阶矩：$$\boldsymbol{E}(\xi,\boldsymbol{x},t,\Delta t)=\int_{\boldsymbol{R}^n}\xi q(\xi,t,\Delta t,\boldsymbol{x})\mathrm{d}\xi=\boldsymbol{a}(\boldsymbol{x},t)\Delta t+\boldsymbol{0}(\Delta t) \tag{13-8}$$

二阶原点矩：$$\boldsymbol{C}(\xi,\boldsymbol{x},t,\Delta t)=\int_{\boldsymbol{R}^n}[\xi^{\mathrm{T}}\xi]q(\xi,t,\Delta t,\boldsymbol{x})\mathrm{d}\xi=\boldsymbol{C}(\boldsymbol{x},t)\Delta t+\boldsymbol{0}(\Delta t) \tag{13-9}$$

三阶及三阶以上的原点矩：$$\boldsymbol{D}(\xi,\boldsymbol{x},t,\Delta t)=\boldsymbol{0}(\Delta t) \tag{13-10}$$

式中：$\boldsymbol{0}(\Delta t)$ 为 Δt 的高阶无穷小向量或矩阵。

$\boldsymbol{E}(\xi,\boldsymbol{x},t,\Delta t)$ 是 t 时刻处于 $\boldsymbol{x}$ 点的目标，经 Δt 的移动向量 $\boldsymbol{\xi}$ 的数学期望向量。将式（13-8）做一个简单的变化，并令 $\Delta t\to 0$，可以得到一阶矩的时间导数向量 $\boldsymbol{a}(\boldsymbol{x},t)$ 为

$$\boldsymbol{a}(\boldsymbol{x},t)=\frac{\mathrm{d}\boldsymbol{E}(\xi,\boldsymbol{x},t,\Delta t)}{\mathrm{d}t}=\int_{\mathbf{R}^n}\boldsymbol{v}q(\boldsymbol{v}\Delta t,t,\Delta t,\boldsymbol{x})\frac{1}{(\Delta t)^n}\mathrm{d}\boldsymbol{v}(\Delta t)^n=\int_{\mathbf{R}^n}\boldsymbol{v}q(\boldsymbol{v},t,\boldsymbol{x})\mathrm{d}\boldsymbol{v}$$

式中：$\boldsymbol{v}$ 为 $\boldsymbol{x}$ 点的目标 t 时刻的随机瞬时速度向量；$q(\boldsymbol{v},t,\boldsymbol{x})$ 为目标在 $\boldsymbol{x}$ 点 t 时刻的瞬时速度分布密度函数 $\boldsymbol{a}(\boldsymbol{x},t)$ 为一个速度期望值向量，也可以表示为 $\bar{\boldsymbol{v}}(\boldsymbol{x},t)$。如果目标为静止目标，则对于所有 $\boldsymbol{x}$、t，有 $\boldsymbol{a}(\boldsymbol{x},t)=0$。如果对于所有 $\boldsymbol{x}$、t，有 $\boldsymbol{a}(\boldsymbol{x},t)=0$，也可以确定目标是静止目标。

矩阵 $\boldsymbol{C}(\boldsymbol{x},t)$ 是二阶矩 $\boldsymbol{C}(\xi,\boldsymbol{x},t,\Delta t)$ 矩阵的一阶导数矩阵。如果 $\boldsymbol{\xi}$ 的各维度相互独立，则这两个矩阵均为对角矩阵。矩阵 $\boldsymbol{C}(\boldsymbol{x},t)$ 的物理意义不是显而易见的。做个简单的量纲分析，$\boldsymbol{C}(\xi,\boldsymbol{x},t,\Delta t)$ 的元素在量纲上是距离的平方，表示为 l^2，则 $\boldsymbol{C}(\boldsymbol{x},t)$ 元素的量纲为 $\dfrac{l^2}{\Delta t}=\dfrac{l^2}{(\Delta t)^2}\Delta t=\dfrac{l}{(\Delta t)^2}l\Delta t=\dfrac{l}{(\Delta t)^2}v(\Delta t)^2$，即加速度×速度×时间×时间。假如 $\boldsymbol{C}(\boldsymbol{x},t)$ 有某个非 0 元素，而速度 v 有限，则必有该维度上的瞬时加速度为无穷大，速度产生突变，运动轨迹在这个时刻出现弯折。对于实际目标的随机运动，这种情况是不可能出现的。但如果为目标随机运动轨迹的预先建模，允许轨迹存在弯折，则描述这样的随机运动的矩阵 $\boldsymbol{C}(\boldsymbol{x},t)$ 在弯

折时刻至少有一个元素非 0。

从下面的搜索状态方程的建立过程可以看到，因为三阶以上的原点矩设为 Δt 的高阶无穷小，搜索状态方程才是二阶偏微分方程。假如需要更精确的描述，将三阶原点矩设为 $\boldsymbol{D}(\boldsymbol{\xi},\boldsymbol{x},t,\Delta t)=\boldsymbol{D}(\boldsymbol{x},t)\Delta t+\boldsymbol{0}(\Delta t)$，搜索状态方程将是非常难以求解的三阶偏微分方程。

13.2.2 存活概率状态方程

设 t 时刻处于 $\boldsymbol{x}$ 点的目标，在 $t+\Delta t$ 时刻处于 $\boldsymbol{x}+\xi$ 点。假设到 t 时刻的搜索和 t 之后的搜索相互独立，则

$$u(\boldsymbol{x},t,T,\boldsymbol{Y})=[1-\gamma(\boldsymbol{x},t,\boldsymbol{y})\Delta t]\int_{\boldsymbol{R}^n}u(\boldsymbol{x}+\boldsymbol{\xi},t+\Delta t,T,\boldsymbol{Y})q(\boldsymbol{\xi},t,\Delta t,\boldsymbol{x})\,\mathrm{d}\boldsymbol{\xi}$$

将 $u(\boldsymbol{x}+\boldsymbol{\xi},t+\Delta t,T,\boldsymbol{Y})$ 在 $\boldsymbol{x}$ 进行泰勒级数展开，整理后，应用各阶矩条件，并令 $\Delta t\to 0$，得到关于存活概率的搜索状态方程为

$$\frac{\partial u(\boldsymbol{x},t,T,\boldsymbol{Y})}{\partial t}+\sum_i a_i(\boldsymbol{x},t)\frac{\partial u(\boldsymbol{x},t,T,\boldsymbol{Y})}{\partial x_i}+\frac{1}{2}\sum_{ij}c_{ij}(\boldsymbol{x},t)\frac{\partial^2 u(\boldsymbol{x},t,T,\boldsymbol{Y})}{\partial x_i\partial x_j}$$
$$=\gamma(\boldsymbol{x},t,\boldsymbol{y})u(\boldsymbol{x},t,T,\boldsymbol{Y}) \tag{13-11}$$

这是一个有 n 个空间变量、1 个时间变量的二阶偏微分方程。

13.2.3 概率密度状态方程

设 t 时刻处于 $\boldsymbol{x}-\xi$ 点的目标，在 $t+\Delta t$ 时刻处于 $\boldsymbol{x}$ 点。假设到 t 时刻的搜索和 t 之后的搜索相互独立，则

$$f(\boldsymbol{x},t+\Delta t,\boldsymbol{Y})=\int_{\mathbf{R}^n}f(\boldsymbol{x}-\boldsymbol{\xi},t,\boldsymbol{Y})[1-\gamma(\boldsymbol{x}-\boldsymbol{\xi},t,\boldsymbol{y})\Delta t]q(\boldsymbol{\xi},t,\Delta t,\boldsymbol{x}-\boldsymbol{\xi})\,\mathrm{d}\boldsymbol{\xi}$$

将 $f(\boldsymbol{x}-\boldsymbol{\xi},t,\boldsymbol{Y})$、$\gamma(\boldsymbol{x}-\boldsymbol{\xi},t,\boldsymbol{y})$ 和 $q(\boldsymbol{\xi},t,\Delta t,\boldsymbol{x}-\boldsymbol{\xi})$ 在 $\boldsymbol{x}$ 进行泰勒级数展开，整理后，应用各阶矩条件，并令 $\Delta t\to 0$，得到关于联合概率密度的搜索状态方程为

$$\frac{\partial f(\boldsymbol{x},t,\boldsymbol{Y})}{\partial t}+\sum_i\frac{\partial[a_i(\boldsymbol{x},t)f(\boldsymbol{x},t,\boldsymbol{Y})]}{\partial x_i}-\frac{1}{2}\sum_{ij}\frac{\partial^2[c_{ij}(\boldsymbol{x},t)f(\boldsymbol{x},t,\boldsymbol{Y})]}{\partial x_i\partial x_j}=-\gamma(\boldsymbol{x},t,\boldsymbol{y})f(\boldsymbol{x},t,\boldsymbol{Y}) \tag{13-12}$$

式（13-12）在形式上与式（13-11）相似，但要注意，在式（13-12）中，一阶矩系数向量和二阶矩系数矩阵的元素参与了微分计算。另外，搜索轨迹 $\boldsymbol{Y}$，在 u 函数中指 $t\sim T$ 这一段，在 f 函数中指 $0\sim t$ 这一段。

13.3　静止目标路径搜索模型

13.3.1　搜索状态方程的解

对于静止目标，具有速度量纲的一阶矩系数向量$\boldsymbol{a}(\boldsymbol{x},t)$恒等于零向量，当然，矩阵$\boldsymbol{C}(\boldsymbol{x},t)$恒等于零矩阵。式（13-11）、式（13-12）均退化为只有时间导数的一阶微分方程，即

$$\frac{\mathrm{d}u(\boldsymbol{x},t,T,\boldsymbol{Y})}{\mathrm{d}t}=\gamma(\boldsymbol{x},t,\boldsymbol{y})u(\boldsymbol{x},t,T,\boldsymbol{Y}) \tag{13-13}$$

$$\frac{\mathrm{d}f(\boldsymbol{x},t,\boldsymbol{Y})}{\mathrm{d}t}=-\gamma(\boldsymbol{x},t,\boldsymbol{y})f(\boldsymbol{x},t,\boldsymbol{Y}) \tag{13-14}$$

应用终止条件$u(\boldsymbol{x},T,T,\boldsymbol{Y})=1$，得到式（13-13）的解为

$$u(\boldsymbol{x},t,T,\boldsymbol{Y})=\exp\{-\int_t^T\gamma[\boldsymbol{x},\tau,\boldsymbol{y}(\tau)]\mathrm{d}\tau\} \tag{13-15}$$

应用初始条件$f(\boldsymbol{x},0,\boldsymbol{Y})=\rho_0(\boldsymbol{x})$，得到式（13-14）的解为

$$f(\boldsymbol{x},t,\boldsymbol{Y})=\rho_0(\boldsymbol{x})\exp\{-\int_0^t\gamma[\boldsymbol{x},\tau,\boldsymbol{y}(\tau)]\mathrm{d}\tau\} \tag{13-16}$$

等式左侧中的$\boldsymbol{Y}$就是等式右侧积分式中的$\boldsymbol{y}(\tau)$，在式(13-15)中，$\tau\in[t,T]$，表示搜索者在t时刻之后到搜索终结的运动轨迹。在式（13-16）中，$\tau\in[0,t]$，表示搜索者在t时刻之前的运动轨迹。

13.3.2　路径搜索模型

将静止目标搜索方程的解代入式（13-4）～式（13-6）中，就得到静止目标路径搜索的搜索模型，即按照路径$\boldsymbol{Y}$搜索到T时刻，发现目标的概率。

使用u函数在 0 时刻的解，代入式（13-6）中，得

$$\begin{aligned}P_T(\boldsymbol{Y})&=1-\int_X\rho_0(\boldsymbol{x})\exp\{-\int_0^T\gamma[\boldsymbol{x},\tau,\boldsymbol{y}(\tau)]\mathrm{d}\tau\}\mathrm{d}\boldsymbol{x}\\&=\int_X\rho_0(\boldsymbol{x})[1-\exp\{-\int_0^T\gamma[\boldsymbol{x},\tau,\boldsymbol{y}(\tau)]\mathrm{d}\tau\}]\mathrm{d}\boldsymbol{x}\end{aligned} \tag{13-17}$$

使用f函数在T时刻的解代入式（13-5）中，或者使用u函数和f函数在任意$t\in[0,T]$时刻的解代入式（13-4）中，将得到与式（13-17）相同的积分表达式。

在实际应用中，探测率函数γ一般是非时变的函数，因此可以表示为$\gamma[\boldsymbol{x},\boldsymbol{y}(t)]$。这里的$t$是描述搜索者轨迹的时间变量。更进一步，如果是距离型

探测率函数，则可以表示为$\gamma[|\boldsymbol{x}-\boldsymbol{y}(t)|]$。

令探测函数（或可称为“搜索函数”）$b(\boldsymbol{x},\boldsymbol{Y},T)=1-\exp\{-\int_0^T \gamma[\boldsymbol{x},\tau,\boldsymbol{y}(\tau)]\mathrm{d}\tau\}$是目标存在于$\boldsymbol{x}$点条件下，探测器按照路径$\boldsymbol{Y}$从 0～$T$时刻的发现概率。$\int_0^T \gamma[\boldsymbol{x},\tau,\boldsymbol{y}(\tau)]\mathrm{d}\tau$就是发现势（可以与 6.4 节的内容对照一下）。式（13-17）也可表示为

$$P_T(\boldsymbol{Y})=\int_X \rho_0(\boldsymbol{x})b(\boldsymbol{x},\boldsymbol{Y},T)\mathrm{d}\boldsymbol{x} \tag{13-18}$$

式（13-18）与静态搜索模型（式（8-1））具有完全相同的形式。

13.4 运动目标路径搜索模型

13.4.1 对目标随机性的限定

将两个状态方程重写为如下形式。

$$\frac{\partial u(\boldsymbol{x},t,T,\boldsymbol{Y})}{\partial t}+\sum_i a_i(\boldsymbol{x},t)\frac{\partial u(\boldsymbol{x},t,T,\boldsymbol{Y})}{\partial x_i}+\frac{1}{2}\sum_{ij}c_{ij}(\boldsymbol{x},t)\frac{\partial^2 u(\boldsymbol{x},t,T,\boldsymbol{Y})}{\partial x_i \partial x_j}$$
$$=\gamma(\boldsymbol{x},t,\boldsymbol{y})u(\boldsymbol{x},t,T,\boldsymbol{Y})$$

$$\frac{\partial f(\boldsymbol{x},t,\boldsymbol{Y})}{\partial t}+\sum_i \frac{\partial[a_i(\boldsymbol{x},t)f(\boldsymbol{x},t,\boldsymbol{Y})]}{\partial x_i}-\frac{1}{2}\sum_{ij}\frac{\partial^2[c_{ij}(\boldsymbol{x},t)f(\boldsymbol{x},t,\boldsymbol{Y})]}{\partial x_i \partial x_j}=-\gamma(\boldsymbol{x},t,\boldsymbol{y})f(\boldsymbol{x},t,\boldsymbol{Y})$$

二阶偏微分方程的求解是比较复杂和困难的，本书不讨论。13.2.1 节已经讨论过，当随机运动目标轨迹是光滑的，即随机运动目标的速度没有突变，随机移动量的二阶矩的时间导数矩阵$\boldsymbol{C}(\boldsymbol{x},t)\equiv\boldsymbol{0}$，搜索状态方程简化为一阶偏微分方程。本节的关于运动目标的搜索模型将基于一阶状态方程的求解展开。

13.4.2 一阶搜索状态方程的向量形式

向量$\boldsymbol{a}(\boldsymbol{x},t)$的物理意义是速度均值，所以在以下的状态方程中，用$\bar{\boldsymbol{v}}(\boldsymbol{x},t)$代替$\boldsymbol{a}(\boldsymbol{x},t)$。显然，对于确定性运动目标，$\boldsymbol{a}(\boldsymbol{x},t)$就是速度函数向量$\boldsymbol{v}(\boldsymbol{x},t)$。这也意味着，一阶状态方程也可以用来描述对确定性运动目标的搜索。

写成向量和向量运算的形式，一阶状态方程为

$$\frac{\partial u(\boldsymbol{x},t,T,\boldsymbol{Y})}{\partial t}+[\nabla u(\boldsymbol{x},t,T,\boldsymbol{Y})]^{\mathrm{T}}\cdot\bar{\boldsymbol{v}}(\boldsymbol{x},t)=\gamma(\boldsymbol{x},t,\boldsymbol{y})u(\boldsymbol{x},t,T,\boldsymbol{Y}) \tag{13-19}$$

$$\frac{\partial f(\boldsymbol{x},t,\boldsymbol{Y})}{\partial t}+\nabla\cdot[\overline{\boldsymbol{v}}(\boldsymbol{x},t)f(\boldsymbol{x},t,\boldsymbol{Y})]=-\gamma(\boldsymbol{x},t,\boldsymbol{y})f(\boldsymbol{x},t,\boldsymbol{Y}) \tag{13-20}$$

式中：设梯度向量 $\nabla u(\boldsymbol{x},t,T,\boldsymbol{Y})$ 和速度均值向量 $\overline{\boldsymbol{v}}(\boldsymbol{x},t)$ 均为列向量。对向量的散度运算 $\nabla\cdot[\overline{\boldsymbol{v}}(\boldsymbol{x},t)f(\boldsymbol{x},t,\boldsymbol{Y})]$ 是一个标量。

因为 $\nabla\cdot[\overline{\boldsymbol{v}}(\boldsymbol{x},t)f(\boldsymbol{x},t,\boldsymbol{Y})]=[\nabla f(\boldsymbol{x},t,\boldsymbol{Y})]^{\mathrm{T}}\cdot\overline{\boldsymbol{v}}(\boldsymbol{x},t)+[\nabla\cdot\overline{\boldsymbol{v}}(\boldsymbol{x},t)]f(\boldsymbol{x},t,\boldsymbol{Y})$，所以式（13-20）又可以表示为

$$\frac{\partial f(\boldsymbol{x},t,\boldsymbol{Y})}{\partial t}+[\nabla f(\boldsymbol{x},t,\boldsymbol{Y})]^{\mathrm{T}}\cdot\overline{\boldsymbol{v}}(\boldsymbol{x},t)=-[\gamma(\boldsymbol{x},t,\boldsymbol{y})+\nabla\cdot\overline{\boldsymbol{v}}(\boldsymbol{x},t)]f(\boldsymbol{x},t,\boldsymbol{Y}) \tag{13-21}$$

13.4.3　一阶搜索状态方程特征迹线解

微分方程组 $\frac{\mathrm{d}\boldsymbol{x}}{\mathrm{d}t}=\overline{\boldsymbol{v}}(\boldsymbol{x},t)$ 给出了搜索方程在 $X\times[0,T]$ 空间的特征线族。特征线在 X 空间的投影称为特征迹线，或称为射线。

在二维物理空间上，对上面这段话做通俗的解释。在二维物理空间，可以用 (x,y) 表示空间上的点 $\boldsymbol{x}$。微分方程 $\frac{\mathrm{d}\boldsymbol{x}}{\mathrm{d}t}=\overline{\boldsymbol{v}}(\boldsymbol{x},t)$ 不是一个方程，而是一个方程组 $\begin{cases}\dfrac{\mathrm{d}x(t)}{\mathrm{d}t}=\overline{v}_x(x,y,t)\\ \dfrac{\mathrm{d}y(t)}{\mathrm{d}t}=\overline{v}_y(x,y,t)\end{cases}$，该微分方程组的一个解 $(x(t),y(t))$ 是三维空间（包括一个时间维）中的一条曲线，称为特征线。微分方程组的通解构成三维空间的特征线族。特征线在二维物理空间的投影称为特征迹线。一条特征迹线可以认为是满足给定期望速度函数的运动目标无穷条可能轨迹中的一条轨迹。

在特征线族上，式（13-19）的左侧可以表示为对时间 t 的全微分：

$$\begin{aligned}&\frac{\partial u(\boldsymbol{x},t,T,\boldsymbol{Y})}{\partial t}+[\nabla u(\boldsymbol{x},t,T,\boldsymbol{Y})]^{\mathrm{T}}\cdot\overline{\boldsymbol{v}}(\boldsymbol{x},t)\\ &=\frac{\partial u(\boldsymbol{x},t,T,\boldsymbol{Y})}{\partial t}+[\nabla u(\boldsymbol{x},t,T,\boldsymbol{Y})]^{\mathrm{T}}\cdot(\frac{\mathrm{d}\boldsymbol{x}}{\mathrm{d}t})=\frac{\mathrm{d}u(\boldsymbol{x},t,T,\boldsymbol{Y})}{\mathrm{d}t}\end{aligned}$$

于是，在特征线族上，式（13-19）可以表示为

$$\frac{\mathrm{d}u(\boldsymbol{x},t,T,\boldsymbol{Y})}{\mathrm{d}t}=\gamma(\boldsymbol{x},t,\boldsymbol{y})u(\boldsymbol{x},t,T,\boldsymbol{Y}) \tag{13-22}$$

只要各特征迹线不相交，即 X 空间中的一个点仅有一条特征迹线通过（在全空间满足 $\frac{\mathrm{d}\boldsymbol{x}}{\mathrm{d}t}=\overline{\boldsymbol{v}}(\boldsymbol{x},t)$ 的无穷条可能的目标轨迹没有交叉），则式（13-22）的

解就是式（13-19）在特征线族 $\frac{\mathrm{d}\boldsymbol{x}}{\mathrm{d}t}=\overline{\boldsymbol{v}}(\boldsymbol{x},t)$ 上的解。应用终止条件 $u(\boldsymbol{x},T,T,\boldsymbol{Y})=1$，解得

$$u(\boldsymbol{x},t,T,\boldsymbol{Y})=\exp\{-\int_t^T\gamma[\boldsymbol{x}(\tau),\tau,\boldsymbol{y}(\tau)]\mathrm{d}\tau\} \tag{13-23}$$

$u(\boldsymbol{x},t,T,\boldsymbol{Y})$ 中的变量 $\boldsymbol{x}$ 可以是 t 时刻空间的任何一个点，而探测率函数中的变量 $\boldsymbol{x}(\tau)$，$\tau\in[t,T]$ 是以该点 $\boldsymbol{x}=\boldsymbol{x}(t)$ 为起点，以 $\boldsymbol{x}(T)$ 为终点的唯一的一条特征线。其对应的特征迹线描述了 $\boldsymbol{x}(t)\sim\boldsymbol{x}(T)$ 按照随机速度均值运动的目标的一条运动轨迹。$\boldsymbol{Y}=\boldsymbol{y}(\tau)$，$\tau\in[t,T]$ 是探测器在这段时间里的运动轨迹，即搜索路径。式（13-23）描述了目标在 t 时刻处于 $\boldsymbol{x}$ 点，按照特征迹线于 T 时刻运动到 $\boldsymbol{x}(T)$ 的条件下，探测器按轨迹 $\boldsymbol{Y}$ 从 $t\sim T$ 时刻，没有发现目标的概率。

如果是静止目标，轨迹 $\boldsymbol{x}(\tau)$ 恒在 $\boldsymbol{x}(t)$ 点，式（13-23）则退化为式（13-15）。这体现了静止目标是运动目标的一种特殊情况。更退一步，如果将搜索路径 $\boldsymbol{Y}$ 固定为一点 $\boldsymbol{y}$，式（13-23）中的搜索状态函数 $u(\boldsymbol{x},t,T,\boldsymbol{Y})$ 又退化为“固定搜索”状态函数。

同样，应用初始条件 $f(\boldsymbol{x},0,\boldsymbol{Y})=\rho_0(\boldsymbol{x})$，可以解得式（13-21）在特征线族 $\frac{\mathrm{d}\boldsymbol{x}}{\mathrm{d}t}=\overline{\boldsymbol{v}}(\boldsymbol{x},t)$ 中满足初始条件的特征线上的解为

$$\begin{aligned}f(\boldsymbol{x},t,\boldsymbol{Y})&=\rho_0(\boldsymbol{x}_0)\exp\{-\int_0^t[\gamma(\boldsymbol{x}(\tau),\tau,\boldsymbol{y}(\tau))+\nabla\cdot\overline{\boldsymbol{v}}(\boldsymbol{x}(\tau),\tau)]\mathrm{d}\tau\}\\&=\rho_0(\boldsymbol{x}_0)\exp\{-\int_0^t\nabla\cdot\overline{\boldsymbol{v}}[\boldsymbol{x}(\tau),\tau]\mathrm{d}\tau\}\exp\{-\int_0^t\gamma[\boldsymbol{x}(\tau),\tau,\boldsymbol{y}(\tau)]\mathrm{d}\tau\}\end{aligned} \tag{13-24}$$

$f(\boldsymbol{x},t,\boldsymbol{Y})$ 中的变量 $\boldsymbol{x}$ 是 t 时刻空间的任何一个点，而探测率函数和速度均值函数中的变量 $\boldsymbol{x}(\tau)$，$\tau\in[0,t]$ 是以该点 $\boldsymbol{x}=\boldsymbol{x}(t)$ 为终点，以 $\boldsymbol{x}(0)=\boldsymbol{x}_0$ 为起点的唯一的一条特征线。其对应的特征迹线描述了从初始点 $\boldsymbol{x}(0)=\boldsymbol{x}_0$ 到 $\boldsymbol{x}(t)$ 按照随机速度均值运动的目标的一条运动轨迹。$\boldsymbol{Y}=\boldsymbol{y}(\tau)$，$\tau\in[0,t]$ 是探测器在这段时间里的运动轨迹，即搜索路径。式（13-24）式描述了按照 $\boldsymbol{Y}$ 搜索进行到 t 时刻没发现目标且目标处于 $\boldsymbol{x}$ 点的概率密度函数值与目标在 $\boldsymbol{x}$ 点所在的唯一特征迹线的起点 $\boldsymbol{x}_0$ 的概率密度函数值的关系。

如果在 $0\sim t$ 时刻不进行探测，即 $\gamma=0$，则

$$f(\boldsymbol{x},t,\boldsymbol{Y})=\rho(\boldsymbol{x},t)=\rho_0(\boldsymbol{x}_0)\exp\{-\int_0^t\nabla\cdot\overline{\boldsymbol{v}}[\boldsymbol{x}(\tau),\tau]\mathrm{d}\tau\}$$

于是，式（13-24）又可以表示为

$$f(\boldsymbol{x},t,\boldsymbol{Y})=\rho(\boldsymbol{x},t)\exp\{-\int_0^t\gamma[\boldsymbol{x}(\tau),\tau,\boldsymbol{y}(\tau)]\mathrm{d}\tau\} \tag{13-25}$$

式中：$\rho(\boldsymbol{x},t)$ 与探测无关，是目标随机运动引起的随时间变化的概率密度函数，因其针对于 $\rho_0(\boldsymbol{x}_0)$ 是指数衰减的，可以称为“扩散”。需要注意的是，衰减不是 $\boldsymbol{x}_0$“原地”衰减，而是 $\boldsymbol{x}=\boldsymbol{x}(t)$ 的“异地”衰减。式（13-24）表明，在某个点的概率密度状态函数值由该点所在的目标轨迹起点的概率密度函数和目标的扩散以及搜索共同决定。

对于给定的搜索轨迹 $\boldsymbol{Y}$ 和 t，某点 $\boldsymbol{x}$ 的函数值 $f(\boldsymbol{x},t,\boldsymbol{Y})$ 的基本计算过程为：

（1）给定空间点 $\boldsymbol{x}$；

（2）以 $\boldsymbol{x}$ 点为条件，在特征线族中确定唯一的通过 $\boldsymbol{x}$ 点的特征线 $\boldsymbol{x}(t)$；

（3）根据 $\boldsymbol{x}(t)$，求得初始点 $\boldsymbol{x}_0=\boldsymbol{x}(0)$，并求得 $\rho_0(\boldsymbol{x}_0)$；

（4）根据式（13-24），计算 $\boldsymbol{x}$ 点的 $f(\boldsymbol{x},t,\boldsymbol{Y})$ 值。

计算 $u(\boldsymbol{x},t,T,\boldsymbol{Y})$ 也用类似的方法。

13.4.4　发现概率模型

在求解状态函数时，对于任意 $t\in[0,T]$，可得到 $f(\boldsymbol{x},t,\boldsymbol{Y})$、$u(\boldsymbol{x},t,T,\boldsymbol{Y})$。则搜索进行到 T 时刻，发现目标的概率为

$$P_T(\boldsymbol{Y})=1-\int_X f(\boldsymbol{x},t,\boldsymbol{Y})u(\boldsymbol{x},t,T,\boldsymbol{Y})\,\mathrm{d}\boldsymbol{x} \tag{13-26}$$

式（13-26）中的空间积分是对于 t 时刻空间中的点 $\boldsymbol{x}$ 的积分。

令 $t=0$，式（13-26）可以表示为

$$P_T(\boldsymbol{Y})=1-\int_{X_0}\rho_0(\boldsymbol{x}_0)\exp\{-\int_0^T\gamma[\boldsymbol{x}(\tau),\tau,\boldsymbol{y}(\tau)]\,\mathrm{d}\tau\}\,\mathrm{d}\boldsymbol{x}_0 \tag{13-27}$$

式中：用 $\boldsymbol{x}_0$ 表示初始时刻的空间变量。

若令 $t=T$，式（13-26）可以表示为

$$\begin{aligned}P_T(\boldsymbol{Y})&=1-\int_X f(\boldsymbol{x},T,\boldsymbol{Y})\,\mathrm{d}\boldsymbol{x}\\&=1-\int_X\rho_0(\boldsymbol{x}_0)\exp\{-\int_0^T\nabla\cdot\overline{\boldsymbol{v}}[\boldsymbol{x}(\tau),\tau]\,\mathrm{d}\tau\}\exp\{-\int_0^T\gamma[\boldsymbol{x}(\tau),\tau,\boldsymbol{y}(\tau)]\,\mathrm{d}\tau\}\,\mathrm{d}\boldsymbol{x}\\&=1-\int_X\rho(\boldsymbol{x},T)\exp\{-\int_0^T\gamma[\boldsymbol{x}(\tau),\tau,\boldsymbol{y}(\tau)]\,\mathrm{d}\tau\}\,\mathrm{d}\boldsymbol{x}\end{aligned} \tag{13-28}$$

式中：$\boldsymbol{x}$ 为 $t=T$ 时刻的空间变量。

不用 t 值的假设，扩散因子 $\exp\{-\int_0^T\nabla\cdot\overline{\boldsymbol{v}}[\boldsymbol{x}(\tau),\tau]\,\mathrm{d}\tau\}$ 是空间积分变换因子，式（13-27）和式（13-28）的表达形式可以直接互相转换。

13.4.5 随机恒速运动目标的特征线

在二维空间中，讨论随机恒速运动目标这种比较简单的随机运动形式的有关问题，可以对本节内容有更为直观的认识。

令 $\boldsymbol{x}_0=(x_0,y_0)$， $\boldsymbol{x}=(x,y)$， $\boldsymbol{v}=(v_x,v_y)$。

假设初始时刻目标分布密度函数 $\rho_0(\boldsymbol{x}_0)=\dfrac{1}{2\pi\sigma^2}\exp\{-\dfrac{\boldsymbol{x}_0\cdot\boldsymbol{x}_0^{\mathrm{T}}}{2\sigma^2}\}$，随机恒速运动目标的速度分布密度函数 $\rho_v(\boldsymbol{v})=\dfrac{1}{2\pi\mu^2}\exp\{-\dfrac{\boldsymbol{v}\cdot\boldsymbol{v}^{\mathrm{T}}}{2\mu^2}\}$。本书第 20 章给出了时变的目标分布密度函数为 $\rho(\boldsymbol{x},t)=\dfrac{1}{2\pi(\sigma^2+\mu^2t^2)}\exp\{-\dfrac{\boldsymbol{x}\cdot\boldsymbol{x}^{\mathrm{T}}}{2(\sigma^2+\mu^2t^2)}\}$。

令 $f(\boldsymbol{v},\boldsymbol{x},t)$ 为 t 时刻目标位置与目标的速度联合分布密度函数， $w(\boldsymbol{v}/\boldsymbol{x},t)$ 为 t 时刻目标处于 $\boldsymbol{x}$ 点条件下目标的速度分布密度函数。因为是恒速运动目标，所以有位置关系 $\boldsymbol{x}_0=\boldsymbol{x}-\boldsymbol{v}\cdot t$ 以及如下的概率关系：

$$\rho_0(\boldsymbol{x}_0)=\int_{\mathbf{R}^2}\frac{f(\boldsymbol{v},\boldsymbol{x},t)}{t^2}\mathrm{d}(\boldsymbol{v}t)=\int_{\mathbf{R}^2}\rho(\boldsymbol{x},t)w(\boldsymbol{v}/\boldsymbol{x},t)\mathrm{d}\boldsymbol{v}$$

因为 $\rho_0(\boldsymbol{x}_0)$ 与时间无关，所以：

$$\rho_0(\boldsymbol{x}_0)=\int_{\mathbf{R}^2}\rho(\boldsymbol{x},t)w(\boldsymbol{v}/\boldsymbol{x},t)\mathrm{d}\boldsymbol{v}=\int_{\mathbf{R}^2}\rho_0(\boldsymbol{x}_0)w(\boldsymbol{v}/\boldsymbol{x}_0,0)\mathrm{d}\boldsymbol{v}=\int_{\mathbf{R}^2}\rho_0(\boldsymbol{x}_0)\rho_v(\boldsymbol{v})\mathrm{d}\boldsymbol{v}$$

速度空间积分等式 $\int_{\Omega}\rho(\boldsymbol{x},t)w(\boldsymbol{v}/\boldsymbol{x},t)\mathrm{d}\boldsymbol{v}=\int_{\Omega}\rho_0(\boldsymbol{x}_0)\rho_v(\boldsymbol{v})\mathrm{d}\boldsymbol{v}$ 在任何一个 $\Omega\subset\mathbf{R}^2$ 的空间均成立（论证略），所以有被积函数 $\rho(\boldsymbol{x},t)w(\boldsymbol{v}/\boldsymbol{x},t)=\rho_0(\boldsymbol{x}_0)\cdot\rho_v(\boldsymbol{v})$ 成立，从而得到：

$$w(\boldsymbol{v}/\boldsymbol{x},t)=\frac{\rho_0(\boldsymbol{x}_0)\rho_v(\boldsymbol{v})}{\rho(\boldsymbol{x},t)}=\frac{\rho_0(\boldsymbol{x}-\boldsymbol{v}\cdot t)\rho_v(\boldsymbol{v})}{\rho(\boldsymbol{x},t)}$$

将已知各个正态分布的概率密度表达式代入上式，依然得到一个正态分布为

$$w(\boldsymbol{v}/\boldsymbol{x},t)=\frac{1}{2\pi\dfrac{\sigma^2\mu^2}{\sigma^2+\mu^2t^2}}\cdot\exp\{-\frac{\left|\boldsymbol{v}-\dfrac{\mu^2t^2}{\sigma^2+\mu^2t^2}\cdot\dfrac{\boldsymbol{x}}{t}\right|^2}{2\dfrac{\sigma^2\mu^2}{\sigma^2+\mu^2t^2}}\}$$

显然，其期望速度函数为

$$\overline{\boldsymbol{v}}(\boldsymbol{x})=\int_{\mathbf{R}^2}\boldsymbol{v}w(\boldsymbol{v}/\boldsymbol{x},t)\,\mathrm{d}\,\boldsymbol{v}=\frac{\mu^2t^2}{\sigma^2+\mu^2t^2}\cdot\frac{\boldsymbol{x}}{t}$$

微分方程组 $\frac{\mathrm{d}\boldsymbol{x}}{\mathrm{d}t}=\frac{\mu^2t^2}{\sigma^2+\mu^2t^2}\cdot\frac{\boldsymbol{x}}{t}$ 的通解为方程组 $\begin{cases}x(t)=C_1\sqrt{\sigma^2+\mu^2t^2}\\y(t)=C_2\sqrt{\sigma^2+\mu^2t^2}\end{cases}$，表示三维空间中的特征线族。$C_1$、$C_2$ 为任意常数。令 $t=0$，得到初始时刻空间中的任意点 $\boldsymbol{x}_0=(C_1,C_2)\sigma$，于是得到任意起始点 $\boldsymbol{x}_0$ 的特征线方程为

$$\boldsymbol{x}(t)=\frac{\sqrt{\sigma^2+\mu^2t^2}}{\sigma}\boldsymbol{x}_0$$

消除时间变量，得到特征迹线方程为

$$x_0y=y_0x$$

该方程是经过初始分布中心（坐标原点）和 $\boldsymbol{x}_0$ 点的直线方程。因为有 $\frac{\sqrt{\sigma^2+\mu^2t^2}}{\sigma}\geqslant 1$，所以任意 $\boldsymbol{x}_0\neq\boldsymbol{0}$ 点所在的特征迹线都是从初始分布中心（坐标原点）经过 $\boldsymbol{x}_0$ 的一条向外辐射的射线的 $\boldsymbol{x}_0$ 点以外的部分。

第三篇　最优搜索理论

最优搜索理论是关于最优搜索方案的理论。搜索模型是最优搜索理论的基础性内容。研究最优搜索的终极目标是在一定的模型和模型参数的基础上，计算出基于某种指标最优的搜索方案。所以，最优搜索理论的核心内容是寻求最优搜索方案的计算方法。同时，最优搜索理论还有一个不可回避的、与核心内容密切相关的内容，就是对最优搜索方案的数学性质的认识。

本篇选择几种典型的、简单的、实用意义相对较大的搜索模型进行最优搜索理论的分析和介绍。尽量避免繁杂的证明和不直观的数学性质的分析。进行最优分析的搜索模型和符号、关系的定义，均来自本书的第一篇和第二篇。

第14章 最优搜索的基本问题

最优搜索的基本问题就是根据搜索形态，建立由目标信息、探测器能力、搜索策略构成的指标函数，在资源约束、目标约束、搜索约束下，求最优搜索策略。在最优搜索理论中，最优搜索策略（或称为最优搜索计划，最优搜索方案）是搜索模型在给定条件下的一个最优解。

14.1 最优搜索量分配问题的数学描述

以发现概率为指标。搜索量分配函数集 F，对于 $f\in F$，有发现概率 $P(f)$ 和总资源 $C(f)$。求一个搜索量分配函数 $f^*\in F$，使得在 $C(f^*)\leqslant K$，有 $P(f^*)=\max\{P(f)\}$。

发现概率最大问题，可以表示为有约束最优化问题的形式：

$$\begin{cases}P(f^*)=\max\{P(f),f\in F\}\\ \qquad \text{s.t. } C(f)\leqslant K\end{cases}$$

上述一般的最优搜索量分配问题的数学描述包括了连续空间和离散空间、连续搜索量和离散搜索量。

14.2 最优搜索路径问题的数学描述

14.2.1 连续搜索路径问题

以发现概率为指标。对于 $t\in[0,T]$，探测器的可行路径函数集为 Ω，对于 $\boldsymbol{Y}\in\Omega$，搜索进行到时刻 T，有发现概率 $P(\boldsymbol{Y})$。求一个搜索路径函数 $\boldsymbol{Y}^*\in\Omega$，使得

$P(\boldsymbol{Y}^*) = \max\{P(\boldsymbol{Y}), \boldsymbol{Y} \in \Omega\}$。

以发现目标的期望费用为指标。对于$t \in [0,\infty)$，探测器的可行路径函数集为Ω，$\boldsymbol{Y} \in \Omega$，费用函数$C(\boldsymbol{Y}) \in [0,\infty)$，发现目标的期望费用$E\{C(\boldsymbol{Y})\}$。求一个搜索路径函数$\boldsymbol{Y}^* \in \Omega$，使得

$E\{C(\boldsymbol{Y}^*)\} = \min\{E\{C(\boldsymbol{Y})\}, \boldsymbol{Y} \in \Omega\}$。

14.2.2　离散空间搜索路径问题

以发现概率为指标。对于$t \in \{1,2,\cdots,k\}$，探测单元序列集为$\varXi(k)$。$\xi \in \varXi(k)$，有发现概率$P(\xi)$。求一个序列$\xi^* \in \varXi(k)$，使得$P(\xi^*) = \max\{P(\xi), \xi \in \varXi(k)\}$。

以发现目标的期望费用为指标。对于$t \in \{1,2,\cdots\}$，探测序列集为$\varXi$。$\xi \in \varXi$，有发现目标的期望费用$E[C(\xi)]$。求一个序列$\xi^* \in \varXi$，使得发现目标的期望费用最小，即$E[C(\xi^*)] = \min\{E[C(\xi)], \xi \in \varXi\}$。

第 15 章

静止目标最优搜索量分配

15.1 最优性条件

15.1.1 拉格朗日乘子法

拉格朗日乘子法是解决有约束最优化问题的重要方法。拉格朗日乘子的概念在最优搜索问题求解中有广泛的应用。本节简单介绍拉格朗日乘子法，不涉及搜索的问题。

等式约束问题：

$$\begin{cases} \min f(\boldsymbol{x}), \boldsymbol{x} \in \mathbf{R}^n \\ \text{s.t} \quad \boldsymbol{C}(\boldsymbol{x}) = \mathbf{0}, \boldsymbol{C} \in \mathbf{R}^l \end{cases} \tag{15-1}$$

设 f、$\boldsymbol{C}$ 连续可微。令 $\boldsymbol{\lambda} \in \mathbf{R}^l$ 为拉格朗日乘子向量，则约束的最优化问题的拉格朗日函数为

$$L(\boldsymbol{x},\boldsymbol{\lambda}) = f(\boldsymbol{x}) + \boldsymbol{\lambda}^{\mathrm{T}} \boldsymbol{C}(\boldsymbol{x}) \tag{15-2}$$

应用无约束问题的驻点条件，如果 $\boldsymbol{x}^*,\boldsymbol{\lambda}^*$ 使 $L(\boldsymbol{x},\boldsymbol{\lambda})$ 取得极小，则：

$$\begin{cases} \left.\dfrac{\partial L(\boldsymbol{x},\boldsymbol{\lambda}^*)}{\partial \boldsymbol{x}}\right|_{\boldsymbol{x}=\boldsymbol{x}^*} = \nabla f(\boldsymbol{x}^*) + \left[\dfrac{\partial \boldsymbol{C}(\boldsymbol{x})}{\partial \boldsymbol{x}}\right]_{\boldsymbol{x}=\boldsymbol{x}^*} \cdot \boldsymbol{\lambda}^* = \mathbf{0} \\ \left.\dfrac{\partial L(\boldsymbol{x}^*,\boldsymbol{\lambda})}{\partial \boldsymbol{\lambda}}\right|_{\boldsymbol{\lambda}=\boldsymbol{\lambda}^*} = \boldsymbol{C}(\boldsymbol{x}^*) = \mathbf{0} \end{cases}$$

即

$$\begin{cases} \nabla f(\boldsymbol{x}^*) + \left[\dfrac{\partial \boldsymbol{C}(\boldsymbol{x})}{\partial \boldsymbol{x}}\right]_{\boldsymbol{x}=\boldsymbol{x}^*} \cdot \boldsymbol{\lambda}^* = \mathbf{0} \\ \boldsymbol{C}(\boldsymbol{x}^*) = \mathbf{0} \end{cases}$$

用一个表达式，则为

$$\nabla L(\boldsymbol{x}^*, \boldsymbol{\lambda}^*) = \mathbf{0} \tag{15-3}$$

$\boldsymbol{\lambda}^*$ 有唯一解的条件为矩阵 $\left[\dfrac{\partial \boldsymbol{C}(\boldsymbol{x})}{\partial \boldsymbol{x}}\right]_{x=x^*}$ 的秩为 l。式（18-3）是 $\boldsymbol{x}^*$ 为极小点的必要条件。$\boldsymbol{x}^*$ 为极小点的充分条件是一个二阶条件。表述如下。

对于式（18-1），当：① f、$\boldsymbol{C}$ 二阶连续可微；②存在 $\nabla L(\boldsymbol{x}^*, \boldsymbol{\lambda}^*) = \mathbf{0}$；③对于任意非零向量 $\boldsymbol{s} \in \mathbf{R}^n$，且 $\boldsymbol{s}^{\mathrm{T}} \nabla \boldsymbol{c}_i(\boldsymbol{x}^*) = 0$，均有 $\boldsymbol{s}^{\mathrm{T}} \nabla_x^2 L(\boldsymbol{x}^*, \boldsymbol{\lambda}^*) \boldsymbol{s} > 0$，则 $\boldsymbol{x}^*$ 为最优问题的严格局部极小点。

拉格朗日乘子法将有约束的最优化问题，通过新定义的变量 $\boldsymbol{\lambda}$，构造了拉格朗日函数 $L(\boldsymbol{x}, \boldsymbol{\lambda})$；通过对拉格朗日函数求无约束问题的最优解 $\boldsymbol{x}^*$、$\boldsymbol{\lambda}^*$，获得有约束最优问题的最优解 $\boldsymbol{x}^*$ 和 $f^*(\boldsymbol{x}^*)$。

对于不等式约束的最优化问题，也有一样的拉格朗日乘子法。在最优化方法中，有效的不等式约束可以化为等式约束。

15.1.2　最优搜索计划的充分条件

设 $I = \{1, 2, \cdots, N\}$ 为离散空间单元指标集，称为离散搜索空间。$X \subset \mathbf{R}^n$ 为连续搜索空间。定义在搜索空间上的搜索量分配函数 f、搜索量分配函数集 F。对于 $f \in F$，发现概率和总资源分别为 $P(f)$、$C(f)$。资源约束为 K。最优搜索计划问题表示为求 $f^* \in F$，使得

$$\begin{cases} P(f^*) = \max\{P(f), f \in F\} \\ C(f) \leqslant K \end{cases} \tag{15-4}$$

式中：分配函数 f^* 称为在 F 内对总资源 K 是最优的。

在实际的搜索问题中，对分配函数集 F，可以进行一定的限定，即选择一个 F 的子集 $\hat{F}$，求 $f^* \in \hat{F} \subset F$，使得

$$\begin{cases} P(f^*) = \max\{P(f), f \in \hat{F}\} \\ C(f) \leqslant K \end{cases} \tag{15-5}$$

式中：分配函数 f^* 称为在 $\hat{F}$ 内对总资源 K 是最优的。

一般对 $\hat{F}$ 的选择主要包括两个方面。①非负限定。因为不可能在空间中分配负的搜索量，所以定义分配函数集 $\hat{F}$ 是分配函数集 F 的非负实数子集。由于非负限定在搜索问题中具有普遍性意义，所以，往往将分配函数集 F 直接定义为非负函数集。②有限限定。令实数集 $Z = [0, Z_{\max}]$，定义 $\hat{F} = \{f : f \in Z\}$。因为定义 Z 为非负实数集，所以上述限定包括了第一条的非负限定。显然，当

$Z=[0,\infty)$，有 $\hat{F}=F$。

在非负和有限的限定之外，如果对 $\hat{F}$ 还有其他的限定，取决于具体的问题，例如离散搜索量实际中可实现的分配函数等。

对于连续的资源函数 $C(f)$，最优搜索问题中的不等式约束 $C(f)\leqslant K$ 可以化为等式约束 $C(f)=K$。搜索资源总会使得发现概率增加，资源没用完，发现概率不可能达到最大。

定理 15.1 如果存在 $\lambda\geqslant 0$ 和 $f_\lambda^*\in\hat{F}$，使得 $C(f_\lambda^*)<\infty$，且对所有 $f\in\hat{F}$，有：

$$P(f_\lambda^*)-\lambda C(f_\lambda^*)\geqslant P(f)-\lambda C(f) \tag{15-6}$$

则：

$$P(f_\lambda^*)=\max\{P(f):f\in\hat{F},C(f)\leqslant C(f_\lambda^*)\} \tag{15-7}$$

证明： 对于 $f\in\hat{F}$ 和 $C(f)\leqslant C(f_\lambda^*)$，由式（15-6），得

$$P(f_\lambda^*)-P(f)\geqslant \lambda C(f_\lambda^*)-\lambda C(f)=\lambda[C(f_\lambda^*)-C(f)]\geqslant 0$$

所以，$P(f_\lambda^*)\geqslant P(f)$。证毕。

最优化问题的拉格朗日函数为 $L(f,\lambda)=P(f)-\lambda C(f)$，$\lambda$ 为拉格朗日乘子。f_λ^* 的下标 λ 表示该分配函数依赖于 λ 值。该定理给出了 f_λ^* 对于总资源 $C(f_\lambda^*)$ 是最优的充分条件。

定义 15.1 对离散空间 I 和连续空间 X，设：

$$\begin{cases} l(i,\lambda,z)=p(i)b(i,z)-\lambda c(i,z), i\in I, z\geqslant 0 \\ l(\boldsymbol{x},\lambda,z)=\rho(\boldsymbol{x})b(\boldsymbol{x},z)-\lambda c(\boldsymbol{x},z), \boldsymbol{x}\in X, z\geqslant 0 \end{cases} \tag{15-8}$$

称函数 l 为点态拉格朗日函数。

拉格朗日函数 $L(f,\lambda)$ 针对总的发现概率和总费用，而定义 15.1 给出的点态拉格朗日函数针对离散空间中的每个单元的发现概率和费用、连续空间中每个点的发现概率密度和费用密度。

定理 15.2 $Z(i)$ 为非负实数集。如果存在一有限数 $\lambda\geqslant 0$ 和 $f_\lambda^*\in\hat{F}(I)$，使得 $C(f_\lambda^*)<\infty$，且对所有 $i\in I$，$l[i,\lambda,f_\lambda^*(i)]=\max\{l(i,\lambda,z):z\in Z(i)\}$，则

$$P(f_\lambda^*)=\max\{P(f):f\in\hat{F},C(f)\leqslant C(f_\lambda^*)\}$$

证明： 对于所有 $f\in\hat{F}$，由于 $l[i,\lambda,f_\lambda^*(i)]=\max\{l(i,\lambda,z):z\in Z(i)\}$，所以：

$$l[i,\lambda,f_\lambda^*(i)]\geqslant l[i,\lambda,f(i)], i\in I$$

$\sum\limits_{i\in I} l[i,\lambda,f_\lambda^*(i)]\geqslant \sum\limits_{i\in I} l[i,\lambda,f(i)]$，即：$P(f_\lambda^*)-\lambda C(f_\lambda^*)\geqslant P(f)-\lambda C(f)$。根据定理 15.1，得 $P(f_\lambda^*)=\max\{P(f):f\in\hat{F},C(f)\leqslant C(f_\lambda^*)\}$。证毕。

该定理将 f_λ^* 对于总资源 $C(f_\lambda^*)$ 是最优的充分条件，由定理 15.1 的拉格朗日函数的最优，进一步推进到了点态拉格朗日函数的最优。这使得一个泛函极值问题转化为函数极值问题。下列是关于连续空间的定理。

定理 15.3　非负实数集 $Z(\boldsymbol{x})$。如果存在一有限数 $\lambda \geqslant 0$ 和 $f_\lambda^* \in \hat{F}(X)$，使得 $C(f_\lambda^*) < \infty$，且几乎处处 $\boldsymbol{x} \in X$，有 $l[\boldsymbol{x}, \lambda, f_\lambda^*(\boldsymbol{x})] = \max\{l(\boldsymbol{x}, \lambda, z) : z \in Z(\boldsymbol{x})\}$，则

$$P(f_\lambda^*) = \max\{P(f) : f \in \hat{F}(X), C(f) \leqslant C(f_\lambda^*)\}$$

定理 15.2 和定理 15.3 提供了求最优搜索计划的一种思路。以离散空间为例，任意给定一个拉格朗日乘数值 $\lambda \geqslant 0$，在每个空间单元求得依赖于该 λ 值的最优搜索量分配函数 $f_\lambda^*(i)$，进而求得总资源 $C(f_\lambda^*)$。此时，分配函数 f_λ^* 就是对于 $C(f_\lambda^*)$ 的最优搜索计划。如果 $C(f_\lambda^*)$ 不等于给定的总资源约束值 K，则修改 λ 值后再计算。总能找到一个 λ 值，其对应的 f_λ^* 恰好使总资源等于约束值 K。

15.1.3　最优搜索计划的充分必要条件

定理 15.4　若 $b(i,\cdot)$ 为凹函数、$c(i,\cdot)$ 为凸函数，$Z(i)$ 是对应于 $i \in I$ 的实数区间，$f^* \in \hat{F}(I)$，$C(f^*)$ 在 C 的象内，则 f^* 在 $\hat{F}(I)$ 内对费用 $C(f^*)$ 为最优的充分必要条件为：存在一有限数 $\lambda \geqslant 0$，使得 (λ, f^*) 极大化关于 $\hat{F}(I)$ 的点态拉格朗日函数。

定理 15.5　集合 $\{(\boldsymbol{x}, z) : \boldsymbol{x} \in X, z \in Z(\boldsymbol{x})\}$。若 $f^* \in \hat{F}(X)$，$C(f^*)$ 在 C 的象内，则 f^* 在 $\hat{F}(X)$ 内对费用 $C(f^*)$ 为最优的充分必要条件为存在一个有限数 $\lambda \geqslant 0$，使得 (λ, f^*) 极大化关于 $\hat{F}(X)$ 的点态拉格朗日函数。

C 的象常常是一个限定的实数区间，因此上述两个定理中，所谓 $C(f^*)$ 在 C 的象内，指的是 $C(f^*)$ 存在于该实数区间。

15.1.4　正则探测函数

定义 15.2　如果对于所有 $i \in I$ 或 $\boldsymbol{x} \in X$，满足：① $b(i,0) = 0$ 或 $b(\boldsymbol{x},0) = 0$；② $b'(i,z)$ 或 $b'(\boldsymbol{x},z)$ 是 z 的连续、严格递减的正值函数。探测函数 b 为正则探测函数。

由定义 15.2 可以看出，正则函数是严格凹函数，并且 $\lim\limits_{z \to \infty} b'(z) = 0$。

回顾一下 6.4 节，离散空间和连续空间的探测函数的一般形式 $b(u) = 1 - \exp$

$\{-u\}$ 是正则探测函数。其中 $u=u(z)$，定义为发现势。正则探测函数，是包括负指数型探测函数在内的一类探测函数。

推论 15.1 对 $i\in I$，设 $b(i,z)$ 为正则函数，$c'(i,z)=\dfrac{\mathrm{d}c(i,z)}{\mathrm{d}z}$ 为 z 的连续增函数，若 $f^*\in F(I)$ 对 C 的象内的资源 $C(f^*)$ 为最优，则存在 $\lambda\geqslant 0$，使得

$$p(i)b'[i,f^*(i)]-\lambda c'[i,f^*(i)]\begin{cases}=0, f^*(i)>0\\ \leqslant 0, f^*(i)=0\end{cases} \tag{15-9}$$

证明：因为 $b(i,z)$ 是凹函数，$c(i,z)$ 是凸函数，由定理 15.4 的充分条件，存在 $\lambda\geqslant 0$，使得 $l[i,\lambda,f^*(i)]=\max\{l(i,\lambda,z):z\geqslant 0\}$。因为 $b'(i,z)$、$c'(i,z)$ 均连续，所以 $l'(i,\lambda,z)$ 也是连续的。如果 $f^*(i)>0$，根据微分极值理论，有：$l'[i,\lambda,f^*(i)]=0$。如果 $f^*(i)=0$，是 $l(i,\lambda,z)$ 定义域的左端点，所以有 $l'[i,\lambda,f^*(i)]\leqslant 0$。因此式（15-9）成立。证毕。

证明推论 15.1 时应用了定理 15.4，但应该注意，这个推论并不是定理 15.4 自身的直接推论。在定理 15.4 中，$f^*\in\hat{F}$、$z\in Z$ 为一实数区间。在推论 15.1 中，$f^*\in F$，$z\in Z$，$Z=[0,\infty)$。否则，当 $f^*>0$ 时，不能保证 $l'[i,\lambda,f^*(i)]=0$。

推论 15.2 对 $\boldsymbol{x}\in X$，设 $b'(\boldsymbol{x},z)=\dfrac{\mathrm{d}b(\boldsymbol{x},z)}{\mathrm{d}z}$ 和 $c'(\boldsymbol{x},z)=\dfrac{\mathrm{d}c(\boldsymbol{x},z)}{\mathrm{d}z}$ 为 z 的连续函数。如果 $f^*\in F(X)$ 对 C 的象内的资源 $C(f^*)$ 为最优，则存在 $\lambda\geqslant 0$，对于几乎处处 $\boldsymbol{x}\in X$，有：

$$\rho(\boldsymbol{x})b'[\boldsymbol{x},f^*(\boldsymbol{x})]-\lambda c'[\boldsymbol{x},f^*(\boldsymbol{x})]\begin{cases}=0, f^*(\boldsymbol{x})>0\\ \leqslant 0, f^*(\boldsymbol{x})=0\end{cases} \tag{15-10}$$

15.1.5 发现概率收益率函数

定义 15.3 $\eta(\boldsymbol{x},z,z+\Delta z)=\rho(\boldsymbol{x})\dfrac{b(\boldsymbol{x},z+\Delta z)-b(\boldsymbol{x},z)}{c(\boldsymbol{x},z+\Delta z)-c(\boldsymbol{x},z)}$ 称为 $\boldsymbol{x}$ 上搜索量由 z 增加到 $z+\Delta z$ 的发现概率密度的平均收益率。

定义 15.4 对于 $\eta(\boldsymbol{x},z,z+\Delta z)$，令 $\Delta z\to 0$，有：

$$\lim_{\Delta z\to 0}\eta(\boldsymbol{x},z,z+\Delta z)=\lim_{\Delta z\to 0}\rho(\boldsymbol{x})\frac{b(\boldsymbol{x},z+\Delta z)-b(\boldsymbol{x},z)}{c(\boldsymbol{x},z+\Delta z)-c(\boldsymbol{x},z)}$$

$$=\lim_{\Delta z\to 0}\rho(\boldsymbol{x})\frac{\dfrac{b(\boldsymbol{x},z+\Delta z)-b(\boldsymbol{x},z)}{\Delta z}}{\dfrac{c(\boldsymbol{x},z+\Delta z)-c(\boldsymbol{x},z)}{\Delta z}}=\rho(\boldsymbol{x})\frac{\dfrac{\mathrm{d}b(\boldsymbol{x},z)}{\mathrm{d}z}}{\dfrac{\mathrm{d}c(\boldsymbol{x},z)}{\mathrm{d}z}}=\rho(\boldsymbol{x})\frac{b'(\boldsymbol{x},z)}{c'(\boldsymbol{x},z)}$$

$\boldsymbol{x}$ 上的发现概率密度收益率函数：

$$\eta(\boldsymbol{x},z)=\rho(\boldsymbol{x})\frac{b'(\boldsymbol{x},z)}{c'(\boldsymbol{x},z)} \tag{15-11}$$

若 $c(\boldsymbol{x},z)=z$，则 $\eta(\boldsymbol{x},z)=\rho(\boldsymbol{x})b'(\boldsymbol{x},z)$。

类似地，离散空间单元 i 上的发现概率收益率函数：

$$\eta(i,z)=p(i)\frac{b'(i,z)}{c'(i,z)} \tag{15-12}$$

定义了发现概率收益率函数后，推论 15.1 中的式（15-9）和推论 15.2 中的式（15-10）可以分别表示为

$$\begin{cases}\eta[i,f^*(i)]=\lambda, f^*(i)>0\\ \eta[i,f^*(i)]\leqslant\lambda, f^*(i)=0\end{cases} \tag{15-13}$$

$$\begin{cases}\eta[\boldsymbol{x},f^*(\boldsymbol{x})]=\lambda, f^*(\boldsymbol{x})>0\\ \eta[\boldsymbol{x},f^*(\boldsymbol{x})]\leqslant\lambda, f^*(\boldsymbol{x})=0\end{cases} \tag{15-14}$$

式（15-13）和式（15-14）集中了本节关于静止目标最优搜索量分配函数存在性的定理、推论的全部内容。通过式（15-13），能够比较直观地理解最优分配函数的存在的意义。一个最优分配 $f^*(i)$ 一定是使空间中每个 $f^*(i)>0$ 的单元的概率收益率都相同地分配，这个相同的概率收益率就是拉格朗日乘子 λ；如果有的单元在不投入搜索量，即 $f^*(i)=0$ 时，概率收益率仍然不超过 λ，因为 $b(i,z)$ 是正则函数，从资源总量中分配给这样的单元 $f^*(i)>0$ 的搜索量，只能使概率收益率更低，于是，这样的单元的最优分配就是不分配搜索量（在理想的市场经济模型中，投资的边际收益率递减规律使各行业资本收益率趋同，也是同样的道理。手里拿着大把的钱琢磨着做什么生意的人，这个道理更是无师自通）。

15.2　最优搜索计划

15.2.1　一个典型算例

例 15.1　在平面上进行搜索，目标分布密度函数 $\rho(x_1,x_2)=\frac{1}{2\pi\sigma^2}\exp\{-\frac{x_1^2+x_2^2}{2\sigma^2}\}$。探测函数为 $b(\boldsymbol{x},z)=1-\mathrm{e}^{-z}$，$z\geqslant 0$。总资源为 K。在总资源内，寻找一个搜索量分配函数 f^*，使发现目标概率最大。

解 令 $c(\boldsymbol{x},z)=z$。总费用，也是总搜索量 $C(f)=\int_X f(\boldsymbol{x})\mathrm{d}\boldsymbol{x}\leqslant K$，$f\in\hat{F}(X)$。应用定理 15.3 寻求依赖于 λ 的 $f_\lambda^*(\boldsymbol{x})$，使 $l(\boldsymbol{x},\lambda,f_\lambda^*(\boldsymbol{x}))=\max\{l(\boldsymbol{x},\lambda,z):z\in Z(\boldsymbol{x})\}$，$Z(\boldsymbol{x})=[0,\infty)$，则可获得发现概率最优。点态拉格朗日函数为 $l(\boldsymbol{x},\lambda,z)=\rho(\boldsymbol{x})(1-e^{-z})-\lambda z$。

根据推论 15.2，对 l 函数求导数，并令其等于 0，即 $\dfrac{\partial l(\boldsymbol{x},\lambda,z)}{\partial z}=\rho(\boldsymbol{x})e^{-z}-\lambda=0$，求得 $z^*=\ln[\dfrac{\rho(\boldsymbol{x})}{\lambda}]$。这是 l 函数的一个驻点。在本例中，可以进行简单的极大点验证。当 $z\geqslant z^*,\dfrac{\partial l}{\partial z}\leqslant 0$，当 $z\leqslant z^*,\dfrac{\partial l}{\partial z}\geqslant 0$，所以 z^* 是 l 函数的极大点，即 z^* 极大化 l 函数。

根据条件 $z\geqslant 0$，应保证 $z^*\geqslant 0$，而 $\ln[\dfrac{\rho(\boldsymbol{x})}{\lambda}]$ 有可能会小于 0。如果 $\ln[\dfrac{\rho(\boldsymbol{x})}{\lambda}]<0$，则令 $f_\lambda^*(\boldsymbol{x})=z^*=0$。表示为

$$f_\lambda^*(\boldsymbol{x})=\{\ln[\frac{\rho(\boldsymbol{x})}{\lambda}]\}^+=\begin{cases}\ln[\dfrac{\rho(\boldsymbol{x})}{\lambda}], & \ln[\dfrac{\rho(\boldsymbol{x})}{\lambda}]\geqslant 0\\ 0, & \ln[\dfrac{\rho(\boldsymbol{x})}{\lambda}]<0\end{cases} \tag{15-15}$$

上述解为 λ 可以取任意非负的有限数的最优解。λ 的确切值将由总资源决定。

将目标分布密度函数表示为极坐标形式 $\rho(x_1,x_2)=\rho(\boldsymbol{r})=\dfrac{1}{2\pi\sigma^2}\mathrm{e}^{-\frac{r^2}{2\sigma^2}}$，代入式（15-15），得

$$f_\lambda^*(\boldsymbol{r})=\begin{cases}-\ln(2\pi\sigma^2\lambda)-\dfrac{r^2}{2\sigma^2}, & r^2\leqslant -2\sigma^2\ln(2\pi\sigma^2\lambda)=R^2(\lambda)\\ 0, & r^2>-2\sigma^2\ln(2\pi\sigma^2\lambda)=R^2(\lambda)\end{cases} \tag{15-16}$$

$$\begin{aligned}C[f_\lambda^*(\boldsymbol{r})]&=\int_X f_\lambda^*(\boldsymbol{r})\mathrm{d}\boldsymbol{r}=\int_0^{2\pi}\int_0^{\infty}f_\lambda^*(r,\theta)r\mathrm{d}r\mathrm{d}\theta\\&=-\int_0^{2\pi}\int_0^{R}[\ln(2\pi\sigma^2\lambda)+\frac{r^2}{2\sigma^2}]r\mathrm{d}r\mathrm{d}\theta=\pi\sigma^2[\ln(2\pi\sigma^2\lambda)]^2=K\end{aligned}$$

解得：$\lambda=\dfrac{1}{2\pi\sigma^2}\exp\{-\sqrt{\dfrac{K}{\pi\sigma^2}}\}$。将其代入式（15-16），去掉 $f_\lambda^*(r,\theta)$ 的下标，

得到对于总资源 K 的最优搜索量分配函数：

$$f^*(r,\theta)=\begin{cases}\sqrt{\dfrac{K}{\pi\sigma^2}}-\dfrac{r^2}{2\sigma^2},\ r^2\leqslant 2\sigma^2\sqrt{\dfrac{K}{\pi\sigma^2}}=R^2\\ 0,\quad r^2>2\sigma^2\sqrt{\dfrac{K}{\pi\sigma^2}}=R^2\end{cases}\tag{15-17}$$

从式（15-17）可以看到，存在一个以目标分布密度中心为圆心、以 $R=\sqrt{2}\sigma\sqrt[4]{\dfrac{K}{\pi}}$ 为半径的空间圆，最优搜索量密度分配，在该圆以外为 0，在该圆以内随距离递减。很难想象，在实际中能够实施这样的最优搜索策略。重要的是，结论体现了最优分配的原则：目标分布密度大的区域分配的搜索量大，目标分布密度小的区域分配的搜索量小，而在目标分布密度更小的区域，则不必浪费有限的搜索量。

15.2.2　正则函数最优搜索计划的定理

令 $C[f_\lambda^*(\boldsymbol{x})]=U(\lambda)$，其逆函数 $\lambda=U^{-1}\{C[f_\lambda^*(\boldsymbol{x})]\}$。

令发现概率收益率函数 $\eta(\boldsymbol{x},z)=\rho(\boldsymbol{x})\dfrac{b'(\boldsymbol{x},z)}{c'(\boldsymbol{x},z)}$，其逆函数 $z=\eta^{-1}$。

定理 15.6　对于 $\boldsymbol{x}\in X$，令 $c(\boldsymbol{x},z)=z\geqslant 0$，$b$ 是 X 上的正则探测函数。固定费用 $K>0$。令 $\lambda=U^{-1}(K)$，则对于 $\boldsymbol{x}\in X$，定义为 $f_\lambda^*(\boldsymbol{x})=\eta^{-1}(\boldsymbol{x},\lambda)$ 的 f_λ^* 是对应于费用 K 的最优，并且 $C[f_\lambda^*(\boldsymbol{x})]=K$。

证明从略。

例 15.1 是定理 15.6 的具体应用。

在离散空间，定义：

$$\eta(i,z)=\rho(i)\frac{b'(i,z)}{c'(i,z)},\quad z\geqslant 0,i\in I$$

$$\eta^{-1}(i,\lambda)=\begin{cases}\eta(i,z)\text{在}\lambda\text{点的逆，}0\leqslant\lambda\leqslant\eta(i,0)\\ 0,\ \lambda>\eta(i,0)\end{cases}$$

$U(\lambda)=\sum\limits_{i\in I}\eta^{-1}(i,\lambda)$，其逆函数为 $U^{-1}[\sum\limits_{i\in I}\eta^{-1}(i,\lambda)]$。

定理 15.7　对于 $i\in I$，令 $c(i,z)=z>0$，b 是 I 上的正则探测函数。固定费用 $K>0$。令 $\lambda=U^{-1}(K)$，则对于 $i\in I$，定义为 $f_\lambda^*(i)=\eta^{-1}(i,\lambda)$ 的 f_λ^* 是对应于费用 K 的最优，并且 $C[f_\lambda^*(i)]=K$。

15.3 一致最优搜索计划

15.3.1 算例

例 15.2 以例 15.1 的条件和结果为基础。假设资源按时间线性供应，有资源供应函数为 $k=\alpha t$。在任意 t 时刻，寻找一个搜索量分配函数 f^*，使发现目标概率最大。

解 当时间为 T，总搜索量达到例 15.1 所设的总资源 $K=\alpha T$。根据例 15.1 的结果，得到 T 时刻的最优搜索计划如下：

$$f^*(r,\theta)=\begin{cases}\sqrt{\dfrac{\alpha T}{\pi\sigma^2}}-\dfrac{r^2}{2\sigma^2}, & r^2\leqslant 2\sigma^2\sqrt{\dfrac{\alpha T}{\pi\sigma^2}}=R^2(T)\\ 0, & r^2>2\sigma^2\sqrt{\dfrac{\alpha T}{\pi\sigma^2}}=R^2(T)\end{cases}$$

实际上，在任意时刻 t，对于总资源 $k=\alpha t$ 的最优搜索计划，都适用于上式。所以，包含时间变量的最优分配函数为

$$f^*(r,\theta,t)=\begin{cases}\sqrt{\dfrac{\alpha t}{\pi\sigma^2}}-\dfrac{r^2}{2\sigma^2}, & r^2\leqslant 2\sigma^2\sqrt{\dfrac{\alpha t}{\pi\sigma^2}}=R^2(t)\\ 0, & r^2>2\sigma^2\sqrt{\dfrac{\alpha t}{\pi\sigma^2}}=R^2(t)\end{cases}\tag{15-18}$$

15.3.2 一致最优搜索计划的定义

重复 7.4.2 节中对“全能探测器”连续空间连续时间搜索量分配函数的定义。

定义 15.5 设函数 $\varphi(\boldsymbol{x},t):X\times[0,\infty)\to[0,\infty)$ 满足：

（1）对于 $t\in[0,\infty),\varphi(\cdot,t)\in F(X)$ 是一个分配；

（2）对于 $\boldsymbol{x}\in X,\varphi(\boldsymbol{x},\cdot)$ 是 t 的增函数。

则称 $\varphi(\boldsymbol{x},t)$ 为 X 上的搜索计划。

$\varphi(\boldsymbol{x},t)$ 与静态的搜索量分配函数 $f(\boldsymbol{x})$ 的意义相同，只是增加了一个时间变量，表示任意时刻的搜索量密度的空间分配，也可以表示空间某一点搜索量密度的时间变化。

定义 15.6 设累积搜索量函数 $M(t)$ 是 t 前的搜索量，是 t 的增函数，$\varphi(\boldsymbol{x},t)$ 为搜索计划，函数集合 $\varPhi(M)=\{\varphi(\boldsymbol{x},t):\int_X\varphi(\boldsymbol{x},t)\,\mathrm{d}\boldsymbol{x}=M(t),t\geqslant 0\}$。

如果有 $\varphi^* \in \Phi(M)$，使 $P[\varphi^*(\cdot,t)] = \max\{P[\varphi(\cdot,t)]: \varphi \in \Phi(M), t \geqslant 0\}$，则称 φ^* 在 $\Phi(M)$ 内是一致最优的。

从定义中可以看到，一个搜索计划是一致最优的，就是在任何时刻，对于该时刻之前累计投入的搜索总量为最优的搜索量密度分配。

根据上述定义，例 15.2 的得到的搜索计划是一致最优搜索计划。用新的符号表示，$M(t) = \alpha t$，$\varphi^*(r,\theta,t) = f^*(r,\theta,t)$。

15.3.3　一致最优搜索计划的定理

定理 15.8　设 b 是 X 上的正则探测函数。对于 $\boldsymbol{x} \in X$，令 $c(\boldsymbol{x},z) = z \geqslant 0$，$\eta^{-1}(\boldsymbol{x},\lambda) = \begin{cases} \eta(\boldsymbol{x},z)\text{在}\lambda\text{点的逆，} & 0 < \lambda \leqslant \eta(\boldsymbol{x},0) \\ 0, & \lambda > \eta(\boldsymbol{x},0) \end{cases}$，$U(\lambda) = \int_X \eta(\boldsymbol{x},\lambda)\,\mathrm{d}\boldsymbol{x}$，$\lambda > 0$。

如果 M 为累积搜索量函数，那么定义为 $\varphi^*(\boldsymbol{x},t) = \eta^{-1}\{\boldsymbol{x}, U^{-1}[M(t)]\}$，$\boldsymbol{x} \in X$，$t \geqslant 0$ 的 φ^* 在 $\Phi(M)$ 内为一致最优。

定理 15.9　设 b 是 I 上的正则探测函数。对于 $i \in I$，令 $c(i,z) = z \geqslant 0$，$\eta^{-1}(i,\lambda) = \begin{cases} \eta(i,z)\text{在}\lambda\text{点的逆，} & 0 \leqslant \lambda \leqslant \eta(i,0) \\ 0, & \lambda > \eta(i,0) \end{cases}$，$U(\lambda) = \sum_{i \in I} \eta(i,\lambda)$，$\lambda > 0$。

如果 M 为累积搜索量函数，那么定义为 $\varphi^*(i,t) = \eta^{-1}\{i, U^{-1}[M(t)]\}$，$i \in I$，$t \geqslant 0$ 的 φ^* 在 $\Phi(M)$ 内为一致最优。

15.3.4　一致最优搜索计划发现目标平均时间

引理 15.1　设发现目标的时刻 t_d 为非负随机变量，其分布函数为 $F(t) = P\{t_d \leqslant t\}$，$t \geqslant 0$，则 t_d 的数学期望为

$$E(t_d) = \int_0^\infty [1 - F(t)]\,\mathrm{d}t \tag{15-19}$$

证明： 当 $F(t)$ 有导数 $F'(t) = \dfrac{\mathrm{d}F(t)}{\mathrm{d}t}$，且 $\lim\limits_{t\to\infty} F(t) = 1$，$F(0) = 0$，根据数学期望的定义，有：

$E(t_d) = \int_0^1 t\,\mathrm{d}F(t) = \int_0^\infty tF'(t)\,\mathrm{d}t$。对于有限的 y，应用分部积分法：

$$\int_0^y tF'(t)\,\mathrm{d}t = yF(y) - \int_0^y F(t)\,\mathrm{d}t = -y[1 - F(y)] + \int_0^y [1 - F(t)]\,\mathrm{d}t$$

因为 $F'(t) \geqslant 0$，所以当 $0 \leqslant y \leqslant t < \infty$ 时，有 $tF'(t) \geqslant yF'(t)$，且由 $\lim\limits_{t\to\infty} F(t) = 1$，得

$$\int_y^{\infty} tF'(t)\,\mathrm{d}t \geqslant \int_y^{\infty} yF'(t)\,\mathrm{d}t = y[1-F(y)] \geqslant 0$$

$0=\lim\limits_{y\to\infty}\int_y^{\infty} tF'(t)\,\mathrm{d}t \ge \lim\limits_{y\to\infty} y[1-F(y)] \ge 0$，所以有 $\lim\limits_{y\to\infty} y[1-F(y)]=0$

$E(t_d)=\int_0^{\infty} tF'(t)\,\mathrm{d}t=\int_0^{\infty}[1-F(t)]\mathrm{d}t$ 。证毕。

即使 $F(t)$ 不可导，该引理的结论仍然成立。图 15.1 中的阴影面积就是发现目标时间的数学期望值。其中数学期望的定义式是图中纵轴 $F(t)$ 上的积分，式（15-19）是图中横轴 t 上的积分。

关于离散时间同样的问题可以参考式（9-4）、式（9-5）和图 9.1。

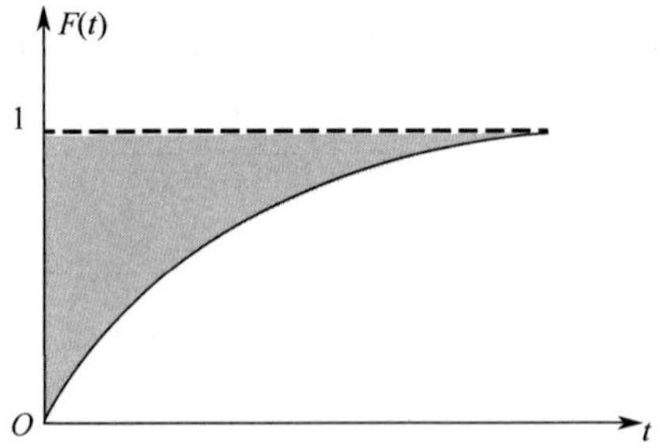

图 15.1　概率分布函数图

定理 15.10　$\varphi^*(\cdot,t)$ 是 $\Phi(M)$ 内的一致最优搜索计划，则对于 $\varphi(\cdot,t)\in\Phi(M)$，发现目标的平均时间 $\mu[\varphi(\cdot,t)] \geqslant \mu[\varphi^*(\cdot,t)]$。

证明：因为 $\varphi^*(\cdot,t)$ 是 $\Phi(M)$ 内的一致最优搜索计划，所以对于 $\varphi(\cdot,t)\in\Phi(M)$，有：$P[\varphi^*(\cdot,t)] \geqslant P[\varphi(\cdot,t)]$。根据引理 15.1，$\mu[\varphi(\cdot,t)]=\int_0^{\infty}\{1-P[\varphi(\cdot,t)]\}\mathrm{d}t$ $\geqslant \int_0^{\infty}\{1-P\,[\varphi^*(\cdot,t)]\}\mathrm{d}t=\mu[\varphi^*(\cdot,t)]$ 。

证毕。

例 15.3　按照例 15.2 所得的一致最优搜索计划，求发现目标的平均时间。

解　利用式（15-18），可以求得最优搜索计划到 t 时刻的发现概率为

$$\begin{aligned} P[\varphi^*(\cdot,t)] &= \int_X \rho(\boldsymbol{x})b[\boldsymbol{x},\varphi^*(\boldsymbol{x},t)]\,\mathrm{d}\boldsymbol{x} \\ &= \int_0^{2\pi}\int_0^{\infty}\frac{1}{2\pi\sigma^2}\exp(-\frac{r^2}{2\sigma^2})\{1-\exp[-\varphi^*(r,\theta,t)]\}r\,\mathrm{d}r\,\mathrm{d}\theta \quad (15\text{-}20) \\ &= 1-(1+\sqrt{\frac{\alpha t}{\pi\sigma^2}})\exp(-\sqrt{\frac{\alpha t}{\pi\sigma^2}}) \end{aligned}$$

根据式（15-19），最优搜索计划平均发现目标时间为

$$\mu[\varphi^*(\cdot,t)]=\int_0^{\infty}\{1-P[\varphi^*(\cdot,t)]\}\,\mathrm{d}t=\frac{6\pi\sigma^2}{\alpha} \tag{15-21}$$

15.4　最优增量搜索计划

15.4.1　搜索计划的后验概率分布

当搜索计划 $\varphi(\cdot,t)$ 进行到 $t=T$，没有发现目标，对于离散空间，此刻目标的后验概率分布为

$$\tilde{p}(i,T)=\frac{p(i)-p(i)b[i,\varphi(i,T)]}{1-P[\varphi(\cdot,T)]}=p(i)\frac{1-b[i,\varphi(i,T)]}{1-P[\varphi(\cdot,T)]} \tag{15-22}$$

对于连续空间，目标的后验概率密度分布为

$$\tilde{\rho}(\boldsymbol{x},T)=\frac{\rho(\boldsymbol{x})-\rho(\boldsymbol{x})b[\boldsymbol{x},\varphi(\boldsymbol{x},T)]}{1-P[\varphi(\cdot,T)]}=\rho(\boldsymbol{x})\frac{1-b[\boldsymbol{x},\varphi(\boldsymbol{x},T)]}{1-P[\varphi(\cdot,T)]} \tag{15-23}$$

例 15.4　求按照例 15.2 的一致最优搜索计划搜索到 $t=T$ 时目标的后验概率密度函数。应用式（15-20）和式（15-23），可得

$$\tilde{\rho}(r,\theta,T)=\begin{cases}\dfrac{1}{2\pi\sigma^2\left(1+\sqrt{\dfrac{\alpha T}{\pi\sigma^2}}\right)}, & r^2\leqslant 2\sigma^2\sqrt{\dfrac{\alpha T}{\pi\sigma^2}}=R^2(T)\\[2ex] \dfrac{\mathrm{e}^{-\left(\frac{r^2}{2\sigma^2}-\sqrt{\frac{\alpha T}{\pi\sigma^2}}\right)}}{2\pi\sigma^2\left(1+\sqrt{\dfrac{\alpha T}{\pi\sigma^2}}\right)}, & r^2>2\sigma^2\sqrt{\dfrac{\alpha T}{\pi\sigma^2}}=R^2(T)\end{cases} \tag{15-24}$$

如果按照一致最优搜索计划搜索到 $t=T$ 未发现目标，从式（15-24）的计算结果可以看到，此时的后验概率分布密度在半径为 $R(T)$ 的搜索圆之内是均匀分布，在搜索圆之外，即在 T 之前未施加任何搜索量的区域，仍然呈初始分布的分布规律，是圆正态分布。如果需要设计 T 之后的一致最优搜索计划，则应以 T 时刻的后验概率分布作为目标初始分布（《单向最优搜索理论》第 28 页中，此例题的结果是错误的）。

15.4.2　最优增量搜索计划

假设 $h_1(\boldsymbol{x})$ 是对资源 K_1 的最优分配，在没发现目标的情况下，对追加资源 K_2 的最优分配为 $h_2(\boldsymbol{x})$。那么，对于总资源 K_1+K_2，分配 $h_1(\boldsymbol{x})+h_2(\boldsymbol{x})$ 是

否最优？

分配 $h_1(\boldsymbol{x})$ 未发现目标，目标的后验概率密度为

$$\tilde{\rho}(\boldsymbol{x})=\rho(\boldsymbol{x})\frac{1-b[\boldsymbol{x},h_1(\boldsymbol{x})]}{1-P[h_1(\boldsymbol{x})]}，\quad \boldsymbol{x}\in X$$

设增量探测函数 $\tilde{b}(\boldsymbol{x},z)$ 为目标位于 $\boldsymbol{x}$ 处，搜索量密度 $h_1(\boldsymbol{x})$ 探测未发现条件下，用追加搜索量密度 z 探测发现目标的概率。根据概率关系，有：

$$\tilde{b}(\boldsymbol{x},z)=\frac{b[\boldsymbol{x},h_1(\boldsymbol{x})+z]-b[\boldsymbol{x},h_1(\boldsymbol{x})]}{1-b[\boldsymbol{x},h_1(\boldsymbol{x})]} \tag{15-25}$$

用增量分配 $h(\boldsymbol{x})$ 进行搜索发现目标的概率为

$$\tilde{P}(h)=\int_X\tilde{\rho}(\boldsymbol{x})\tilde{b}[\boldsymbol{x},h(\boldsymbol{x})]\mathrm{d}\boldsymbol{x} \tag{15-26}$$

定义 15.7　如果 $\tilde{P}(h_2)=\max[\tilde{P}(h):h\in F(\boldsymbol{x}),C(h)\leqslant K_2]$，则称 h_2 为在给定 h_1 的条件下对于 K_2 的条件最优。

若 h_1 对于 $C(h_1)$ 是最优的，h_2 又是在给定 h_1 的条件下对 $C(h_2)$ 条件最优，则称 (h_1,h_2) 是条件最优对。

对于条件最优对 (h_1,h_2)，如果 $f(\boldsymbol{x})=h_1(\boldsymbol{x})+h_2(\boldsymbol{x})$ 对 $C(f)=C(h_1)+C(h_2)$ 是最优的，则 (h_1,h_2) 是全最优对。

定理 15.11　令 $\boldsymbol{x}\in X$，$c(\boldsymbol{x},z)=z,z\geqslant 0$。若 (h_1,h_2) 是满足 $0<C(h_1)<\infty$，$0<C(h_2)<\infty$ 的条件最优对，则 (h_1,h_2) 是全最优对。

证明：因为 (h_1,h_2) 是条件最优对，所以存在 $\lambda_1>0$，$\lambda_2>0$，使得

$$\rho(\boldsymbol{x})b[\boldsymbol{x},h_1(\boldsymbol{x})]-\lambda_1h_1(\boldsymbol{x})\geqslant\rho(\boldsymbol{x})b(\boldsymbol{x},z)-\lambda_1z,\quad z\geqslant 0 \tag{15-27}$$

$$\tilde{\rho}(\boldsymbol{x})\tilde{b}[\boldsymbol{x},h_2(\boldsymbol{x})]-\lambda_2h_2(\boldsymbol{x})\geqslant\tilde{\rho}(\boldsymbol{x})\tilde{b}(\boldsymbol{x},z)-\lambda_2z,\quad z\geqslant 0 \tag{15-28}$$

整理式（15-27）和式（15-28），得

$$\begin{aligned}
&\tilde{\rho}(\boldsymbol{x})\{\tilde{b}[\boldsymbol{x},h_2(\boldsymbol{x})]-\tilde{b}(\boldsymbol{x},z)\}\\
&=\rho(\boldsymbol{x})\frac{1-b[\boldsymbol{x},h_1(\boldsymbol{x})]}{1-P(h_1)}\frac{b[\boldsymbol{x},h_1(\boldsymbol{x})+h_2(\boldsymbol{x})]-b[\boldsymbol{x},h_1(\boldsymbol{x})+z]}{1-b[\boldsymbol{x},h_1(\boldsymbol{x})]}\\
&=\rho(\boldsymbol{x})\frac{b[\boldsymbol{x},h_1(\boldsymbol{x})+h_2(\boldsymbol{x})]-b[\boldsymbol{x},h_1(\boldsymbol{x})+z]}{1-P(h_1)}\\
&=\rho(\boldsymbol{x})\frac{b[\boldsymbol{x},h_1(\boldsymbol{x})+h_2(\boldsymbol{x})]-b[\boldsymbol{x},h_1(\boldsymbol{x})]-b[\boldsymbol{x},h_1(\boldsymbol{x})+z]+b[\boldsymbol{x},h_1(\boldsymbol{x})]}{1-P(h_1)}\\
&\geqslant\lambda_2[h_2(\boldsymbol{x})-z]
\end{aligned}$$

$$\begin{aligned}
&\rho(\boldsymbol{x})\{b[\boldsymbol{x},h_1(\boldsymbol{x})+h_2(\boldsymbol{x})]-b[\boldsymbol{x},h_1(\boldsymbol{x})+z]\}\\
&\geqslant[1-P(h_1)]\lambda_2[h_2(\boldsymbol{x})-z]
\end{aligned}$$

$$=[1-P(h_1)]\lambda_2[h_1(\boldsymbol{x})+h_2(\boldsymbol{x})-z-h_1(\boldsymbol{x})]$$

令 $\lambda=[1-P(h_1)]\lambda_2$，得到点态拉格朗日函数：

$\rho(\boldsymbol{x})b[\boldsymbol{x},h_1(\boldsymbol{x})+h_2(\boldsymbol{x})]-\lambda[h_1(\boldsymbol{x})+h_2(\boldsymbol{x})]\geqslant\rho(\boldsymbol{x})b[\boldsymbol{x},h_1(\boldsymbol{x})+z]-\lambda[h_1(\boldsymbol{x})+z]$，$z\geqslant 0$。

所以，分配 $f(\boldsymbol{x})=h_1(\boldsymbol{x})+h_2(\boldsymbol{x})$ 是资源 $C(f)=C(h_1)+C(h_2)$ 下的最优分配，所以 (h_1,h_2) 是全最优对。证毕。

定理 15.12　对于 $i\in I$，令 $c(i,z)=z,z\geqslant 0$，$b(i,z)$ 为凹函数。若 (h_1,h_2) 是满足 $0<C(h_1)<\infty$，$0<C(h_2)<\infty$ 的条件最优对，则 (h_1,h_2) 是全最优对。

将上述两个定理引申至多次追加搜索量，有下列推论。

推论 15.3　令 $\boldsymbol{x}\in X$，$c(\boldsymbol{x},z)=z,z\geqslant 0$。若 $(h_1,h_2,\cdots)$ 是增量分配序列，满足 $0<C(h_j)<\infty,j=1,2,\cdots$，且 h_1 对于资源 $C(h_1)$ 是最优的，h_{j+1} 在给定 $f_j=\sum_{k=1}^{j}h_k$，$j=1,2,\cdots$ 的条件下对于资源 $C(h_{j+1})$ 是条件最优的，则 f_{j+1} 对于资源 $C(f_{j+1}),j=1,2,\cdots$ 是最优的。

推论 15.4　对于 $i\in I$，令 $c(i,z)=z,z\geqslant 0$，$b(i,z)$ 为凹函数。若 $(h_1,h_2,\cdots)$ 是增量分配序列，满足 $0<C(h_j)<\infty,j=1,2,\cdots$，且 h_1 对于资源 $C(h_1)$ 是最优的，h_{j+1} 是在给定 $f_j=\sum_{k=1}^{j}h_k,j=1,2,\cdots$ 的条件下对于资源 $C(h_{j+1})$ 是条件最优的，则 f_{j+1} 对于资源 $C(f_{j+1}),j=1,2,\cdots$ 是最优的。

15.5　离散搜索量最优性质

离散搜索量只适用于描述离散空间的搜索问题。本书第 9 章已经讨论过，对于静止目标，离散空间的路径搜索问题与离散空间搜索量分配问题具有内在的统一性。因此，对于离散搜索量的最优分配问题，本章仅介绍其最优性质，而最优算法将在第 17 章中介绍。

静态的离散搜索量分配问题可以转化对静止目标按照时间施加搜索量的问题。施加了 k 个单位的搜索量可以称为“进行了 k 次探测”。

15.5.1　最优性条件

令 $q(i,k)=b(i,k)-b(i,k-1)$，$\gamma(i,k)=c(i,k)-c(i,k-1)$，定义离散搜索量

的发现概率收益率$\eta(i,k)=\dfrac{p(i)q(i,k)}{\gamma(i,k)}$。

设分配函数集$\hat{F}(I)=\{f:I\to[0,1,2,\cdots)\}$，发现概率$P(f)=\sum_{i\in I}p(i)b[i,f(i)]$，总费用$C(f)=\sum_{i\in I}c[i,f(i)]$。

定义 15.8 如果分配$f^*\in\hat{F}(I)$满足$C(f^*)\leqslant K$，且：

$P(f^*)=\max\{P(f):f\in\hat{F}(I),C(f)\leqslant K\}$，则称$f^*$对费用$K$是最优的。

根据离散搜索量发现概率的形式，最优化问题也可以表述如下。

设整数对集合$S=I\times\{0,1,2,\cdots\}$，选择数对$(i,k)\in S$，使：

$$\max\sum_{i\in I}[p(i)\sum_{m=1}^{k}q(i,m)]$$

$$\text{s. t.}\quad \sum_{i\in I}\sum_{m=1}^{k}\gamma(i,k)\leqslant K$$

定理 15.13 若存在一有限数$\lambda\geqslant 0$，分配函数$f^*\in\hat{F}(I)$，使得$C(f^*)<\infty$，且对所有$i\in I$，有：

$$\eta(i,k)=\frac{p(i)q(i,k)}{\gamma(i,k)}\begin{cases}\geqslant\lambda, & 1\leqslant k\leqslant f^*(i)\\ \leqslant\lambda, & f^*(i)<k<\infty\end{cases}\tag{15-29}$$

则对于$C[f]<\infty$，$f\in\hat{F}(I)$，有：

$$P(f^*)=\max\{P(f):f\in\hat{F}(I),C(f)\leqslant C(f^*)\}$$

证明: 令$f\in\hat{F}(I)$，可以看出：$b[i,f(i)]=\sum_{k=1}^{f(i)}p(i)q(i,k)$，$c[i,f(i)]=\sum_{k=1}^{f(i)}\gamma(i,k)$。假定$f^*(i)>f(i)$，根据式（15-29），有：

$$p(i)\{b[i,f^*(i)]-b[i,f(i)]\}=\sum_{k=f(i)+1}^{f^*(i)}p(i)q(i,k)$$

$$\geqslant\lambda\sum_{k=f(i)+1}^{f^*(i)}\gamma(i,k)=\lambda\{c[i,f^*(i)]-c[i,f(i)]\}\geqslant 0$$

假定$f^*(i)<f(i)$，能够得到相同的结论。所以：$P(f^*)-P(f)\geqslant\lambda[C(f^*)-C(f)]$。根据定理 15.1，$f^*$关于资源$C(f^*)$为最优。证毕。

定理 15.14 对于$i\in I,k=1,2,\cdots$，设$\gamma(i,k)=\gamma_0$是确定的正数，$q(i,k)$是k的递减函数，$f^*\in\hat{F}(I)$，$C(f^*)<\infty$，则f^*对费用$C(f^*)$最优的充分必要条

件为

存在一有限数 $\lambda \geqslant 0$，对所有 $i \in I$，有：

$$\eta(i,k) = \frac{p(i)q(i,k)}{\gamma_0}\begin{cases}\geqslant \lambda, & 1 \leqslant k \leqslant f^*(i) \\ \leqslant \lambda, & f^*(i) < k < \infty\end{cases} \tag{15-30}$$

证明：充分性由定理 15.13 给出。

设 $f^* \in \hat{F}(I)$ 对于资源 $C(f^*)$ 为最优，令：

$I^+ = \{i : i \in I, f^*(i) > 0\}$，$\lambda = \inf\limits_{i \in I^+} \dfrac{p(i)q[i, f^*(i)]}{\gamma_0}$。

由于 $q(i,k) \geqslant 0$，$i \in I, k = 1,2,\cdots$，$\lambda \geqslant 0$，根据 λ 的定义和 $q(i,k)$ 的递减性可知，$\dfrac{p(i)q(i,k)}{\gamma_0} \geqslant \lambda, 1 \leqslant k \leqslant f^*(i)$。

应用反证法，当 $f^*(i) < k < \infty$ 时，$\dfrac{p(i)q(i,k)}{\gamma_0} \leqslant \lambda$。假设该式不成立，令 $i_1 \in I$，对 $k > f^*(i_1)$，有 $\dfrac{p(i_1)q(i_1,k)}{\gamma_0} > \lambda$，由 $q(i,k)$ 的递减性可知 $\dfrac{p(i_1)q[i_1, f^*(i_1)+1]}{\gamma_0} > \lambda$。

根据 λ 的定义，存在 $i_2 \in I^+$，使得 $\dfrac{p(i_2)q[i_2, f^*(i_2)]}{\gamma_0} < \dfrac{p(i_1)q[i_1, f^*(i_1)+1]}{\gamma_0}$。

令 $f(i) = \begin{cases} f^*(i)+1, & i = i_1 \\ f^*(i)-1, & i = i_2 \\ f^*(i), & \text{其他}\end{cases}$。有 $f \in \hat{F}(I)$，$C(f) = C(f^*)$。将 f 代入上式，得 $P(f) > P(f^*)$。这与 f^* 对于资源 $C(f^*)$ 为最优的假设矛盾。

因此，$\dfrac{p(i)q(i,k)}{\gamma_0} \leqslant \lambda, f^*(i) < k < \infty$ 成立。必要性得证。

15.5.2　序列搜索的性质

设离散搜索量搜索计划是一个序列：$\xi = (\xi_1, \xi_2, \cdots, \xi_k, \cdots)$，$\xi_k \in I$，$k = 1,2,\cdots$。$\varXi$ 是离散搜索序列集，$P(\xi,k)$ 表示按照序列 ξ 进行搜索，前 k 次探测发现目标的概率，$C(\xi,k)$ 表示前 k 次探测的总费用。

定义 15.9　定义 $M(i,k,\xi)$ 为序列 ξ 前 k 次探测中，在单元 i 中的探测次数。如果 ξ 满足对于所有的 k，$\xi_k = j \in I$，有：

$$\frac{p(j)q(j,1)}{\gamma(j,1)}=\max_{i\in I}\frac{p(i)q(i,1)}{\gamma(i,1)}$$

$$\frac{p(j)q[j,M(j,k-1,\xi)+1]}{\gamma[j,M(j,k-1,\xi)+1]}=\max_{i\in I}\frac{p(i)q[i,M(i,k-1,\xi)+1]}{\gamma[i,M(i,k-1,\xi)+1]}$$

则称搜索计划ξ为局部最优搜索计划。

定义 15.9 实际上给出了一种求局部最优搜索计划的方法。局部最优搜索计划不是一个寻求特定资源约束下发现概率最大的搜索计划，而是始终将下一次的探测，即下 1 个单位的搜索量，分配到发现概率收益率最大的单元中。这样的最优搜索序列并不一定是给出特定搜索资源约束下的最优搜索量分配计划。

注意，寻求发现概率收益率最大的比较运算式并没有使用后验概率。这是因为在所有单元上乘以一个相同的因子，不影响各单元发现概率收益率的大小关系。

定理 15.15 设搜索计划：$\xi\in\Xi$。令$\lambda_k(\xi)=\dfrac{p(\xi_k)q[\xi_k,M(\xi_k,k,\xi)]}{\gamma[\xi_k,M(\xi_k,k,\xi)]}$。若$\dfrac{p(i)q(i,\cdot)}{\gamma(i,\cdot)}$是递减的，$\xi^*\in\Xi$是局部最优的，则：

$P(\xi^*,k)-\lambda_k(\xi^*)C[\xi^*,k]\geqslant P(f)-\lambda_k(\xi^*)C(f)$，$f\in\hat{F}(I)$。即：$P(\xi^*,k)=\max\{P(f):f\in\hat{F}(I),C(f)\leqslant C(\xi^*,k),k=1,2,\cdots\}$。

如果对于所有$i\in I$，$k=1,2,\cdots$，有$\gamma(i,k)=1$，则$P(\xi^*,k)=\max\{P(\xi,k):\xi\in\Xi,k=1,2,\cdots\}$。$\xi^*$称为一致最优的。

证明略。该定理表明，只要所有单元的发现概率收益率是递减的，局部最优搜索序列就是基于该序列的任意探测次数的资源约束的最优搜索量分配。$\gamma(i,k)=1$表明一次探测的搜索量增量和资源增量一致，则局部最优序列是一致最优序列。

本节是从序列搜索的角度分析离散搜索量的分配问题。更多的关于序列搜索的内容，见第 16 章。

第 16 章

离散空间静止目标最优搜索路径

本章基于第 9 章的基本问题搜索模型和具有转换费用的搜索模型进行离散空间静止目标最优搜索路径的分析。这两种模型是离散空间静止目标搜索路径问题中最简单的两种模型，其最优化问题也相对简单。而对于更一般、更复杂的模型，例如时变的单元探测费用问题、非马尔科夫性探测函数、路径上的连续搜索量等问题，由于其最优化分析过于复杂，本书不予介绍。

16.1 基本问题的最优搜索路径

16.1.1 最优性条件

简要回顾第 9 章对基本问题的定义。离散空间单元指标集 $i \in I = \{1,2,\cdots,N\}$，定义：$p(i) \in (0,1)$ 为目标存在于单元 i 的先验概率；$c_i \in \mathbf{R}^+$ 为在单元 i 进行一次探测的费用；$\alpha_i \in (0,1)$ 为目标存在于单元 i 条件下，进行一次探测的发现概率。一个搜索路径 $\xi = (\xi_1, \xi_2, \cdots, \xi_k, \cdots)$。

设 $P(\xi,k)$ 为按照搜索序列 ξ 经过 k 次探测，发现目标的概率。定义 $M(i,k,\xi)$ 为序列 ξ 的前 k 次探测中，在单元 i 的探测次数。则有 $P(\xi,k) = \sum_{i=1}^{N} p(i)[1-(1-\alpha_i)^{M(i,k,\xi)}]$。关于对给定探测次数 k，发现概率 $P(\xi,k)$ 的最优化问题，在第 15.5 节中已经进行过讨论。本章只讨论期望费用的最优化问题。

令 $C(\xi,k) = \sum_{m=1}^{k} c_{\xi_m}$ 为按照序列 ξ，探测进行到第 k 次消耗的总费用。无穷序列 ξ 的总费用 $C(\xi) = \lim_{k\to\infty} C(\xi,k)$。令 $\Delta C_k = C(\xi,k) - C(\xi,k-1)$。

基本的离散空间最优搜索路径问题为寻求一个序列 ξ^*，使得发现目标时的期望费用在所有序列中最小。即

$$E[C(\xi^*)]=\min\{E[C(\xi)],\xi\in\Xi\}$$

式中：Ξ 为 $E[C(\xi)]<\infty$ 的序列集。

期望费用模型为

$$\begin{aligned}E[C(\xi)]&=\lim_{K\to\infty}E[C(\xi,K)]=\sum_{k=1}^{\infty}C(\xi,k)\Delta P_k\\&=\sum_{k=1}^{\infty}\Delta C_k[1-P(\xi,k-1)]=\sum_{k=1}^{\infty}c_{\xi_k}[1-P(\xi,k-1)]\end{aligned}\tag{16-1}$$

令 $f_\xi(x)$ 为定义在 $[0,C(\xi,\infty))$ 上的函数，当 $x\in[C(\xi,k),C(\xi,k+1))$ 时，有 $f_\xi(x)=P(\xi,k)$。在 xoy 坐标系中绘出函数某个序列 ξ 的 $f_\xi(x)$ 曲线如图 9.1 中的阶梯函数，图中阴影区域的面积则为由式（16-1）表示的期望费用值。对于不同的搜索序列，坐标点 $(C(k),P(k))$ 位置可能不同，从而期望费用值可能不同。

从图 9.1 中还可以直观地发现，如果相邻坐标点 $(C(k),P(k))$ 连线的斜率增加，阴影面积将减小，意味着期望费用会减小。连线的斜率就是在第 15 章中定义过的发现概率收益率：

$$\eta(i,k)=\frac{\Delta P_k}{\Delta C_k}=\frac{P(k)-P(k-1)}{C(k)-C(k-1)}=\frac{p(i)(1-\alpha_i)^{M(i,k-1,\xi)}\alpha_i}{c_i}$$

上式中的 $(1-\alpha_i)^{M(i,k-1,\xi)}\alpha_i$ 和 $\Delta C_k=C(k)-C(k-1)=c_i$ 分别对应着 15.5 节中的 $q(i,k)=b(i,k)-b(i,k-1)$ 和 $\gamma(i,k)=c(i,k)-c(i,k-1)$。

定理 16.1 序列 $\xi=(\xi_1,\xi_2,\cdots,\xi_k,\cdots)$ 是期望发现目标费用最小的序列的充分必要条件为发现概率收益率降序排列，即 $\eta(\xi_k,k)>\eta(\xi_{k+1},k+1)$，$k=1,2,\cdots$。

证明：首先证明必要性。设 $\xi=(\xi_1,\xi_2,\cdots,\xi_k,\cdots)$ 是最优序列。调换 ξ 中 ξ_l,ξ_{l+1} 的位置，构建一个新的序列 $\xi'=(\xi_1,\xi_2,\cdots,\xi_{l-1},\xi_{l+1},\xi_l,\xi_{l+2},\cdots,\xi_k,\cdots)$。

令

$$\Delta P_k'=P(\xi',k)-P(\xi',k-1)$$

$$\begin{aligned}&E[C(\xi)]-E[C(\xi')]=\sum_{k=1}^{\infty}C(\xi,k)\Delta P_k-\sum_{k=1}^{\infty}C(\xi',k)\Delta P_k'\\&=C(\xi,l)\Delta P_l+C(\xi,l+1)\Delta P_{l+1}-C(\xi',l)\Delta P_l'-C(\xi',l+1)\Delta P_{l+1}'\\&=[C(\xi,l-1)+c_{\xi_l}]\Delta P_l+[C(\xi,l-1)+c_{\xi_l}+c_{\xi_l+1}]\Delta P_{l+1}\\&-[C(\xi,l-1)+c_{\xi_l+1}]\Delta P_{l+1}-[C(\xi,l-1)+c_{\xi_l+1}+c_{\xi_l}]\Delta P_l\\&=c_{\xi_l}\Delta P_{l+1}-c_{\xi_l+1}\Delta P_l\end{aligned}$$

因为 ξ 是最优序列，有 $E[C(\xi)]-E[C(\xi')]<0$，所以：$\dfrac{\Delta P_l}{c_{\xi_l}}>\dfrac{\Delta P_{l+1}}{c_{\xi_{l+1}}}$。对于

任意$l=k$，有$\eta(\xi_k,k)>\eta(\xi_{k+1},k+1)$。

证明充分性。设序列$\xi=(\xi_1,\xi_2,\cdots,\xi_k,\cdots)$，对于$k=1,2,\cdots$，$\xi_k\in I$，有：$\frac{\Delta P_k}{\Delta C_k}>\frac{\Delta P_{k+1}}{\Delta C_{k+1}}$。

调换ξ中ξ_l和ξ_{l+1}的位置，构建一个新的序列$\xi'=(\xi_1,\xi_2,\cdots,\xi_{l-1},\xi_{l+1},\xi_l,\xi_{l+2},\cdots,\xi_k,\cdots)$。$E[C(\xi)]-E[C(\xi')]=c_{\xi_l}\Delta P_{l+1}-c_{\xi_{l+1}}\Delta P_l<0$。

除ξ_l、ξ_{l+1}以外，ξ'在序列的其他部分满足$\frac{\Delta P_k}{\Delta C_k}>\frac{\Delta P_{k+1}}{\Delta C_{k+1}}$，对任意序列$\xi''\neq\xi'$且$\xi''\neq\xi$，都有$E[C(\xi'')]\geqslant E[C(\xi')]>E[C(\xi)]$，所以，$\xi=(\xi_1,\xi_2,\cdots,\xi_k,\cdots)$是最优序列。证毕。

根据定义 15.9，将局部最优序列称为适当序列。序列ξ称为适当序列，对于所有的k，如果$\xi_k=j\in I$，有：

$$\frac{p(j)\alpha_j(1-\alpha_j)^{M(j,k-1,\xi)}}{c_j}=\max_{i\in I}\{\frac{p(i)\alpha_i(1-\alpha_i)^{M(i,k-1,\xi)}}{c_i}\}$$

定理 16.2　发现目标期望费用最小的序列，当且仅当该序列为适当序列。

应用定理 16.1 和概率收益率的定义，可以很容易地证明该定理。该定理给出了一种通过顺序计算适当序列构建最优搜索路径的直接方法。

16.1.2　最终周期性序列

如果序列$\xi=(\xi_1,\xi_2,\cdots,\xi_k,\cdots)$对于所有$k>T$，有$\xi_{k+\theta}=\xi_k$，则称序列为最终周期性序列。其中：$T$为序列前端非周期长度；$\theta$为周期长度。

如果最优序列是最终周期性序列，则可以通过计算一个长度为$T+\theta$的有限序列，获得任意长度的最优序列。

定理 16.3　如果ξ是一个最优序列，则：$\lim\limits_{k\to\infty}\frac{M(i,k,\xi)}{k}=\frac{1/\lg(1-\alpha_i)}{\sum\limits_{j=1}^{N}[1/\lg(1-\alpha_j)]}$。

证明：令$L_{ij}(k)=\frac{[p(i)\alpha_i(1-\alpha_i)^{M(i,k,\xi)}/c_i]^{\frac{1}{k}}}{[p(j)\alpha_j(1-\alpha_j)^{M(j,k,\xi)}/c_j]^{\frac{1}{k}}}$。首先证明该函数的极限为 1。当$i=j$，有$L_{ij}(k)\equiv1$。对于$i\neq j$，因为$\xi$是最优序列，根据定理 16.1，考虑 3 种情况：

（1）$\xi_k = i$，则 $\dfrac{p(i)\alpha_i(1-\alpha_i)^{M(i,k-1,\xi)}}{c_i} \geqslant \dfrac{p(j)\alpha_j(1-\alpha_j)^{M(j,k-1,\xi)}}{c_j}$，$L_{ij}(k-1) \geqslant 1$，并且，$L_{ij}(k) = (1-\alpha_i)^{\frac{1}{k}}[L_{ij}(K-1)]^{\frac{k-1}{k}}$。

（2）$\xi_k = j$，则 $\dfrac{p(i)\alpha_i(1-\alpha_i)^{M(i,k-1,\xi)}}{c_i} \leqslant \dfrac{p(j)\alpha_j(1-\alpha_j)^{M(j,k-1,\xi)}}{c_j}$，$L_{ij}(k-1) \leqslant 1$，并且，$L_{ij}(k) = \dfrac{1}{(1-\alpha_j)^{\frac{1}{k}}}[L_{ij}(k-1)]^{\frac{k-1}{k}}$。

（3）$\xi_k \neq i, j$，则 $L_{ij}(k) = [L_{ij}(k-1)]^{\frac{k-1}{k}}$。

选择 k 足够大，使得两个单元 i、j 均至少经过一次探测。如果 $L_{ij}(k-1) > 1$，有 $(1-\alpha_i)^{\frac{1}{k}} < L_{ij}(k) < L_{ij}(k-1)$；如果 $L_{ij}(k-1) < 1$，有 $L_{ij}(k-1) < L_{ij}(k) < \dfrac{1}{(1-\alpha_j)^{\frac{1}{k}}}$；如果 $L_{ij}(k-1) = 1$，有 $L_{ij}(k) = \dfrac{1}{(1-\alpha_j)^{\frac{1}{k}}}, 1, (1-\alpha_i)^{\frac{1}{k}}$。无论哪种情况，都有：

$$(1-\alpha_i)^{\frac{1}{k}} \leqslant L_{ij}(k) \leqslant \frac{1}{(1-\alpha_j)^{\frac{1}{k}}}$$

所以有：$\lim\limits_{k\to\infty} L_{ij}(k) = 1$，$\lim\limits_{k\to\infty}\{\lg L_{ij}(k)\} = 0$。

$$\lim_{k\to\infty}\{\lg L_{ij}(k)\} = \lim_{k\to\infty}\{\frac{1}{k}\lg\frac{p(i)\alpha_i c_j}{p(j)\alpha_j c_i} + \frac{M(i,k,\xi)}{k}\lg(1-\alpha_i) - \frac{M(j,k,\xi)}{k}\lg(1-\alpha_j)\}$$

$$= -\lg(1-\alpha_j)\lim_{k\to\infty}\{\frac{M(j,k,\xi)}{k} - \frac{M(i,k,\xi)}{k}\frac{\lg(1-\alpha_i)}{\lg(1-\alpha_j)}\} = 0$$

$\lim\limits_{k\to\infty}\dfrac{M(j,k,\xi)}{k} = \dfrac{\lg(1-\alpha_i)}{\lg(1-\alpha_j)}\lim\limits_{k\to\infty}\dfrac{M(i,k,\xi)}{k}$。对于 $j \in I$，有：

$$\lim_{k\to\infty}\frac{\sum_{j=1}^{N} M(j,k,\xi)}{k} = \lim_{k\to\infty}\frac{k}{k} = 1 = \{\lg(1-\alpha_i)\lim_{k\to\infty}\frac{M(i,k,\xi)}{k}\}\sum_{j=1}^{N}\frac{1}{\lg(1-\alpha_j)}$$

所以：$\lim\limits_{k\to\infty}\dfrac{M(i,k,\xi)}{k}=\dfrac{1/\lg(1-\alpha_i)}{\sum\limits_{j=1}^{N}[1/\lg(1-\alpha_j)]}$，证毕。

引理 16.1　如果ξ是一个前端非周期长度为T、周期长度为$\theta=\sum\limits_{i=1}^{N}\delta_i$的最优序列，其中$\delta_i$为一个周期内单元$i$的探测次数，则有：

$$(1-\alpha_i)^{\delta_i}=(1-\alpha_j)^{\delta_j},\quad i,j\in I$$

证明：令$\tau_i=M(i,T,\xi)$，则$M(i,T+m\theta,\xi)=\tau_i+m\delta_i$

$$\lim_{k\to\infty}\frac{M(i,k,\xi)}{k}=\lim_{m\to\infty}\frac{M(i,T+m\theta,\xi)}{T+m\theta}=\lim_{m\to\infty}\frac{\tau_i+m\delta_i}{T+m\theta}=\frac{\delta_i}{\theta}$$

根据定理 16.3，$\dfrac{\delta_i}{\theta}=\dfrac{1/\lg(1-\alpha_i)}{\sum\limits_{j=1}^{N}[1/\lg(1-\alpha_j)]}$，将该等式作简单的变换，得

$$\lg(1-\alpha_i)^{\delta_i}=\frac{\theta}{\sum\limits_{j=1}^{N}[1/\lg(1-\alpha_j)]}$$

等式右端不依赖特定的i，所以有：$\lg(1-\alpha_i)^{\delta_i}=\lg(1-\alpha_j)^{\delta_j}$，即：$(1-\alpha_i)^{\delta_i}=(1-\alpha_j)^{\delta_j}$，$i,j\in I$。证毕。

推论 16.1　一个序列是最终周期性最优序列的必要条件为，集合$\{\dfrac{\lg(1-\alpha_i)}{\lg(1-\alpha_j)}\},i,j\in I$是有理数的集合。

该推论可以从引理 16.1 推出。

定理 16.4　集合$\{\dfrac{\lg(1-\alpha_i)}{\lg(1-\alpha_j)}\},i,j\in I$是有理数的集合的搜索问题，存在一个最优序列$\xi^*$是最终周期性序列，其最小前端非周期长度$T$和最小周期长度$\theta$分别为

$$T=\sum_{i\in I}\{_{k=0,1,2,\cdots}\min[k\left|\frac{p(i)\alpha_i(1-\alpha_i)^k}{c_i}\leqslant\min_{j\in I}(\frac{p(j)\alpha_j}{(1-\alpha_j)c_j})]\right.\}$$

$$=\min\{k\left|\max_{i\in I}\{\frac{p(i)\alpha_i(1-\alpha_i)^{M(i,k-1,\xi)}}{c_i}\}\leqslant\min_{j\in I}(\frac{p(j)\alpha_j}{(1-\alpha_j)c_j}),k=1,2,\cdots\right.\}$$

$$\theta = \min\{\theta' \mid \theta' \text{和} \frac{\theta'}{\sum_{j=1}^{N}[\lg(1-\alpha_i)/\lg(1-\alpha_j)]} \text{均为整数}，i \in I\}$$

证明略。该定理是最终周期性最优序列的充分条件，并且给出了计算最小前端非周期长度T和最小周期长度θ的方法。综合引理 16.1 和定理 16.4，有下列定理。

定理 16.5 最终周期性最优序列存在的充分必要条件为，对于所有$i,j \in I$，$\frac{\lg(1-\alpha_i)}{\lg(1-\alpha_j)}$是有理数。

16.2 具有转换费用的最优搜索路径

16.2.1 动态规划解

具有转换费用的最优搜索路径问题的描述，与基本最优搜索路径问题的描述完全相同，即：寻求一个序列ξ^*，使得$E[C(\xi^*)] = \min\{E[C(\xi)], \xi \in \Xi\}$，$\Xi$为$E[C(\xi)] < \infty$的序列集。但问题的解决方法是有很大差异的。由于在单元间转移探测消耗的费用与发现概率无关，所以 16.1 节中依次计算最大发现概率收益率构造出的序列，不能保证是期望费用最优序列。

令$d(i,j)$表示从单元i转换到单元j的费用。对于$i,j,l \in I$，假设：① $d(i,i)=0$；② $d(i,j) \geqslant 0, i \neq j$；③ $d(i,j) \leqslant d(i,l)+d(l,j)$。令$d(0,i) \geqslant 0$为搜索的起始到达初始探测单元$i$的转换费用。

发现目标的期望费用为

$$E[C(\xi)] = \lim_{k \to \infty} E[C(\xi,k)] = \sum_{m=1}^{\infty} C(\xi,m)\Delta P(\xi,m) = \sum_{m=1}^{\infty} c(\xi,m)[1-P(\xi,m)]$$

式中：消耗的总费用$C(\xi,k) = \sum_{m=1}^{k} c(\xi,m) = \sum_{m=1}^{k}[d(\xi_{m-1},\xi_m) + c_{\xi_m}]$。

首先考虑一种简单情况。假如转换费用与出发单元无关，即$d(i,j)=\begin{cases} d(j)>0, i \neq j \\ 0, i=j \end{cases}$，则转换费用可以合并到到达单元的探测费用中，顺序构造出的适当序列，就是期望费用的最优序列。

然而当转换费用与出发单元有关时，在顺序构造“适当序列”时，并没有利用从下一个“最优”探测单元出发再转换到以后的单元的费用信息，因而“适当序列”一般不是最优序列。事实上，不存在一种方法能够顺序构造出最优搜索序列。因此，只能将寻求最优序列$\boldsymbol{\xi}^*$的问题转化为寻求有限长度的近似最优序列的问题。这里的“近似”具有两个方面的含义：①一个有限长度的“最优”序列只能是无限长度的最优序列$\boldsymbol{\xi}^*$的近似；②由于序列长度的设定和边界条件的设定，一个有限长度的“最优”序列不一定是一个更长的有限长度的“最优”序列的前端，更难保证是无限长最优序列的前端。

可以将寻求有限长度的最优序列问题看成是一个多阶段决策的问题。动态规划方法是解决多阶段最优化的问题的方法。下面给出期望费用函数的动态方程。

给定各单元之间转移费用和各单元一次探测费用$d(j,i),c_i$，给定各单元一次探测的条件发现概率α_i，序列$\boldsymbol{\xi}$的期望费用$E[C(\boldsymbol{\xi})]$是序列$\boldsymbol{\xi}$和初始概率分布$p(i)$的函数，表示为$E[C(\boldsymbol{\xi})]=f(\boldsymbol{\xi},\boldsymbol{p})$。

如果按照序列$\boldsymbol{\xi}$进行了k次探测没有发现目标，各单元存在目标的后验概率分布向量$\tilde{\boldsymbol{p}}(k)$。将截掉前$k$项的序列，也就是从序列$\boldsymbol{\xi}$的第$k+1$次探测开始的序列表示为$\boldsymbol{\xi}^k$，则$E[C(\boldsymbol{\xi}^k)]=f[\boldsymbol{\xi}^k,\tilde{\boldsymbol{p}}(k)]$。将序列完成第$k$次探测的后验概率$\{\tilde{p}(i,k),\xi_k\}$，$i\in I$，定义为序列在$k$时刻的状态量。用向量表示，定义$\tilde{\boldsymbol{p}}(k)$为序列在$k$时刻的状态向量。目标初始概率分布向量$\boldsymbol{p}=\boldsymbol{p}(0)$，称为初始状态向量。

在完成序列的k次探测后未发现目标，各单元存在目标的后验概率：

$$\tilde{p}(i,k)=\frac{p(i)(1-\alpha_i)^{M(i,k,\xi)}}{1-P(\xi,k)}=\frac{p(i)(1-\alpha_i)^{M(i,k,\xi)}}{\sum_{j=1}^{N}p(j)(1-\alpha_j)^{M(j,k,\xi)}}$$

$$=\begin{cases}\dfrac{p(i)(1-\alpha_i)^{M(i,k-1,\xi)}(1-\alpha_i)}{[\sum_{j=1}^{N}p(j)(1-\alpha_j)^{M(j,k-1,\xi)}][1-\tilde{p}(i,k-1)\alpha_i]}=\dfrac{\tilde{p}(i,k-1)(1-\alpha_i)}{1-\tilde{p}(i,k-1)\alpha_i},i=\xi_k\\[2ex]\dfrac{p(i)(1-\alpha_i)^{M(i,k-1,\xi)}}{[\sum_{j=1}^{N}p(j)(1-\alpha_j)^{M(j,k-1,\xi)}][1-\tilde{p}(\xi_k,k-1)\alpha_{\xi_k}]}=\dfrac{\tilde{p}(i,k-1)}{1-\tilde{p}(\xi_k,k-1)\alpha_{\xi_k}},i\neq\xi_k\end{cases}\tag{16-2}$$

式中：$M(i,k,\xi)$为序列ξ的前k次探测中在单元i中的探测次数。

对于给定的状态向量$\tilde{\boldsymbol{p}}(k-1)$，当$\xi_k=1,2,\cdots,N$，有$N$个对应的状态向量$\tilde{\boldsymbol{p}}(k)$。定义$\xi_k$为决策变量。式（16-2）称为状态转移方程，用向量形式表示为

$$\tilde{\boldsymbol{p}}(k)=\boldsymbol{g}[\tilde{\boldsymbol{p}}(k-1),\xi_k]=\tilde{\boldsymbol{p}}(k-1)\cdot\frac{1-\delta_{\xi_k i}\alpha_i}{1-\tilde{p}(\xi_k,k-1)\alpha_{\xi_k}} \tag{16-3}$$

δ_{ij} 为 Kronecker 函数，$i=j,\delta_{ij}=1;i\neq j,\delta_{ij}=0$。$\dfrac{1-\delta_{\xi_k i}\alpha_i}{1-\tilde{p}(\xi_k,k-1)\alpha_{\xi_k}}$ 是与向量 $\tilde{\boldsymbol{p}}(k-1)$ 中 $i=1,2,\cdots,N$ 的对应各元素相乘的系数。

按照序列 $\boldsymbol{\xi}$，对单元 ξ_1 进行了一次探测，消耗费用 $c(\boldsymbol{\xi},1)=d(0,\xi_1)+c_{\xi_1}$，发现目标的概率为 $\alpha_{\xi_1}p(\xi_1)$，未发现目标的概率为 $1-\alpha_{\xi_1}p(\xi_1)$，得到动态期望费用方程：

$$\begin{aligned}E[C(\boldsymbol{\xi})]&=f(\boldsymbol{\xi},\boldsymbol{p})=\alpha_{\xi_1}p(\xi_1)c(\boldsymbol{\xi},1)+[1-\alpha_{\xi_1}p(\xi_1)]\{c(\boldsymbol{\xi},1)+E[C(\boldsymbol{\xi}^1)]\}\\&=c(\boldsymbol{\xi},1)+[1-\alpha_{\xi_1}p(\xi_1)]E[C(\boldsymbol{\xi}^1)]\\&=d(0,\xi_1)+c_{\xi_1}+[1-\alpha_{\xi_1}p(\xi_1)]f[\boldsymbol{\xi}^1,\tilde{\boldsymbol{p}}(1)]\end{aligned} \tag{16-4}$$

式（16-4）也可以表示为 $f(\boldsymbol{\xi},\boldsymbol{p})=d(0,\xi_1)+c_{\xi_1}+[1-\alpha_{\xi_1}p(\xi_1)]f[\boldsymbol{\xi}^1,\tilde{\boldsymbol{p}}(1)]$。依此类推，得到探测了 $k-1$ 次后的动态期望费用方程：

$$f[\boldsymbol{\xi}^{k-1},\tilde{\boldsymbol{p}}(k-1)]=d(\xi_{k-1},\xi_k)+c_{\xi_k}+[1-\alpha_{\xi_k}\tilde{p}(\xi_k,k-1)]f[\boldsymbol{\xi}^k,\tilde{\boldsymbol{p}}(k)] \tag{16-5}$$

求序列 $\boldsymbol{\xi}_L^*$，近似替代最优序列 $\boldsymbol{\xi}^*$。在计算 $\boldsymbol{\xi}_L^*$ 之前，毫无疑问，首先要给定序列长度 L。其次，要给出动态方程的边界条件。这里的边界条件指的是为 L 之后的无穷序列的期望费用 $f[\boldsymbol{\xi}^L,\tilde{\boldsymbol{p}}(L)]=E[C(\boldsymbol{\xi}^L)]$ 指定一个值，从而可以开始进行动态规划计算。可以回顾式（9-3）。用有限长度 L 的序列对期望费用进行估计的表达式如下：

$$E[C(\boldsymbol{\xi},L)]=\sum_{k=1}^{L}[C(\boldsymbol{\xi},k)\Delta P_k]+C(\boldsymbol{\xi},L)[1-P(\boldsymbol{\xi},L)]$$

当预先给定边界值 $f[\boldsymbol{\xi}^L,\tilde{\boldsymbol{p}}(L)]=E[C(\boldsymbol{\xi}^L)]=C(\boldsymbol{\xi},L)[1-P(\boldsymbol{\xi},L)]$，则仅需计算有限长度的求和 $\sum\limits_{k=1}^{L}[C(\boldsymbol{\xi},k)\Delta P_k]$ 的最优解，就可得到期望费用最优解的一个估计。显然，取不同的边界值，将可能得到不同的“最优解”。这就是前述近似的第二种意义。用动态规划方法得到的是基于边界条件和序列长度的最优解，是期望费用的最优解的一个“估计”，而不是期望费用最优解的前端。

一般情况下，当 L 比较大时，可以将边界条件设为 $f[\boldsymbol{\xi}^L,\tilde{\boldsymbol{p}}(L)]=E[C(\boldsymbol{\xi}^L)]=0$。

动态规划的逆序计算方法如下。

根据式（16-3），令 $k=1,2,\cdots,L-1$，依次计算序列在各时刻的所有可能状态 $\tilde{\boldsymbol{p}}(k)$。注意，$k$ 时刻可能的状态向量的数量是 N^k 个。

根据式（16-5），令 $k=L,L-1,\cdots,2,1$，依次计算在每个时刻所有可能状态的最优指标：

$$\min_{\xi_k\in I} f[\boldsymbol{\xi}^{k-1},\tilde{\boldsymbol{p}}(k-1)]=\min_{\xi_k\in I}\{d(\xi_{k-1},\xi_k)+c_{\xi_k}+[1-\alpha_{\xi_k}\tilde{p}(\xi_k,k-1)]f[\boldsymbol{\xi}^k,\tilde{\boldsymbol{p}}(k)]\} \quad (16\text{-}6)$$

最终求得 $\min f(\boldsymbol{\xi}_L^*,\boldsymbol{p})=E[C(\boldsymbol{\xi}^*)]$。

根据计算结果，正向依次给出各时刻的状态及对应的探测单元，得到有限长最优序列 $\xi_1,\xi_2,\cdots,\xi_L$。

16.2.2　最终周期性序列

引理 16.2　如果有限序列 $\boldsymbol{\xi}(T+\theta)=(\xi_1,\xi_2,\cdots,\xi_T,\cdots,\xi_{T+\theta})$ 是一个最优序列的前端，且在完成序列的第 T 次探测后和完成第 $T+\theta$ 次探测后，序列具有相同的状态 $\tilde{\boldsymbol{p}}(T)=\tilde{\boldsymbol{p}}(T+\theta)$，则由 $\boldsymbol{\xi}(T+\theta)$、$T$、$\theta$ 所决定的最终周期性序列，是最优序列。

在具有转换费用的最优搜索路径问题中，存在最终周期性序列为最优序列的充分必要条件由下列定理给出。

定理 16.6　下列表述是等价的：

（1）存在一个最终周期性序列是最优序列；

（2）对于所有 $i,j\in I$，$\dfrac{\lg(1-\alpha_i)}{\lg(1-\alpha_j)}$ 是有理数；

（3）存在一组整数 $\delta_1,\delta_2,\cdots,\delta_N$，对于所有 $i,j\in I$，$(1-\alpha_i)^{\delta_i}=(1-\alpha_j)^{\delta_j}$。

16.2.3　最优序列性质

不加证明地给出几个比较简单和直观的关于最优序列性质的定理和引理。

引理 16.3　一个最优序列的期望费用有与初始状态无关的上界：

$$D=\frac{\max\{d(i,1):i\in I\cup\{0\}\}+c_1+\sum_{l=2}^{N}[d(l-1,l)+c_l]}{\min\alpha_i} \quad (16\text{-}7)$$

引理 16.4　令 $P_{\boldsymbol{\xi}}(x)$ 是按照序列 $\boldsymbol{\xi}$ 进行探测，在总费用小于 x 时获得的总的发现概率。如果 $\boldsymbol{\xi}$ 是最优序列，则有 $P_{\boldsymbol{\xi}}(x)\geqslant 1-\dfrac{D}{x}$。其中 D 是式（16-7）中的

上界。

在单元i从第$M+1$次探测进行到第M'次探测，定义平均发现概率收益率：

$$\eta(i,M,M')=\frac{\sum_{m=M+1}^{M'} p(i)(1-\alpha_i)^{m-1}\alpha_i}{(M'-M)c_i}$$

对于序列ξ，定义从$K\sim K'$的平均发现概率收益率：

$$\eta(\xi,K,K')=\frac{P(\xi,K')-P(\xi,K)}{C(\xi,K')-C(\xi,K)},\quad K'>K$$

引理 16.5 假如在最优序列ξ中，$\xi_{K+1}=\xi_{K+2}=\cdots=\xi_{K'}=i$，$\xi_{K''+1}=\cdots=\xi_{K'''}=i$，则

$$\eta(i,K,K')\geqslant\eta(\xi,K,K''')\geqslant\eta(i,K'',K''')$$

引理 16.6 令最优序列为ξ，按照该序列进行了k次探测后的状态为$\{\tilde{p}(i,k),\xi_k\}$，$i\in I$。如果$\frac{\tilde{p}(\xi_k,k)\alpha_{\xi_k}}{c_{\xi_k}}=\max_{i\in I}\{\frac{\tilde{p}(i,k)\alpha_i}{c_i}\}$，并且$\min\{d(\xi_k,l):\xi_k\neq l\}>0$，则$\xi_{k+1}=\xi_k$。

第 17 章 离散空间运动目标最优搜索路径

离散空间运动目标最优搜索路径的问题，在假设存在一个离散时刻在单元间进行随机运动的目标的基础上延续了第 16 章中关于静止目标最优搜索路径的问题。在最优搜索理论的研究中，一般都将离散的随机运动目标假定为马尔科夫运动目标。

17.1 序列状态动态方程

离散时间 $k \in \{0,1,2,\cdots\}$ 。将 $k-1 \sim k$ 时刻之间称为第 k 时间段。探测发生在时间段内，目标转移运动发生在离散的时间点上。

设目标的初始概率分布向量 $\boldsymbol{p} = \boldsymbol{p}(1)$ 。探测序列 $\boldsymbol{\xi} = (\xi_1, \xi_2, \cdots)$ ， $\xi_k \in I$ 。一次探测的发现率为 α_i ， $i \in I$ 。齐次马尔科夫目标的一步转移矩阵为 $\boldsymbol{A}$ 。

在第 1 个时间段，在单元 ξ_1 探测未发现目标，目标的后验概率是初始分布和探测单元 ξ_1 的函数：

$$\tilde{\boldsymbol{p}}'(1) = \boldsymbol{g}(\boldsymbol{p}, \xi_1) = \boldsymbol{p} \cdot \frac{1 - \delta_{\xi_1 i} \alpha_i}{1 - p(\xi_1) \alpha_{\xi_1}}$$

式中： δ_{ij} 为克罗内克函数， $i = j, \delta_{ij} = 1; i \neq j, \delta_{ij} = 0$ 。

在 $k=1$ 时刻，目标发生转移，在第 2 时间段探测前，目标的概率分布为 $\tilde{\boldsymbol{p}}(2) = \tilde{\boldsymbol{p}}'(1) \cdot \boldsymbol{A}$ 。在单元 ξ_2 探测未发现目标的后验概率分布为

$$\tilde{\boldsymbol{p}}'(2) = \boldsymbol{g}[\tilde{\boldsymbol{p}}(2), \xi_2] = \tilde{\boldsymbol{p}}(2) \cdot \frac{1 - \delta_{\xi_2 i} \alpha_i}{1 - \tilde{p}(\xi_2, 2) \alpha_{\xi_2}}$$

依次得到递推的状态转移方程如下：

$$\begin{cases}\tilde{\boldsymbol{p}}(1)=\boldsymbol{p}\\ \tilde{\boldsymbol{p}}'(k)=\boldsymbol{g}[\tilde{\boldsymbol{p}}(k),\xi_k]=\tilde{\boldsymbol{p}}(k)\cdot\dfrac{1-\delta_{\xi_k i}\alpha_i}{1-\tilde{p}(\xi_k,k)\alpha_{\xi_k}}\\ \tilde{\boldsymbol{p}}(k+1)=\tilde{\boldsymbol{p}}'(k)\cdot\boldsymbol{A}\end{cases} \tag{17-1}$$

式中：$\dfrac{1-\delta_{\xi_k i}\alpha_i}{1-\tilde{p}(\xi_k,k-1)\alpha_{\xi_k}}$ 为与对应向量 $\tilde{\boldsymbol{p}}(k)$ 中 $i=1,2,\cdots,N$ 的各元素相乘的系数；$\tilde{\boldsymbol{p}}(k)$、$\tilde{\boldsymbol{p}}'(k)$ 分别为第 k 时间段的探前状态和探后状态。

17.2 最大概率搜索序列

17.2.1 强条件最优解

长度为 L 的探测序列 $\boldsymbol{\xi}_L=(\xi_1,\xi_2,\cdots,\xi_L)$，$P(\boldsymbol{p},\boldsymbol{\xi}_L)$ 为目标初始概率分布为 $\boldsymbol{p}$ 时，按照搜索序列 $\boldsymbol{\xi}_L$ 进行 L 次探测，发现目标的概率。

$P_i(\boldsymbol{\xi}_L)$ 为初始时刻目标在单元 i 条件下，按照序列 $\boldsymbol{\xi}_L$ 进行 L 次探测，发现目标的概率。用向量形式表示为 $\boldsymbol{P}(\boldsymbol{\xi}_L/i)=[P_1(\boldsymbol{\xi}_L),P_2(\boldsymbol{\xi}_L),\cdots,P_N(\boldsymbol{\xi}_L)]$。有概率关系：

$$P(\boldsymbol{p},\boldsymbol{\xi}_L)=\sum_{i\in I}p(i)P_i(\boldsymbol{\xi}_L)=\boldsymbol{p}\cdot\boldsymbol{P}^{\mathrm{T}}(\boldsymbol{\xi}_L/i) \tag{17-2}$$

定义最优搜索问题为：对于初始概率分布 $\boldsymbol{p}$ 和探测次数 L，寻求一个搜索计划 $\boldsymbol{\xi}_L^*$，使得

$$V_L(\boldsymbol{p})=P(\boldsymbol{p},\boldsymbol{\xi}_L^*)=\max\{P(\boldsymbol{p},\boldsymbol{\xi}_L),\boldsymbol{\xi}_L\in\Xi\} \tag{17-3}$$

Ξ 为长度为 L 的序列集。以下以 $V_L(\boldsymbol{p})$ 表示最优序列的发现概率。

令 $\boldsymbol{\xi}_{L-m}=(\xi_{m+1},\xi_{m+2},\cdots,\xi_L)$ 表示去掉序列 $\boldsymbol{\xi}_L$ 的前 $\boldsymbol{m}$ 长的序列后的长度为 $L-m$ 的序列。

一般情况下，不能用顺序的方法构造出最优序列。但在某些特定的条件下，也可以顺序构造出最优序列。

对于任意初始概率分布 $\boldsymbol{p}$ 和探测次数 L，在 $\xi_1=j$ 的条件下，按照搜索序列 $\boldsymbol{\xi}_L$ 进行搜索的发现概率为

$$P(\boldsymbol{p},\boldsymbol{\xi}_L,\xi_1=j)=\alpha_j p(j)+[1-\alpha_j p(j)]P[\tilde{\boldsymbol{p}}(2),\boldsymbol{\xi}_{L-1}]$$

可以推导出，这个概率还可以表示成下列形式：

$$P(\boldsymbol{p},\boldsymbol{\xi}_L,\xi_1=j)=\alpha_j p(j)\sum_{i\in I}a_{ji}[1-P_i(\boldsymbol{\xi}_{L-1})]+[\boldsymbol{p}\cdot\boldsymbol{A}]\cdot\boldsymbol{P}^{\mathrm{T}}(\boldsymbol{\xi}_{L-1}/i) \tag{17-4}$$

式中：a_{ji} 为一步转移矩阵 $\boldsymbol{A}$ 中的元素。

式（17-4）中的第二大项 $[\boldsymbol{p}\cdot\boldsymbol{A}]\cdot\boldsymbol{P}^{\mathrm{T}}(\boldsymbol{\xi}_{L-1}/i)$ 与 $\xi_1=j$ 无关；第一大项求和式中的 $[1-P_i(\boldsymbol{\xi}_{L-1})]$，亦与 $\xi_1=j$ 无关。所以，如果存在一个单元 $l\in I$，对于所有 $i,j\in I$，都有 $\alpha_l p(l)a_{li}\geqslant\alpha_j p(j)a_{ji}$，根据式（17-4），必有 $P(\boldsymbol{p},\boldsymbol{\xi}_L,\xi_1=l)\geqslant P(\boldsymbol{p},\boldsymbol{\xi}_L,\xi_1=j)$。在搜索序列 $\boldsymbol{\xi}_L$ 中，应取 $\xi_1=l$，即第 1 次探测在单元 l 是最优的。依次类推，以某个时刻转移的后验概率分布作为初始分布，如果存在一个单元 $l_k\in I$，对于所有 $i,j\in I$，都有 $\alpha_{l_k}\tilde{p}(l_k)a_{l_k i}\geqslant\alpha_j\tilde{p}(j)a_{ji}$，于是可以求得最优序列 $\boldsymbol{\xi}_L^*$ 及相应的最大发现概率。

然而，作为取 $\xi_1=l$ 为最优，$\alpha_l p(l)a_{li}\geqslant\alpha_j p(j)a_{ji}$ 是一个很强的条件。即使存在这样的一个单元，也不能保证在寻求最优的 $\boldsymbol{\xi}_{L-k}$ 的过程中一直存在满足不等式条件的单元。

17.2.2　动态规划求解

用动态规划方法求最优解，与 16.2.1 节的内容类似。首先给出最大发现概率的动态方程。

序列长度为 L 的搜索序列的最优化目标函数为

$$\begin{aligned}V_L(\boldsymbol{p})&=\max\{P(\boldsymbol{p},\boldsymbol{\xi}_L),\boldsymbol{\xi}_L\in\Xi\}\\&=\max_{\xi_1\in I}\{\alpha_{\xi_1}p(\xi_1)+[1-\alpha_{\xi_1}p(\xi_1)]P[\tilde{\boldsymbol{p}}(2),\boldsymbol{\xi}_{L-1}]\}\\&=\max_{\xi_1\in I}\{\alpha_{\xi_1}p(\xi_1)+[1-\alpha_{\xi_1}p(\xi_1)]V_{L-1}[\tilde{\boldsymbol{p}}(2)]\}\end{aligned}\tag{17-5}$$

对于每一个可能状态 $\tilde{\boldsymbol{p}}(k)$，有：

$$\begin{aligned}V_{L-(k-1)}[\tilde{\boldsymbol{p}}(k)]&=\max\{P[\tilde{\boldsymbol{p}}(k),\boldsymbol{\xi}_{L-(k-1)}]\}\\&=\max_{\xi_k\in I}\{\alpha_{\xi_k}\tilde{p}(\xi_k)+[1-\alpha_{\xi_k}\tilde{p}(\xi_k)]V_{L-k}[\tilde{\boldsymbol{p}}(k+1)]\}\end{aligned}\tag{17-6}$$

当 L 较大时，假设探测到 L 时，一定发现目标，则可以给定边界条件 $V_0[\tilde{\boldsymbol{p}}(L+1)]=0$。

首先，令 $k=2,3,\cdots,L$，根据式（17-1）计算序列在各时刻的可能状态 $\tilde{\boldsymbol{p}}(k)$。

令 $k=L,L-1,\cdots,2,1$，依次计算在每个时刻所有可能状态的最优指标，最终求得探测序列长度为 L 的最大发现概率 $V_L(\boldsymbol{p})=\max\{P(\boldsymbol{p},\boldsymbol{\xi}_L),\boldsymbol{\xi}_L\in\Xi\}$。根据计算结果，正向依次给出各时刻的状态及对应的探测单元，得到最优搜索序列 $\boldsymbol{\xi}_L^*$。

17.3 最小期望费用搜索序列

用 $E(\boldsymbol{p},\xi)$ 表示按照搜索计划 ξ 对初始分布为 $\boldsymbol{p}$ 的空间进行探测，发现目标的期望费用。

定义最优搜索问题为：对于初始概率分布 $\boldsymbol{p}$，寻求一个搜索计划 ξ^*，使得

$$E(\boldsymbol{p})=E(\boldsymbol{p},\xi^*)=\min\{E(\boldsymbol{p},\xi),\xi\in\varXi\} \tag{17-7}$$

期望费用的动态方程：

$$\begin{aligned}E(\boldsymbol{p})&=\min_{\xi_1\in I}\{\alpha_{\xi_1}p(\xi_1)c_{\xi_1}+[1-\alpha_{\xi_1}p(\xi_1)][c_{\xi_1}+E[\tilde{\boldsymbol{p}}(2)]]\}\\&=\min_{\xi_1\in I}\{c_{\xi_1}+[1-\alpha_{\xi_1}p(\xi_1)]E[\tilde{\boldsymbol{p}}(2)]\}\end{aligned} \tag{17-8}$$

$$E[\tilde{\boldsymbol{p}}(k)]=\min_{\xi_k\in I}\{c_{\xi_k}+[1-\alpha_{\xi_k}\tilde{p}(\xi_k,k)]E[\tilde{\boldsymbol{p}}(k+1)]\} \tag{17-9}$$

给定计算序列长度 L 和边界条件 $E[\tilde{\boldsymbol{p}}(L+1)]$，用动态规划方法，可以计算最优期望费用 $E(\boldsymbol{p})$ 的近似值和一个有限长度的近似最优序列。

17.4 无学习问题的最优解

在一步转移矩阵 $\boldsymbol{A}$ 中，如果对于 $i,j\in I$，有 $a_{ij}=s_j$，即转移概率与出发单元无关，则这样的运动目标的最优问题称为无学习问题。

令行向量 $\boldsymbol{s}=[s_1,s_2,\cdots,s_N]$，则转移概率矩阵 $\boldsymbol{A}=[\boldsymbol{s}^{\mathrm{T}},\boldsymbol{s}^{\mathrm{T}},\cdots,\boldsymbol{s}^{\mathrm{T}}]_N^{\mathrm{T}}$。无探测时，$k>1$ 的各时间段的目标分布保持不变，为 $\boldsymbol{pA}=\boldsymbol{pA}^2=\cdots=\boldsymbol{pA}^k=\boldsymbol{s}$，与初始分布 $\boldsymbol{p}$ 无关。在第 k 时段进行单元 i 的探测后，目标在第 $k+1$ 时段的概率分布 $\tilde{\boldsymbol{p}}(k+1)=\tilde{\boldsymbol{p}}'(k)\cdot\boldsymbol{A}=\boldsymbol{s}$。

假设 $\xi_1=i$，则 L 次探测的最大发现概率为

$$V_L(\boldsymbol{p},\xi_1=i)=\alpha_ip_i+(1-\alpha_ip_i)V_{L-1}(\boldsymbol{s})=\alpha_ip_i[1-V_{L-1}(\boldsymbol{s})]+V_{L-1}(\boldsymbol{s}) \tag{17-10}$$

因为 $1-V_{L-1}(\boldsymbol{s})\geqslant 0$，所以，如果有 $\alpha_ip_i=\max_{l\in I}\alpha_lp_l$，即 α_ip_i 在所有单元中取极大，则 $V_L(\boldsymbol{p})=V_L(\boldsymbol{p},\xi_1=i)=\alpha_ip_i+(1-\alpha_ip_i)V_{L-1}(\boldsymbol{s})$。最优序列的第 1 次探测应该在单元 i。

在第 1 次以后的各次探测中，因为探前状态恒等于 $\boldsymbol{s}$，所以，取探测单元均为 $\alpha_js_j=\max_{l\in I}\alpha_ls_l$ 的单元 j。后 $L-1$ 次探测的最大发现概率 $V_{L-1}(\boldsymbol{s})=1-(1-\alpha_js_j)^{L-1}$。$L$ 次探测的最大发现概率为

$$V_L(\boldsymbol{p})=\alpha_i p_i+(1-\alpha_i p_i)[1-(1-\alpha_j s_j)^{L-1}] \tag{17-11}$$

最优序列为 $\xi_1=i,\xi_k=j,k=2,3,\cdots,L$

在无学习问题中，最小期望发现费用可以表示为

$$E(\boldsymbol{p})=\min_{l\in I}\{c_l+(1-\alpha_l p_l)E(\boldsymbol{s})\} \tag{17-12}$$

$\xi_1=i$，$c_i+(1-\alpha_i p_i)E(\boldsymbol{s})=\min\limits_{l\in I}\{c_l+(1-\alpha_l p_l)E(\boldsymbol{s})\}$。

由 $E(\boldsymbol{s})=\min\limits_{l\in I}\{c_l+(1-\alpha_l p_l)E(\boldsymbol{s})\}$ 可以求得，$E(\boldsymbol{s})=\min\limits_{l\in I}\{\dfrac{c_l}{\alpha_l s_l}\}$。

$\xi_k=j,k=2,3,\cdots$，$\dfrac{c_j}{\alpha_j s_j}=\min\limits_{l\in I}\{\dfrac{c_l}{\alpha_l s_l}\}$。代入式（17-12），得到最小期望费用：

$$E(\boldsymbol{p})=c_i+(1-\alpha_i p_i)\frac{c_j}{\alpha_j s_j} \tag{17-13}$$

最小期望费用搜索序列 $\xi_1=i$，$\xi_k=j,k=2,3,\cdots$。可以看到，当所有单元有相同的探测费用时，发现概率最优序列和期望费用最优序列是相同的。

无学习问题的最优序列，第 2 次及以后所有的探测总是在同一个单元中进行。

第 18 章

运动目标最优搜索量分配

第 12 章的运动目标搜索量分配模型分为确定性目标搜索模型、基于随机参数的搜索模型、基于随机过程的搜索模型。因为基于随机过程的搜索模型能够涵盖前两类模型，所以本章仅基于随机过程的搜索模型讨论运动目标的最优搜索量分配问题。以连续空间连续时间的最优分配问题为基础，推广到连续空间离散时间和离散空间离散时间的问题。

如果读者因不具备泛函分析、测度论等方面的基础知识而感到阅读困难，可以将本章的前两节忽略。本章的存在，更多是考虑到本书内容和结构的完整性。

18.1 连续空间连续时间搜索量最优分配

18.1.1 搜索模型与最优化问题

关于基本概念的定义和搜索模型，见 12.3 节。

按照搜索策略 ψ 搜索到时刻 T，发现目标的概率为

$$P_T(\psi) = E\{b[\int_0^T W[X(\boldsymbol{\omega},t),t]\psi[X(\boldsymbol{\omega},t),t]\mathrm{d}t]\} \tag{18-1}$$

最优搜索量分配问题是寻求一个搜索策略 $\psi^* \in \Psi$，使得对于所有 $\psi \in \Psi$，有 $P_T(\psi^*) \geqslant P_T(\psi)$。

由于设定为某个时刻 t 的发现概率，所以这种最优搜索策略称为 T – 最优搜索策略。

如果对于任意 $t > 0$，都有 $P_t(\psi^*) \geqslant P_t(\psi)$，则称 $\psi^* \in \Psi$ 为一致最优搜索策略。

18.1.2 Gateaux 微分

设有有限数 $\kappa > 0$，对于 $z \geqslant 0$，探测函数 b 的导数 $0 \leqslant b'(z) \leqslant \kappa$。

令Y和T均为$\sigma-$有限测度空间，其测度分别记为ν,τ；令空间$Y\times T$的乘积测度为μ，令Z为乘积空间$Y\times T$的一个$\mu-$可测子集，定义$Z_t=\{\boldsymbol{y}\in Y:(\boldsymbol{y},t)\in Z\}$为其$T$切片。

加权函数$W:Z\to(0,\infty)$是一个$\mu-$可测函数。

设$c:Z\to(0,\infty)$是一个$\mu-$可测函数，$m:T\to[0,\infty)$为$\tau-$可测函数。对于几乎所有$t\in T$，满足$\int_{Z_t}c(\boldsymbol{y},t)\psi(\boldsymbol{y},t)\mathrm{d}\nu(\boldsymbol{y})\leqslant m(t)$的$\mu-$可测函数$\psi:Z\to[0,\infty)$，令其集合为$\Psi$。

令Ψ_0为Ψ的一个子集，其元素满足几乎所有$t\in T$，$\int_{Z_t}c(\boldsymbol{y},t)\psi(\boldsymbol{y},t)\mathrm{d}\nu(\boldsymbol{y})=m(t)$。

对于每个$\psi\in\Psi$，令满足对充分小的正数ε有$\psi+\varepsilon h\in\Psi$的$\mu-$可测函数$h:Z\to(-\infty,\infty)$的集合为$K(\psi)$。

令P_T是定义在Ψ上的实值泛函。如果$\psi\in\Psi$，$h\in K(\psi)$，定义P_T在ψ的h方向上的 Gateaux 微分为

$$P_T'(\psi,h)=\lim_{\varepsilon\to0^+}\frac{P_T(\psi+\varepsilon h)-P_T(\psi)}{\varepsilon}\tag{18-2}$$

将式（18-1）代入式（18-2），并且用X_t代替$X(\boldsymbol{\omega},t)$，得

$$\begin{aligned}P_T'(\psi,h)&=\lim_{\varepsilon\to0^+}\frac{E\{b[\int_T W(X_t,t)(\psi(X_t,t)+\varepsilon h(X_t,t))\mathrm{d}\tau]-b[\int_T W(X_t,t)\psi(X_t,t)\mathrm{d}\tau]\}}{\varepsilon}\\&=\lim_{\varepsilon\to0^+}E\{\frac{b[\int_T W(X_t,t)(\psi(X_t,t)+\varepsilon h(X_t,t))\mathrm{d}\tau]-b[\int_T W(X_t,t)\psi(X_t,t)\mathrm{d}\tau]}{\varepsilon\int_T W(X_t,t)h(X_t,t)\mathrm{d}\tau}\cdot\int_T W(X_t,t)h(X_t,t)\mathrm{d}\tau\}\end{aligned}$$

式中：$\dfrac{b[\int_T W(X_t,t)(\psi(X_t,t)+\varepsilon h(X_t,t))\mathrm{d}\tau]-b[\int_T W(X_t,t)\psi(X_t,t)\mathrm{d}\tau]}{\varepsilon\int_T W(X_t,t)h(X_t,t)\mathrm{d}\tau}\leqslant\kappa$，且积分式$\int_T W(X_t,t)h(X_t,t)\mathrm{d}\tau$对于$\boldsymbol{y}\in Y$几乎处处有界，根据勒贝格控制收敛定理，可以交换积分与求极限的顺序，于是：

$$\begin{aligned}P_T'(\psi,h)&=E\{b'[\int_T W(X_t,t)\psi(X_t,t)\mathrm{d}\tau]\int_T W(X_t,t)h(X_t,t)\mathrm{d}\tau\}\\&=E\{\int_T b'[\int_T W(X_s,s)\psi(X_s,s)\mathrm{d}\tau]W(X_t,t)h(X_t,t)\mathrm{d}\tau\}\end{aligned}\tag{18-3}$$

设对于任意时刻$t\in T$，目标在Z_t上的分布密度函数为$\rho_t(\boldsymbol{y})$。该分布密度函数也是随机过程$\{X_t:t\in T\}$的联合概率分布在t时刻的边缘分布密度函数。设

E_{yt} 为 $X_t = \boldsymbol{y}$ 条件下的期望值。由式（18-3），$P_K'(\psi,\cdot)$ 表示为 $R(\psi)$ 上的一个线性泛函，有：

$$\begin{aligned}P_T'(\psi,h) &= \int_T E\{b'[\int_T W(X_s,s)\psi(X_s,s)\mathrm{d}\tau]W(X_t,t)h(X_t,t)\}\mathrm{d}\tau \\ &= \int_T\int_Y E_{yt}\{b'[\int_T W(X_s,s)\psi(X_s,s)\mathrm{d}\tau]W(\boldsymbol{y},t)h(\boldsymbol{y},t)\}\rho_t(\boldsymbol{y})\mathrm{d}v\mathrm{d}\tau \\ &= \int_Z E_{yt}\{b'[\int_T W(X_s,s)\psi(X_s,s)\mathrm{d}\tau]W(\boldsymbol{y},t)\}h(\boldsymbol{y},t)\rho_t(\boldsymbol{y})\mathrm{d}\mu(\boldsymbol{y},t)\end{aligned}$$

令

$$d(\psi,\boldsymbol{y},t) = E_{yt}\{b'[\int_T W(X_s,s)\psi(X_s,s)\mathrm{d}\tau]\}W(\boldsymbol{y},t)\rho_t(\boldsymbol{y}) \tag{18-4}$$

当式（18-2）的极限存在，则对于函数 $\psi\in\Psi$，所有 $h\in K(\psi)$，存在一个 $\mu-$可测函数 $d(\psi,\cdot,\cdot): Z\to(-\infty,+\infty)$，使得 Gateaux 微分可以表示为

$$P_T'(\psi,h) = \int_Z d(\psi,\boldsymbol{y},t)h(\boldsymbol{y},t)\mathrm{d}\mu(\boldsymbol{y},t) \tag{18-5}$$

式中：$d(\psi,\cdot,\cdot)$ 为 Gateaux 微分在 ψ 的核。

18.1.3 *T*–最优的必要条件

对于几乎所有 $t\in T$，定义：

$$\begin{aligned}u(t) &= \operatorname*{ess\,sup}_{y\in Z_t}\frac{d(\psi^*,\boldsymbol{y},t)}{c(\boldsymbol{y},t)} \\ w(t) &= \operatorname*{essinf}_{\{y\in Z_t:\psi^*(y,t)>0\}}\frac{d(\psi^*,\boldsymbol{y},t)}{c(\boldsymbol{y},t)}\end{aligned} \tag{18-6}$$

引理 18.1 设 $\mu-$可测函数 $g: Y\times T\to[-\infty,+\infty]$。定义函数 $f: T\to[-\infty,+\infty]$ 为 $g(\boldsymbol{y},t)$ 的本性上确界 $f(t) = \operatorname*{ess\,sup}_{y\in Y} g(\boldsymbol{y},t)$。则 f 是 $\tau-$可测的。

定理 18.1 $\psi^*\in\Psi$，P_T 是定义在 Ψ 上的实值泛函。设 P_T 在 ψ^* 具有核为 $d(\psi,\cdot,\cdot)$ 的 Gateaux 微分。若 ψ^* 为 $T-$最优策略，则存在一个可测函数 $\lambda: T\to(-\infty,+\infty)$，对于几乎处处 $(\boldsymbol{y},t)\in Z$，且：

$$d(\psi^*,\boldsymbol{y},t)\begin{cases}=\lambda(t)c(\boldsymbol{y},t), & \psi^*(\boldsymbol{y},t)>0\\ \leqslant\lambda(t)c(\boldsymbol{y},t), & \psi^*(\boldsymbol{y},t)=0\end{cases} \tag{18-7}$$

证明：设 ψ^* 为 $T-$最优。由引理 18.1 和式（18-6）的定义，令 $S=\{t: u(t)> w(t)\}$。

若 $\tau(S)=0$，则对于几乎所有 $t\in T$，有 $u(t)\leqslant w(t)$。置 $\lambda(t)=u(t)$，则对于几乎所有 $(\boldsymbol{y},t)\in Z$，由式（18-6），可以推得式（18-7）。

若 $\tau(S)>0$，设一 $\tau-$可测函数 $v: S\to(-\infty,+\infty)$，对于 $t\in S$，有：

$$w(t)<v(t)<u(t) \tag{18-8}$$

定义 Z 的 $\mu-$ 可测子集 A,B 分别为

$$\begin{cases} A=\{(\boldsymbol{y},t):t\in S,\dfrac{d(\psi^*,\boldsymbol{y},t)}{c(\boldsymbol{y},t)}>v(t)\} \\ B=\{(\boldsymbol{y},t):t\in S,\psi^*(\boldsymbol{y},t)>0,\dfrac{d(\psi^*,\boldsymbol{y},t)}{c(\boldsymbol{y},t)}<v(t)\} \end{cases}$$

集 A、B 的 T 切片分别为 $A_t=A\cap Z_t$，$B_t=B\cap Z_t$。根据式（18-6）和式（18-8）可知，对于所有 $t\in S$，A_t 和 B_t 的 $\nu-$ 测度 $\nu(A_t)$、$\nu(B_t)$ 均为正值。于是有 $\mu(A)=\int_S \nu(A_t)\mathrm{d}\tau(t)$ 和 $\mu(B)=\int_S \nu(B_t)\mathrm{d}\tau(t)$ 均为正值。

因为 Y 为 $\sigma-$ 有限测度空间，所以一定存在函数 $a:Y\to(0,1]$，有 $\int_Y a(\boldsymbol{y})\mathrm{d}\nu(\boldsymbol{y})=1$。

构造函数 $h:Z\to(-\infty,+\infty)$ 为

$$\begin{cases} h(\boldsymbol{y},t)=-\psi^*(\boldsymbol{y},t)a(\boldsymbol{y}),\ 当(\boldsymbol{y},t)\in B \\ h(\boldsymbol{y},t)=\dfrac{a(\boldsymbol{y})}{c(\boldsymbol{y},t)}k(t),\ 当(\boldsymbol{y},t)\in A \\ h(\boldsymbol{y},t)=0,\ 其他情况 \end{cases}$$

式中：$k(t)=\dfrac{\int_{B_t} c(\boldsymbol{z},t)\psi^*(\boldsymbol{z},t)a(\boldsymbol{z})\mathrm{d}\nu(\boldsymbol{z})}{\int_{A_t} a(\boldsymbol{z})\mathrm{d}\nu(\boldsymbol{z})}$。

显然，根据第一条定义的 $h(\boldsymbol{y},t)$ 是可测、有限的。

由 $0<\int_{A_t} a(\boldsymbol{z})\mathrm{d}\nu(\boldsymbol{z})\leqslant\int_Y a(\boldsymbol{z})\mathrm{d}\nu(\boldsymbol{z})=1$，$k(t)$ 的分母部分是有限正数。$k(t)$ 的分子部分有：

$$\int_{B_t} c(\boldsymbol{z},t)\psi^*(\boldsymbol{z},t)a(\boldsymbol{z})\mathrm{d}\nu(\boldsymbol{z})\leqslant\int_{Z_t} c(\boldsymbol{z},t)\psi^*(\boldsymbol{z},t)a(\boldsymbol{z})\mathrm{d}\nu(\boldsymbol{z})\leqslant m(t)<+\infty$$

所以根据第二条定义的 $h(\boldsymbol{y},t)$ 也是可测、有限的。

所以，对于充分小的正数 ε，有 $\psi^*+\varepsilon h\in\Psi$，$h\in K(\psi)$。并且，对于几乎所有 $t\in T$：

$$\begin{aligned} &\int_{Z_t} c(\boldsymbol{y},t)h(\boldsymbol{y},t)\mathrm{d}\nu(\boldsymbol{y})=\int_{B_t} c(\boldsymbol{y},t)h(\boldsymbol{y},t)\mathrm{d}\nu(\boldsymbol{y})+\int_{A_t} c(\boldsymbol{y},t)h(\boldsymbol{y},t)\mathrm{d}\nu(\boldsymbol{y})+0 \\ &=-\int_{B_t} c(\boldsymbol{y},t)\psi^*(\boldsymbol{y},t)a(\boldsymbol{y})\mathrm{d}\nu(\boldsymbol{y})+\frac{\int_{B_t} c(\boldsymbol{z},t)\psi^*(\boldsymbol{z},t)a(\boldsymbol{z})\mathrm{d}\nu(\boldsymbol{z})}{\int_{A_t} a(\boldsymbol{z})\mathrm{d}\nu(\boldsymbol{z})}\int_{A_t} a(\boldsymbol{y})\mathrm{d}\nu(\boldsymbol{y}) \\ &=0 \end{aligned}$$

由上式的结论，可以构造 $P_T(\psi^*,h)$ 的 Gateaux 微分为

$$\begin{aligned}P_T'(\psi^*,h)&=\int_Z d(\psi^*,\boldsymbol{y},t)h(\boldsymbol{y},t)\mathrm{d}\mu(\boldsymbol{y},t)\\&=\int_Z[d(\psi^*,\boldsymbol{y},t)-v(t)c(\boldsymbol{y},t)]h(\boldsymbol{y},t)\mathrm{d}\mu(\boldsymbol{y},t)\end{aligned}\tag{18-9}$$

当 $(\boldsymbol{y},t)\in A$ 时，有 $d(\psi^*,\boldsymbol{y},t)-v(t)c(\boldsymbol{y},t)>0$，$h(\boldsymbol{y},t)>0$, 所以 $P_T'(\psi^*,h)>0$；
当 $(\boldsymbol{y},t)\in B$ 时，有 $d(\psi^*,\boldsymbol{y},t)-v(t)c(\boldsymbol{y},t)<0$，$h(\boldsymbol{y},t)<0$, 所以 $P_T'(\psi^*,h)>0$；
对于其他 $(\boldsymbol{y},t)$，$P_T'(\psi^*,h)=0$。

当 $(\boldsymbol{y},t)\in A$ 或 $(\boldsymbol{y},t)\in B$，根据 Gateaux 微分的定义，存在 $\varepsilon>0$，使得 $P_T(\psi^*+\varepsilon h)>P_T(\psi^*)$，这与 $P_T(\psi^*)$ 为最优矛盾。所以 $(\boldsymbol{y},t)\notin A\cup B$。令 $\lambda(t)=v(t)$，式（18-7）得证。

18.1.4 发现概率上界和 *T*–最优的充分条件

容易证明，函数集合 $\varPsi$ 是凸集。P_T 是 $\varPsi$ 上的凹泛函，如果对于任意 $\psi_1,\psi_2\in\varPsi$ 和 $0\leqslant\theta\leqslant1$，有 $P_T[\theta\psi_1+(1-\theta)\psi_2]\geqslant\theta P_T(\psi_1)+(1-\theta)P_T(\psi_2)$。

引理 18.2 设 P_T 是 $\varPsi$ 上的凹泛函。令 $\psi\in\varPsi_0$，并设 P_T 在 ψ 有核为 $d(\psi,\cdot,\cdot)$ 的 Gateaux 微分。令：

$$\bar{\lambda}(\psi,t)=\operatorname*{ess\,sup}_{\boldsymbol{y}\in Z_t}\frac{d(\psi,\boldsymbol{y},t)}{c(\boldsymbol{y},t)}$$

则对于任意 $\psi'\in\varPsi$，有：

$$P_T(\psi')\leqslant P_T(\psi)+\int_Z[\bar{\lambda}(\psi,t)c(\boldsymbol{y},t)-d(\psi,\boldsymbol{y},t)]\psi(\boldsymbol{y},t)\mathrm{d}\mu(\boldsymbol{y},t)\tag{18-10}$$

证明： 根据 P_T 的凹性可以得

$$\begin{aligned}P_T'(\psi,\psi'-\psi)&=\lim_{\varepsilon\to0}\frac{P_T[(1-\varepsilon)\psi+\varepsilon\psi']-P_T(\psi)}{\varepsilon}\\&\geqslant\lim_{\varepsilon\to0}\frac{(1-\varepsilon)P_T(\psi)+\varepsilon P(\psi')-P_T(\psi)}{\varepsilon}=P(\psi')-P_T(\psi)\end{aligned}\tag{18-11}$$

由于核的存在，可以得

$$\begin{aligned}P_T'(\psi,\psi'-\psi)&=\int_Z d(\psi,\boldsymbol{y},t)[\psi'(\boldsymbol{y},t)-\psi(\boldsymbol{y},t)]\mathrm{d}\mu(\boldsymbol{y},t)\\&=\int_Z d(\psi,\boldsymbol{y},t)\psi'(\boldsymbol{y},t)\mathrm{d}\mu(\boldsymbol{y},t)-\int_Z d(\psi,\boldsymbol{y},t)\psi(\boldsymbol{y},t)\mathrm{d}\mu(\boldsymbol{y},t)\end{aligned}\tag{18-12}$$

根据 $\bar{\lambda}(\psi,t)$ 的定义可知，$d(\psi,\boldsymbol{y},t)\leqslant\bar{\lambda}(\psi,t)c(\boldsymbol{y},t)$，所以：

$$\begin{aligned}&\int_Z d(\psi,\boldsymbol{y},t)\psi'(\boldsymbol{y},t)\mathrm{d}\mu(\boldsymbol{y},t)\leqslant\int_Z\bar{\lambda}(\psi,t)c(\boldsymbol{y},t)\psi'(\boldsymbol{y},t)\mathrm{d}\mu(\boldsymbol{y},t)\\&=\int_T\bar{\lambda}(\psi,t)\int_{Z_t}c(\boldsymbol{y},t)\psi'(\boldsymbol{y},t)\mathrm{d}v(\boldsymbol{y})\mathrm{d}\tau(t)\end{aligned}$$

$$\leqslant \int_T \bar{\lambda}(\psi,t)m(t)\mathrm{d}\tau(t)$$

$$= \int_T \bar{\lambda}(\psi,t)\int_{Z_t} c(\boldsymbol{y},t)\psi(\boldsymbol{y},t)\mathrm{d}\nu(\boldsymbol{y})\mathrm{d}\tau(t)$$

$$= \int_Z \bar{\lambda}(\psi,t)c(\boldsymbol{y},t)\psi(\boldsymbol{y},t)\mathrm{d}\mu(\boldsymbol{y},t)$$

由上述不等式，并结合式（18-11）和式（18-12），得

$$P(\psi') - P_T(\psi) \leqslant P_T'(\psi,\psi'-\psi)$$

$$\leqslant \int_Z [\bar{\lambda}(\psi,t)c(\boldsymbol{y},t)d(\psi,\boldsymbol{y},t)]\psi(\boldsymbol{y},t)\mathrm{d}\mu(\boldsymbol{y},t)$$

$P(\psi') \leqslant P_T(\psi) + \int_Z [\bar{\lambda}(\psi,t)c(\boldsymbol{y},t) - d(\psi,\boldsymbol{y},t)]\psi(\boldsymbol{y},t)\mathrm{d}\mu(\boldsymbol{y},t)$。证毕。

上述引理给出了在 ψ 附近的 ψ' 的发现概率 $P_T(\psi')$ 的一个上界。如果定义：

$\underline{\lambda}(\psi,t) = \operatorname*{ess\,sup}_{\{y\in Z_t:\psi(y,t)>0\}} \dfrac{d(\psi,\boldsymbol{y},t)}{c(\boldsymbol{y},t)}$，则由式（18-10）：

$$P(\psi') \leqslant P_T(\psi) + \int_Z [\bar{\lambda}(\psi,t)c(\boldsymbol{y},t) - d(\psi,\boldsymbol{y},t)]\psi(\boldsymbol{y},t)\mathrm{d}\mu(\boldsymbol{y},t)$$

$$\leqslant P_T(\psi) + \int_Z [\bar{\lambda}(\psi,t)c(\boldsymbol{y},t) - \underline{\lambda}(\psi,t)c(\boldsymbol{y},t)]\psi(\boldsymbol{y},t)\mathrm{d}\mu(\boldsymbol{y},t)$$

$$= P_T(\psi) + \int_T \{[\bar{\lambda}(\psi,t) - \underline{\lambda}(\psi,t)]\int_Y c(\boldsymbol{y},t)\psi(\boldsymbol{y},t)\mathrm{d}\nu(\boldsymbol{y})\}\mathrm{d}\tau(t)$$

$$= P_T(\psi) + \int_T [\bar{\lambda}(\psi,t) - \underline{\lambda}(\psi,t)]m(t)\mathrm{d}\tau(t)$$

得到式（18-10）的另外一种形式：

$$P(\psi') \leqslant P_T(\psi) + \int_T [\bar{\lambda}(\psi,t) - \underline{\lambda}(\psi,t)]m(t)\mathrm{d}\tau(t) \tag{18-13}$$

定理 18.2　设 P_T 是 $\varPsi$ 上的凹泛函，　$\psi^* \in \varPsi_0$。定理 18.1 的 ψ^* 为 $\mathrm{T}-$最优的必要条件，也是 ψ^* 为 $\mathrm{T}-$最优的充分条件。

证明：设 $\psi' \in \varPsi$，$\bar{\lambda}(\psi^*,t) = \operatorname*{ess\,sup}_{y\in Z_t} \dfrac{d(\psi^*,\boldsymbol{y},t)}{c(\boldsymbol{y},t)}$。根据引理 18.2：

$$P(\psi') \leqslant P_T(\psi^*) + \int_Z [\bar{\lambda}(\psi^*,t)c(\boldsymbol{y},t) - d(\psi^*,\boldsymbol{y},t)]\psi^*(\boldsymbol{y},t)\mathrm{d}\mu(\boldsymbol{y},t)$$

令 $\lambda(t) = \bar{\lambda}(\psi^*,t)$，由式（18-6）得到，上式中的积分项为 0，所以 $P(\psi') \leqslant P_T(\psi^*)$，$\psi^*$ 为 $\mathrm{T}-$最优。证毕。

18.2　离散时间搜索量最优分配问题

离散时间表示在搜索过程中，实施探测的时间是离散时间，同时，目标进行随机运动，也发生在离散时间上。18.1 节的主要定理和结论在离散时间问题

中都适用，但在表示形式上有相应的变化。

18.2.1 连续空间问题

设离散时间 $t \in \{0,1,2,\cdots,K\} = T$，搜索空间 $Y \subset \mathbf{R}^n$。$\psi(\boldsymbol{y},t): Y \times T \to [0,\infty)$ 是 Y 和 T 上的一个搜索策略，表示空间和时间上的搜索量密度。因为时间上的离散性，$\psi(\boldsymbol{y},t)$ 表示的是搜索量密度，而不是搜索量密度的时间变化率。

目标的随机运动，用一个离散时间随机过程 $\{X_t : t = 0,1,2,\cdots,K\}$ 进行描述。

按照搜索策略 ψ 搜索到时刻 K，发现目标的概率为

$$P_T(\psi) = E\{b[\sum_{t=0}^{K} W(X(\boldsymbol{\omega},t),t)\psi(X(\boldsymbol{\omega},t),t)]\} \tag{18-14}$$

核函数：

$$d(\psi,\boldsymbol{y},t) = E_{yt}\{b'[\sum_{t\in T} W(X_t,t)\psi(X_t,t)]\}W(\boldsymbol{y},t)\rho_t(\boldsymbol{y}) \tag{18-15}$$

$P_T(\psi)$ 的 Gateaux 微分可以表示为

$$P_T'(\psi,h) = \sum_{t\in T}\int_Y d(\psi,\boldsymbol{y},t)h(\boldsymbol{y},t)\mathrm{d}\nu(\boldsymbol{y}) \tag{18-16}$$

18.2.2 离散空间问题

设离散时间 $t \in \{0,1,2,\cdots,K\} = T$，离散的搜索空间和目标空间集 $I = \{1,2,\cdots\}$。$\psi(i,t): I \times T \to [0,\infty)$ 是 I 和 T 上的一个搜索策略，表示离散空间和离散时间上的搜索量。

目标的随机运动，用离散时间随机过程 $\{X_t : t = 0,1,2,\cdots,K\}$ 进行描述。

按照搜索策略 ψ 搜索到时刻 K，发现目标的概率为

$$P_T(\psi) = E\{b[\sum_{t=0}^{K} W(X(\boldsymbol{\omega},t),t)\psi(X(\boldsymbol{\omega},t),t)]\} \tag{18-17}$$

式（18-17）在形式上与式（18-14）完全相同，但应注意到，在这两式中，ψ 以及 $m(t)$ 所代表的意义是不同的。在式（18-17）中，目标路径 ω 是离散空间单元序列。

令随机过程 $\{X_t : t \in T\}$ 的联合概率分布为 p，p_t 为 X_t，$t \in T$ 的边缘概率分布，E_{it} 为 $X_t = i$ 条件下的期望值。

核函数：

$$d(\psi,i,t) = E_{it}\{b'[\sum_{t\in T} W(X_t,t)\psi(X_t,t)]\}W(i,t)p_t(i) \tag{18-18}$$

$P_T(\psi)$ 的 Gateaux 微分可以表示为

$$P_T'(\psi,h)=\sum_{t\in T}\sum_{i\in I}d(\psi,i,t)h(i,t) \tag{18-19}$$

18.3　最优搜索量分配的计算方法

因为对连续时间、连续空间问题的数值计算，需要对时间域和空间域进行离散化，所以，本节关于离散时间离散空间问题的最优搜索算法的基本思想和过程同样适用于连续时间连续空间最优搜索策略的计算。

18.3.1　通用逼近算法

最优搜索量分配的通用逼近算法是以 18.1 节、18.2 节的有关定理为基础的直接的数值计算方法。算法的基本思想也可以应用于确定性运动目标和基于随机参数的随机运动目标的最优搜索策略的计算。逼近算法的基本思想是，给定初始分配函数，通过计算核函数并依次修正各个时刻的分配函数，构成新的分配函数，循环逼近，获得最优分配函数。可以证明算法的收敛性。

通用逼近算法的基本过程如下。

（1）设定初始分配函数 $\psi_0\in\Psi$，令 $P_T(\psi_{-1})=0$。

（2）$n=0$。

（3）$t=0$。

（4）计算核函数 $d(\psi_n,\cdot,\cdot)$。

（5）计算 $\lambda(t)=\dfrac{\sum_{i\in I}d(\psi_n,i,t)}{\sum_{i\in I}c(i,t)}$。

（6）如果 $d(\psi_n,i,t)<c(i,t)\lambda(t)$，$f(i)=0$。

（7）如果 $d(\psi_n,i,t)=c(i,t)\lambda(t)$，$f(i)=\psi_n(i,t)$，计算 $S_1=\sum c(i,t)\psi_n(i,t)$。

（8）如果 $d(\psi_n,i,t)>c(i,t)\lambda(t)$，计算 $S_2=\sum c(i,t)\psi_n(i,t)$，单元数 $\hat{N}$；$f(i)=\psi_n(i,t)+\dfrac{m(t)-S_1-S_2}{\hat{N}c(i,t)}$。

（9）用 $f(\cdot)$ 替换 $\psi_n(\cdot,\cdot)$ 中的 $\psi_n(\cdot,t)$。

（10）$t=t+1$，如果 $t\leqslant K$，返回（4）。

（11）计算 $P_T(\psi_n)$，如果 $P_T(\psi_n)-P_T(\psi_{n-1})$ 满足精度要求，转到（13）。

（12）$n=n+1$，返回（3）。

（13）$\psi^* = \psi_n, P_T(\psi^*) = P_T(\psi_n)$，结束。

18.3.2 马尔科夫运动目标指数型探测函数最优算法

离散空间单元集 $I = \{1,2,\cdots\}$。离散时间随机过程 $\{X_t : t = 0,1,2,\cdots,K\}$ 是马尔科夫过程。令 $\omega_t \in I$，定义目标的马尔科夫随机运动的样本路径 $\boldsymbol{\omega} = (\omega_0,\omega_1,\omega_2,\cdots,\omega_K) \in I^{K+1}$，路径概率 $p(\boldsymbol{\omega}): I^{K+1} \to [0,1]$。令目标运动路径集 $\Omega = \{\boldsymbol{\omega} \in I^{K+1} : p(\boldsymbol{\omega}) > 0\}$。

令探测函数 $b(z) = 1 - \mathrm{e}^{-z}$。在样本路径 $\boldsymbol{\omega}$ 上，$t \in T$ 的任意非 0 时刻之前的加权搜索量为

$$Z_t^-(\boldsymbol{\omega}) = \sum_{k=0}^{t-1} W(\omega_k,k)\psi(\omega_k,k) \tag{18-20}$$

$t \in T$ 的任意非 K 时刻之后的加权搜索量为

$$Z_t^+(\boldsymbol{\omega}) = \sum_{k=t+1}^{K} W(\omega_k,k)\psi(\omega_k,k)) \tag{18-21}$$

令 $Z_0^- = Z_K^+ = 0$。到时刻 K，在样本路径 $\boldsymbol{\omega}$ 上所施加的总加权搜索量为

$$Z(\boldsymbol{\omega}) = Z_t^- + W(\omega_t,t)\psi(\omega_t,t) + Z_t^+ \tag{18-22}$$

马尔科夫运动目标，对于给定的 $\omega_t = i$，Z_t^+ 独立于 Z_t^-，所以 $P_T(\psi)$ 的 Gateaux 微分的核函数为

$$\begin{aligned} d(\psi,i,t) &= E_{it}[b'(Z)]W(i,t)p_t(i) \\ &= W(i,t)p_t(i)E_{it}[\exp(-Z)] \\ &= W(i,t)p_t(i)E_{it}\{\exp(-Z_t^-)\cdot\exp(-Z_t^+)\cdot\exp[-W(i,t)\psi(i,t)]\} \\ &= W(i,t)R(\psi,i,t)\exp[-W(i,t)\psi(i,t)]S(\psi,i,t) \end{aligned} \tag{18-23}$$

式中：$R(\psi,i,t) = p_t(i)E_{it}[\exp(-Z_t^-)]$，是按照策略 ψ 进行搜索，在时间 $k = 0,1,2,\cdots,\ t-1$ 未发现目标且 t 时刻目标存在于 i 单元的概率。

$S(\psi,i,t) = E_{it}[\exp(-Z_t^+)]$，是 $\omega_t = i$ 的条件下，在 $k = t+1, t+2,\cdots,K$ 进行搜索未发现目标的概率。

令 $\tilde{P}(\psi,i,t) = R(\psi,i,t)S(\psi,i,t)$ 为按照 ψ 进行 t 以外各时刻的探测未发现目标且目标在 t 时刻存在于 i 单元的概率。

核函数为

$$d(\psi,i,t) = W(i,t)\tilde{P}(\psi,i,t)\exp[-W(i,t)\psi(i,t)] \tag{18-24}$$

对于马尔科夫运动目标，$\tilde{P}(\psi,i,t)$ 与 t 时刻的探测无关。参考本书的推论 15.1，并将式（18-24）的核函数代入定理 18.1，定理 18.2 可知，ψ 在 t 时刻的

最优分配函数 $\psi^*(\cdot,t)$ 是以 $W(\cdot,t)\tilde{P}(\psi,\cdot,t)$ 为 t 时刻目标分布的静止目标搜索的最优分配函数。

$\tilde{P}(\psi,i,t)=R(\psi,i,t)S(\psi,i,t)$ 表示的是按照 ψ 进行 t 以外各时刻的探测未发现目标且目标在 t 时刻存在于 i 单元的概率。这个概率同时也是所有在 t 时刻经过 i 单元的样本路径上按照 ψ 进行 t 时刻以外的探测未发现目标的概率，表示为

$$\tilde{P}(\psi,i,t)=\sum\nolimits_{(\omega\in\Omega,\omega_t=i)}p(\omega)\exp[-\sum\nolimits_{k\neq t}W(\omega_k,k)\psi(\omega_k,k)] \tag{18-25}$$

以 $W(\cdot,t)\tilde{P}(\psi,\cdot,t)$ 为 t 时刻静止目标的概率分布，以 t 时刻的分配函数 $\psi(\cdot,t)$ 为搜索量分配函数进行探测，不发现目标的概率为

$$\overline{P}(\psi,t)=\sum_{i\in I}[W(i,t)\tilde{P}(\psi,i,t)]\exp[-W(i,t)\psi(i,t)] \tag{18-26}$$

按照策略 ψ 搜索到 K 时刻，发现目标的概率为

$$\begin{aligned}P_K(\psi)&=E\{b[\sum_{t=0}^{K}W(X(\boldsymbol{\omega},t),t)\psi(X(\boldsymbol{\omega},t),t)]\}\\&=\sum\nolimits_{\omega\in\Omega}p(\boldsymbol{\omega})b[Z(\boldsymbol{\omega})]\\&=\sum\nolimits_{\omega\in\Omega}p(\boldsymbol{\omega})\{1-\exp[-\sum_{t=0}^{K}W(\omega_t,t)\psi(\omega_t,t)]\}\\&=1-\sum\nolimits_{\omega\in\Omega}p(\boldsymbol{\omega})\exp[-\sum_{t=0}^{K}W(\omega_t,t)\psi(\omega_t,t)]\end{aligned}$$

以不发现概率为最优化目标函数，有：

$$f(\psi)=\sum\nolimits_{\omega\in\Omega}p(\boldsymbol{\omega})\exp[-\sum_{t=0}^{K}W(\omega_t,t)\psi(\omega_t,t)] \tag{18-27}$$

根据式（18-26），应用静止目标搜索量分配的算法，可以获得 t 时刻的最优分配函数 $\psi^*(\cdot,t)$。然而，这个最优解并不一定是式（18-27）的最优解 ψ^* 中的 t 时刻的空间分配函数，因为计算 $\psi^*(\cdot,t)$ 所依据的 $\tilde{P}(\psi,i,t)$ 中的 ψ 是 t 时刻以外的各时刻的空间分配函数，而这些空间分配函数不一定是最优分配函数。

定理 18.3　ψ^* 是式（18-27）的最优解，当且仅当对于每一个 $t\in T$，ψ^* 中的 $\psi^*(\cdot,t)$ 是式（18-26）的最优解。

证明略。该定理给出的是 ψ^* 最优的充分必要条件。

可以通过下面算法中对“静止目标”的最优 $\psi^*(\cdot,t)$ 的循环递推，求得式（18-27）的最优解 ψ^*。算法的基本思想与通用逼近算法的思想相同。算法的收敛性，已经得到证明。

（1）给定初始分配 $\psi_1 \in \Psi$。一般可以取 $\psi_1 = \mathbf{0}$。设 $f(\psi_0)=1$。

（2）$n=1$。

（3）$t=0$。

（4）根据式（18-21），计算最优解 $\psi_n^*(\cdot,t)$。

（5）用 $\psi_n^*(\cdot,t)$ 替换 ψ_n 中的 $\psi_n(\cdot,t)$。

（6）$t=t+1$。

（7）如果 $t \leqslant K$，返回（4）。

（8）根据式（18-22），计算 $f(\psi_n)$。如果 $f(\psi_{n-1})-f(\psi_n)$ 满足精度要求，转到（10）。

（9）$n=n+1$，返回（3）。

（10）$\psi^* = \psi_n, P_T(\psi^*)=1-f(\psi_n)$；结束。

上述算法中，假设 $p(\boldsymbol{\omega})$ 已知，从而可以通过式（18-25）直接计算 $\tilde{P}(\psi,i,t)$。

对于有限空间单元集 $I=\{1,2,\cdots,N\}$，如果给定条件是目标的初始概率分布 $p_0(i)$ 和马尔科夫一步转移矩阵 $\boldsymbol{A}(t)$，则 t 时刻目标的概率分布行向量为 $\boldsymbol{p}_t = \boldsymbol{p}_0\prod_{k=1}^{t}\boldsymbol{A}(k)$。对于所有 $\boldsymbol{\omega}\in\Omega$，路径概率 $p(\boldsymbol{\omega})=\prod_{t=0}^{K}p_t(\omega_t)$。根据 $\boldsymbol{p}_t$，用蒙特卡洛法，也可以生成所有 $\boldsymbol{\omega}$ 及 $p(\boldsymbol{\omega})$ 的近似值。

下面给出一种不需要计算 $p(\boldsymbol{\omega})$，而应用 $\boldsymbol{p}_0$ 和 $\boldsymbol{A}(t)$ 直接计算 $\tilde{P}(\psi,i,t)$ 的方法。

令 $i,j\in I$，$a(i,j,t)$ 为一步转移矩阵 $\boldsymbol{A}(t)$ 的元素，表示目标在 $t-1$ 时刻处于单元 i 条件下，在 t 时刻转移到单元 j 的概率。则对于给定的路径 $\boldsymbol{\omega}$，其路径概率为

$$
\begin{aligned}
p(\boldsymbol{\omega}) &= \prod_{t=0}^{K}p_t(\omega_t) = p_0(\omega_0)\prod_{t=1}^{K}p_t(\omega_t) = p_0(\omega_0)p_1(\omega_1/\omega_0)\prod_{t=2}^{K}p(\omega_t) \\
&= p_0(\omega_0)a(\omega_0,\omega_1)\prod_{t=2}^{K}p(\omega_t) \\
&= \cdots \\
&= p_0(\omega_0)a(\omega_0,\omega_1)a(\omega_1,\omega_2)\cdots a(\omega_{K-1},\omega_K)
\end{aligned}
$$

式中：$a(\omega_{t-1},\omega_t)=a(\omega_{t-1},\omega_t,t)$；$p_t(\omega_t/\omega_{t-1})$ 为 $t-1$ 时刻目标在 ω_{t-1} 的条件下，t 时刻目标在 ω_t 的存在概率，即转移概率 $a(\omega_{t-1},\omega_t)$。如果目标是齐次马尔科夫运动，则转移概率 $a(i,j,t)=a(i,j)$，与时间无关。

上述的计算关系中，给定 $\boldsymbol{p}_0$ 和 $\boldsymbol{A}(t)$，则 $\boldsymbol{p}_K$ 和 $p(\boldsymbol{\omega})$ 是 $\boldsymbol{p}_0$ 与 $\boldsymbol{A}(t)$ 进行计算

的直接结果。假如给定条件是 $\boldsymbol{p}_0$、$\boldsymbol{p}_K$ 和 $\boldsymbol{A}(t)$，则 $p(\boldsymbol{\omega})$ 将成为 $\boldsymbol{p}_0$、$\boldsymbol{p}_K$ 和 $\boldsymbol{A}(t)$ 进行计算的结果，这称为有约束的马尔科夫运动，即要求目标随机运动结束时满足给定的概率分布 $\boldsymbol{p}_K$。

对于所有 $\boldsymbol{\omega}\in\Omega$，令满足给定初始概率 $p_0(\cdot)$、转移概率 $a(\cdot,\cdot)$ 和终止概率 $p_K(\cdot)$ 的路径概率为

$$p(\boldsymbol{\omega})=r(\omega_1)a(\omega_1,\omega_2)a(\omega_2,\omega_3)\cdots a(\omega_{K-1},\omega_K)s(\omega_K)$$

根据概率关系，有：

$$\begin{aligned}p_0(i)&=\sum\nolimits_{(\omega\in\Omega,\omega_0=i)}r(i)a(i,\omega_1)a(\omega_1,\omega_2)\cdots a(\omega_{K-1},\omega_K)s(\omega_K)\\&=r(i)\sum\nolimits_{(\omega\in\Omega,\omega_0=i)}a(i,\omega_1)a(\omega_1,\omega_2)\cdots a(\omega_{K-1},\omega_K)s(\omega_K)\end{aligned}$$

$$\begin{aligned}p_K(i)&=\sum\nolimits_{(\omega\in\Omega,\omega_K=i)}r(\omega_0)a(\omega_0,\omega_1)a(\omega_1,\omega_2)\cdots a(\omega_{K-1},i)s(i)\\&=s(i)\sum\nolimits_{(\omega\in\Omega,\omega_K=i)}r(\omega_0)a(\omega_0,\omega_1)a(\omega_1,\omega_2)\cdots a(\omega_{K-1},i)\end{aligned}$$

得到相互关联的 $r(\cdot),s(\cdot)$ 的关系为

$$\begin{cases}r(i)=\dfrac{p_0(i)}{\sum_{(\omega\in\Omega,\omega_0=i)}a(i,\omega_1)a(\omega_1,\omega_2)\cdots a(\omega_{K-1},\omega_K)s(\omega_K)}\\ s(i)=\dfrac{p_K(i)}{\sum_{(\omega\in\Omega,\omega_K=i)}r(\omega_0)a(\omega_0,\omega_1)a(\omega_1,\omega_2)\cdots a(\omega_{K-1},i)}\end{cases},\quad i\in I \tag{18-28}$$

给定初始值 $s_0(i)=1$，$r_0(i)=p_0(i)$，用递归算法，$s_n(i)$、$r_n(i)$ 将收敛到 $s(i)$、$r(i)$。

假如令 $s(i)=1$，因为 $\sum_{(\omega\in\Omega,\omega_0=i)}a(i,\omega_1)a(\omega_1,\omega_2)\cdots a(\omega_{K-1},\omega_K)=1$，所以有：$r(i)=p_0(i)$，$p_K(i)=\sum_{(\omega\in\Omega,\omega_K=i)}p_0(\omega_0)a(\omega_0,\omega_1)a(\omega_1,\omega_2)\cdots a(\omega_{K-1},i)$。这说明无约束的马尔科夫运动是有约束的马尔科夫运动的一种特殊情况。

下面讨论有约束马尔科夫运动的 $\tilde{P}(\psi,i,t)$ 的计算问题。对于 $i\in I$，$t=0,1,2,\cdots,K$，

$$\begin{aligned}&R(\psi,i,t)\\&=\sum\nolimits_{(\omega\in\Omega,\omega_t=i)}r(\omega_0)a(\omega_0,\omega_1)\cdots a(\omega_{t-2},\omega_{t-1})\exp[-\sum_{k=0}^{t-1}W(\omega_k,k)\psi(\omega_k,k)]a(\omega_{t-1},i)\\&=\sum\nolimits_{(\omega\in\Omega,\omega_t=i)}r(\omega_0)a(\omega_0,\omega_1)\cdots a(\omega_{t-1},i)\exp[-\sum_{k=0}^{t-1}W(\omega_k,k)\psi(\omega_k,k)]\end{aligned} \tag{18-29}$$

$$S(\psi,i,t)=\sum\nolimits_{(\omega\in\Omega,\omega_t=i)}a(i,\omega_{t+1})\cdots a(\omega_{K-1},\omega_K)s(\omega_K)\exp[-\sum_{k=t+1}^{K}W(\omega_k,k)\psi(\omega_k,k)] \tag{18-30}$$

$$\tilde{P}(\psi,i,t)=R(\psi,i,t)S(\psi,i,t) \tag{18-31}$$

为了在计算各个时刻的 $\tilde{P}(\psi,i,t)$ 时充分利用已经完成的计算结果，而不必每次都按照式（18-29）和式（18-30）计算 $R(\psi,i,t),S(\psi,i,t)$，可以使用下列关系：

$$\begin{cases}R(\psi,i,0)=r(i)\\S(\psi,i,T)=s(i)\\R(\psi,i,t+1)=\sum\limits_{j\in I}R(\psi,j,t)\exp[-W(j,t)\psi(j,t)]a(j,i)\\S(\psi,i,t-1)=\sum\limits_{j\in I}a(i,j)\exp[-W(j,t)\psi(j,t)]S(\psi,j,t)\end{cases}$$

如果空间单元集 $I=\{1,2,\cdots\}$ 是无限可数空间，则可以设定一充分小的数 ε，构造 I 的一系列有限子空间，$I_1(t)=\{i_1\in I:p_t(i_1)\geqslant\varepsilon\}$，以这些空间的并集 $\bigcup\limits_{t\in T}I_1(t)$ 作为进行最优计算的空间单元集。这种方法也可以用于无限连续空间最优化问题的数值计算。

第 19 章 搜索问题的最优控制方法

19.1 最优控制理论基础

19.1.1 连续时间系统的最优控制问题

令系统状态函数 $\boldsymbol{x}(t) \in \mathbf{R}^n$，控制函数 $\boldsymbol{u}(t) \in \Omega \subset \mathbf{R}^m$。连续时间系统的状态方程为

$$\dot{\boldsymbol{x}}(t) = \boldsymbol{f}[\boldsymbol{x}(t), \boldsymbol{u}(t), t], \quad \boldsymbol{x}(t_0) = \boldsymbol{x}_0 \tag{19-1}$$

式中：$\boldsymbol{f}(\cdot) \in \mathbf{R}^n$ 且连续可微。

终端状态约束：

$$\boldsymbol{g}[\boldsymbol{x}(t_f), t_f] = \boldsymbol{0} \tag{19-2}$$

约束函数 $\boldsymbol{g}(\cdot) \in \mathbf{R}^r$，$r \leqslant n$。

定义性能指标函数：

$$J(\boldsymbol{x}_0, t_0) = \int_{t_0}^{t_f} L[\boldsymbol{x}(t), \boldsymbol{u}(t), t]\mathrm{d}t + \varphi[\boldsymbol{x}(t_f), t_f] \tag{19-3}$$

式中：$L(\cdot)$、$\varphi(\cdot)$ 为标量函数，连续且二次可微。

最优控制问题是在容许控制集 Ω 内确定最优控制函数 $\boldsymbol{u}^*(t)$，使式（19-1）从给定的初始状态转移至满足式（19-2）的终端状态，且使式（19-3）取得极小。

19.1.2 极小值原理

在连续系统最优化问题中，假设终端时间 t_f 自由，终端状态 $\boldsymbol{x}(t_f)$ 满足式（19-2）。令 19.1.1 节中定义的向量函数和函数向量均为列向量。

令拉格朗日乘子列向量 $\boldsymbol{\lambda}(t) \in \mathbf{R}^n$，$\boldsymbol{\nu}(t) \in \mathbf{R}^r$，构造一个增广性能指标函数：

$$J_a = \int_{t_0}^{t_f} \{L(\boldsymbol{x}, \boldsymbol{u}, t) + \boldsymbol{\lambda}^{\mathrm{T}}[\boldsymbol{f}(\boldsymbol{x}, \boldsymbol{u}, t) - \dot{\boldsymbol{x}}]\}\mathrm{d}t + \varphi[\boldsymbol{x}(t_f), t_f] + \boldsymbol{\nu}^{\mathrm{T}}\boldsymbol{g}[\boldsymbol{x}(t_f), t_f] \tag{19-4}$$

定义一个标量函数 H，称为哈密顿函数：

$$H(\boldsymbol{x},\boldsymbol{u},\boldsymbol{\lambda},t)=L(\boldsymbol{x},\boldsymbol{u},t)+\boldsymbol{\lambda}^{\mathrm{T}}\boldsymbol{f}(\boldsymbol{x},\boldsymbol{u},t) \tag{19-5}$$

令：$\theta[\boldsymbol{x}(t_f),t_f]=\varphi[\boldsymbol{x}(t_f),t_f]+\boldsymbol{\nu}^{\mathrm{T}}\boldsymbol{g}[\boldsymbol{x}(t_f),t_f]$，增广性能指标函数表示为

$$J_{\boldsymbol{a}}=\int_{t_0}^{t_f}[H(\boldsymbol{x},\boldsymbol{u},\boldsymbol{\lambda},t)-\boldsymbol{\lambda}^{\mathrm{T}}\dot{\boldsymbol{x}}]\mathrm{d}t+\theta[\boldsymbol{x}(t_f),t_f] \tag{19-6}$$

极小值原理为：对于由式（19-1）～式（19-3）描述的最优控制问题的最优解 $\boldsymbol{u}^*(t)$ 和 t_f^*，以及相应的最优状态函数 $\boldsymbol{x}^*(t)$，必存在函数 $\boldsymbol{\lambda}(t)\in\mathbf{R}^n$，使得下列关系成立。

协态方程：

$$\dot{\boldsymbol{\lambda}}=-\frac{\partial H}{\partial \boldsymbol{x}} \tag{19-7}$$

状态方程：

$$\dot{\boldsymbol{x}}=\frac{\partial H}{\partial \boldsymbol{\lambda}} \tag{19-8}$$

极值条件：

$$H(\boldsymbol{x}^*,\boldsymbol{\lambda}^*,\boldsymbol{u}^*,t)=\min_{\boldsymbol{u}\in\Omega}H(\boldsymbol{x}^*,\boldsymbol{\lambda}^*,\boldsymbol{u},t) \tag{19-9}$$

边界条件：

$$\boldsymbol{x}(t_0)=\boldsymbol{x}_0,\quad \boldsymbol{g}[\boldsymbol{x}(t_f),t_f]=\boldsymbol{0} \tag{19-10}$$

横截条件：

$$\boldsymbol{\lambda}(t_f)=\frac{\partial\theta}{\partial\boldsymbol{x}(t_f)}=\frac{\partial\varphi}{\partial\boldsymbol{x}(t_f)}+\boldsymbol{\nu}^{\mathrm{T}}\frac{\partial\boldsymbol{g}}{\partial\boldsymbol{x}(t_f)} \tag{19-11}$$

最优终端时刻条件：

$$H(t_f)=-\frac{\partial\varphi}{\partial t_f}-\boldsymbol{\nu}^{\mathrm{T}}\frac{\partial\boldsymbol{g}}{\partial t_f} \tag{19-12}$$

如果终端时间 t_f 和终端状态 $\boldsymbol{x}(t_f)$ 给定，则不需要式（19-11）和式（19-12）的条件。

如果终端时间 t_f 给定，终端状态 $\boldsymbol{x}(t_f)$ 自由，则不需要式（19-12）的条件，而式（19-11）的条件退化为 $\boldsymbol{\lambda}(t_f)=\dfrac{\partial\varphi}{\partial\boldsymbol{x}(t_f)}$。

19.1.3　动态规划原理与 HJB 方程

连续系统最优化问题，对于任意起始时刻 $t \in [t_0, t_f]$，起始状态 $\boldsymbol{x}(t)$，在 $[t, t_f]$ 上的控制函数 $\boldsymbol{u}(\tau)$，性能指标函数为

$$J[\boldsymbol{x}(t), t] = \int_t^{t_f} L[\boldsymbol{x}(\tau), \boldsymbol{u}(\tau), \tau]\mathrm{d}\tau + \varphi[\boldsymbol{x}(t_f), t_f] \tag{19-13}$$

根据最优性原理，使式（19-3）最优的控制函数 $\boldsymbol{u}^*(t)$ 在 $[t, t_f]$ 使式（19-13）最优。

$$J^*[\boldsymbol{x}(t), t] = \min_{\boldsymbol{u}(t)\in\Omega} \{\int_t^{t_f} L[\boldsymbol{x}(\tau), \boldsymbol{u}(\tau), \tau]\mathrm{d}\tau + \varphi[\boldsymbol{x}(t_f), t_f]\} \tag{19-14}$$

显然，$J^*[\boldsymbol{x}(t), t]$ 满足终端条件：

$$J^*[\boldsymbol{x}(t_f), t_f] = \varphi[\boldsymbol{x}(t_f), t_f] \tag{19-15}$$

设 Δt 为一小量，可将 $[t, t_f]$ 的最优控制过程分为 $[t, t+\Delta t]$、$[t+\Delta t, t_f]$ 两个过程，则式（19-14）可以表示为动态规划方程：

$$\begin{aligned} J^*[\boldsymbol{x}(t), t] &= \min_{\boldsymbol{u}(t)\in\Omega} \{\int_t^{t+\Delta t} L[\boldsymbol{x}(\tau), \boldsymbol{u}(\tau), \tau]\mathrm{d}\tau + J^*[\boldsymbol{x}(t+\Delta t), t+\Delta t]\} \\ &= \min_{\boldsymbol{u}(t)\in\Omega} \{L[\boldsymbol{x}(t), \boldsymbol{u}(t), t]\Delta t + J^*[\boldsymbol{x}(t+\Delta t), t+\Delta t]\} \end{aligned}$$

对 $J^*[\boldsymbol{x}(t+\Delta t), t+\Delta t]$ 在 $\boldsymbol{x}(t+\Delta t), t$ 作泰勒级数展开，整理后并令 $\Delta t \to 0$，由上式得到：

$$-\frac{\partial J^*[\boldsymbol{x}(t), t]}{\partial t} = \min_{\boldsymbol{u}(t)\in\Omega} \{L(\boldsymbol{x}, \boldsymbol{u}, t) + (\frac{\partial J^*[\boldsymbol{x}(t), t]}{\partial \boldsymbol{x}(t)})^{\mathrm{T}} \boldsymbol{f}(\boldsymbol{x}, \boldsymbol{u}, t)\} \tag{19-16}$$

令 $\boldsymbol{\lambda} = \dfrac{\partial J^*[\boldsymbol{x}(t), t]}{\partial \boldsymbol{x}(t)}$，构造哈密顿函数 $H(\boldsymbol{x}, \boldsymbol{u}, \boldsymbol{\lambda}, t) = L(\boldsymbol{x}, \boldsymbol{u}, t) + \boldsymbol{\lambda}^{\mathrm{T}} \boldsymbol{f}(\boldsymbol{x}, \boldsymbol{u}, t)$，则

$$-\frac{\partial J^*[\boldsymbol{x}(t), t]}{\partial t} = \min_{\boldsymbol{u}(t)\in\Omega} \{H(\boldsymbol{x}, \boldsymbol{u}, \frac{\partial J^*[\boldsymbol{x}(t), t]}{\partial \boldsymbol{x}(t)}, t)\} = H^*(\boldsymbol{x}, \boldsymbol{u}, \frac{\partial J^*[\boldsymbol{x}(t), t]}{\partial \boldsymbol{x}(t)}, t) \tag{19-17}$$

式（19-16）或式（19-17）是关于 $J^*[\boldsymbol{x}(t), t]$ 的偏微分方程，称为哈密顿-雅可比-贝尔曼（HJB）方程，$\boldsymbol{x}(t_0) = \boldsymbol{x}_0$ 和式（19-15）是其边界条件。

19.2　搜索路径的最优控制模型及其解

19.2.1　搜索模型

将 13.5 节的随机运动目标搜索路径模型重写如下。

设 $t \in [0,T]$ 的搜索路径函数 $\boldsymbol{Y}$ 。按照 $\boldsymbol{Y}$ 搜索到 T 时刻，未发现目标的概率为

$$\begin{aligned}\overline{P}_T(\boldsymbol{Y}) &= \int_X f(\boldsymbol{x},t,\boldsymbol{Y})u(\boldsymbol{x},t,T,\boldsymbol{Y})\,\mathrm{d}\,\boldsymbol{x} \\ &= \int_X f(\boldsymbol{x},T,\boldsymbol{Y})\,\mathrm{d}\,\boldsymbol{x} \\ &= \int_X \rho_0(\boldsymbol{x})u(\boldsymbol{x},0,T,\boldsymbol{Y})\,\mathrm{d}\,\boldsymbol{x}\end{aligned} \tag{19-18}$$

初始条件 $f(\boldsymbol{x},0,\boldsymbol{Y}) = \rho_0(\boldsymbol{x})$，式（13-22）和式（13-24）为约束方程。

设可行的路径函数集 $\Omega \subset \mathbf{R}^m$ 。路径函数约束为 $\boldsymbol{Y} \in \Omega$ 。

最优搜索路径问题为寻求搜索路径函数 $\boldsymbol{Y}^* \in \Omega$ ，使得 $\overline{P}_T(\boldsymbol{Y})$ 取得极小。

19.2.2　搜索路径约束

可行路径函数集为 Ω ，是对路径函数的一种约束。在最优搜索路径问题中，通常采用下列约束形式。

（1）起点约束： $\boldsymbol{y}(0) = \boldsymbol{y}_0$ 。

（2）终点约束： $\boldsymbol{y}(T) = \boldsymbol{y}_T$ 。

（3）空间约束：如 $|\boldsymbol{y}(t)| \leqslant y_m$ 。

对于一般最优搜索路径问题的成立，起点约束、终点约束和空间约束并不是必须的。

（4）速率约束： $\left|\dfrac{\mathrm{d}\boldsymbol{y}(t)}{\mathrm{d}t}\right| \leqslant v_m < \infty$ 。速率有限约束保证了路径函数 $\boldsymbol{y}(t)$ 连续，是式（19-18）极值存在的必要条件。在搜索路径问题中，假如探测器的速率是不受约束的，可以为无穷大，则求解最优路径就失去意义了。

（5）加速度约束： $\left|\dfrac{\mathrm{d}^2\boldsymbol{y}(t)}{\mathrm{d}t^2}\right| \leqslant a_m < \infty$ 。在速率约束的前提下，加速度有限约束，保证了处处连续的路径函数 $\boldsymbol{y}(t)$ 光滑，即路径曲线的曲率有限。对于最优路径问题的成立，加速度约束并不是必须的。

19.2.3 最优搜索路径的动态规划原理

在一种具体化的搜索路径约束条件下，讨论最优搜索路径的动态规划原理。

对于任意 $t \in (0,T)$，设搜索路径函数 $\boldsymbol{y}(t) \in \mathbf{R}^m$ 为系统状态，搜索者运动速度函数 $\boldsymbol{v}(t) \in \mathbf{R}^m$ 为控制函数。系统状态方程为

$$\frac{\mathrm{d}\boldsymbol{y}(t)}{\mathrm{d}t} = \boldsymbol{v}(t)\text{，}\quad \boldsymbol{y}(0) = \boldsymbol{y}_0 \tag{19-19}$$

控制函数约束：$|\boldsymbol{v}(t)| \leqslant V_m$。

按照路径 $\boldsymbol{Y}$ 从 0 时刻搜索到 T 时刻不发现概率为 $\overline{P}_T(\boldsymbol{Y},\boldsymbol{V}) = \int_X f(\boldsymbol{x},T,\boldsymbol{Y},\boldsymbol{V})\mathrm{d}\boldsymbol{x}$。不发现概率 $\overline{P}_T(\boldsymbol{Y},\boldsymbol{V})$ 中的 $\boldsymbol{Y}$、$\boldsymbol{V}$ 分别为系统函数和控制函数，它们不是独立的函数变量，式（19-19）规定了它们的关系。因为式（19-19）描述了系统函数和控制函数的完全对应的关系，所以在以下的函数表示中省略控制函数如用 $\overline{P}_T(\boldsymbol{Y})$ 表示 $\overline{P}_T(\boldsymbol{Y},\boldsymbol{V})$、用 $f(\boldsymbol{x},T,\boldsymbol{Y})$ 表示 $f(\boldsymbol{x},T,\boldsymbol{Y},\boldsymbol{V})$ 等。

用 $\overline{P}_T(\boldsymbol{Y})$ 表示初始时刻为 0、初始状态为 $\boldsymbol{y}(0)$、终止时刻为 T 的性能指标函数：

$$J[\boldsymbol{y}(0),0] = \int_X f(\boldsymbol{x},T,\boldsymbol{Y})\mathrm{d}\boldsymbol{x} \tag{19-20}$$

约束方程为式（15-22）、式（15-24）。

令初始时刻为 0、初始状态为 $\boldsymbol{y}(0)$、终止时刻为 $t \in [0,T]$ 的性能指标函数：

$$J_t[\boldsymbol{y}(0),0] = \int_X f(\boldsymbol{x},t,\boldsymbol{Y})\mathrm{d}\boldsymbol{x} \tag{19-21}$$

将式（19-20）表示为时间积分形式：

$$\begin{aligned}
J[\boldsymbol{y}(0),0] &= 1 + \int_0^T \frac{\partial J_t[\boldsymbol{y}(0),0]}{\partial t}\mathrm{d}t = 1 + \int_0^T \frac{\partial}{\partial t}\int_X f(\boldsymbol{x},t,\boldsymbol{Y})\mathrm{d}\boldsymbol{x}\mathrm{d}\tau \\
&= 1 + \int_0^T \int_X \frac{\partial f(\boldsymbol{x},t,\boldsymbol{Y})}{\partial t}\mathrm{d}\boldsymbol{x}\mathrm{d}\tau \\
&= 1 + \int_0^t \int_X \frac{\partial f(\boldsymbol{x},\tau,\boldsymbol{Y})}{\partial \tau}\mathrm{d}\boldsymbol{x}\mathrm{d}\tau + \int_t^T \int_X \frac{\partial f(\boldsymbol{x},\tau,\boldsymbol{Y})}{\partial \tau}\mathrm{d}\boldsymbol{x}\mathrm{d}\tau \\
&= J_t[\boldsymbol{y}(0),0] + \int_t^T \int_X \frac{\partial f(\boldsymbol{x},\tau,\boldsymbol{Y})}{\partial \tau}\mathrm{d}\boldsymbol{x}\mathrm{d}\tau
\end{aligned}$$

令初始时刻为 $t \in [0,T]$、初始状态为 $\boldsymbol{y}(t)$、终止时刻为 T 的性能指标函数为 $J[\boldsymbol{y}(t),t]$，根据上式，有：

$$J[\boldsymbol{y}(t),t] = \int_t^T \int_X \frac{\partial f(\boldsymbol{x},\tau,\boldsymbol{Y})}{\partial \tau}\mathrm{d}\boldsymbol{x}\mathrm{d}\tau \tag{19-22}$$

构造哈密顿函数：

$$H(\boldsymbol{y},\boldsymbol{v},\boldsymbol{\lambda},t)=\int_X \frac{\partial f(\boldsymbol{x},t,\boldsymbol{Y})}{\partial t}\mathrm{d}\boldsymbol{x}+\boldsymbol{\lambda}^{\mathrm{T}}\boldsymbol{v}(t) \tag{19-23}$$

在式（19-23）以及随后的推理中，也可以不规定向量是列向量，向量的数量积$\boldsymbol{\lambda}\cdot\boldsymbol{v}(t)$与$\boldsymbol{\lambda}^{\mathrm{T}}\boldsymbol{v}(t)$是相同的。

根据动态规划原理，对于使$J[\boldsymbol{y}(0),0]$取极小的$\boldsymbol{Y}^*$、$\boldsymbol{V}^*$，必使以$\boldsymbol{y}^*(t)$为初始状态的$J[\boldsymbol{y}(t),t]$取极小。对于所有$t\in[0,T]$，存在向量$\boldsymbol{\lambda}^*(t)$，使下列 HJB 方程成立：

$$-\frac{\partial J^*[\boldsymbol{y}^*(t),t]}{\partial t}=\min_{|\boldsymbol{v}(t)|\leqslant V_m}\{H(\boldsymbol{y},\boldsymbol{v},\boldsymbol{\lambda},t)\}=\int_X \frac{\partial f(\boldsymbol{x},t,\boldsymbol{Y}^*)}{\partial t}\mathrm{d}\boldsymbol{x}+\boldsymbol{\lambda}^{*\mathrm{T}}(t)\boldsymbol{v}^*(t) \tag{19-24}$$

其中，

$$\begin{aligned}
\boldsymbol{\lambda}^*(t)&=\left.\frac{\partial J[\boldsymbol{y}(t),t]}{\partial \boldsymbol{y}(t)}\right|_{\boldsymbol{y}(t)=\boldsymbol{y}^*(t)}=\frac{\partial}{\partial \boldsymbol{y}^*(t)}\int_t^T\int_X \frac{\partial f(\boldsymbol{x},\tau,\boldsymbol{Y}^*)}{\partial \tau}\mathrm{d}\boldsymbol{x}\mathrm{d}\tau\\
&=\frac{\partial}{\partial \boldsymbol{y}^*(t)}\int_X\int_t^T \frac{\partial f(\boldsymbol{x},\tau,\boldsymbol{Y}^*)}{\partial \tau}\mathrm{d}\tau\mathrm{d}\boldsymbol{x}\\
&=\frac{\partial}{\partial \boldsymbol{y}^*(t)}\int_X[f(\boldsymbol{x},T,\boldsymbol{Y}^*)-f(\boldsymbol{x},t,\boldsymbol{Y}^*)]\mathrm{d}\boldsymbol{x}\\
&=-\frac{\partial}{\partial \boldsymbol{y}^*(t)}\int_X f(\boldsymbol{x},t,\boldsymbol{Y}^*)\mathrm{d}\boldsymbol{x}\\
&=-\int_X \frac{\partial f(\boldsymbol{x},t,\boldsymbol{Y}^*)}{\partial \gamma[\boldsymbol{x},t,\boldsymbol{y}^*(t)]}\frac{\partial \gamma[\boldsymbol{x},t,\boldsymbol{y}^*(t)]}{\partial t\dfrac{\partial \boldsymbol{y}^*(t)}{\partial t}}\mathrm{d}\boldsymbol{x}\\
&=-\int_X \frac{\partial f(\boldsymbol{x},t,\boldsymbol{Y}^*)}{\partial \gamma[\boldsymbol{x},t,\boldsymbol{y}^*(t)]}\frac{\partial \gamma[\boldsymbol{x},t,\boldsymbol{y}^*(t)]}{\partial t}\frac{1}{\boldsymbol{v}^*(t)}\mathrm{d}\boldsymbol{x}
\end{aligned}$$

应用一阶搜索方程的解（式（13-26）、式（13-28）），并令$\dfrac{\partial \Gamma[\boldsymbol{x},t,\boldsymbol{y}^*(t)]}{\partial t}=\gamma[\boldsymbol{x},t,\boldsymbol{y}^*(t)]$，可得上面的空间积分式中的被积部分为

$$\begin{aligned}
&\frac{\partial f(\boldsymbol{x},t,\boldsymbol{Y}^*)}{\partial \gamma[\boldsymbol{x},t,\boldsymbol{y}^*(t)]}\frac{\partial \gamma[\boldsymbol{x},t,\boldsymbol{y}^*(t)]}{\partial t}\frac{1}{\boldsymbol{v}^*(t)}\\
&=\frac{\partial[\rho(\boldsymbol{x},t)\mathrm{e}^{-\int_0^t \gamma[\boldsymbol{x}(\tau),\tau,\boldsymbol{y}(\tau)]\mathrm{d}\tau}]}{\partial \gamma[\boldsymbol{x},t,\boldsymbol{y}^*(t)]}\frac{\partial \gamma[\boldsymbol{x},t,\boldsymbol{y}^*(t)]}{\partial t}\frac{1}{\boldsymbol{v}^*(t)}
\end{aligned}$$

$$=-\rho(\boldsymbol{x},t)\mathrm{e}^{-\int_0^t \gamma[\boldsymbol{x}(\tau),\tau,\boldsymbol{y}(\tau)]\mathrm{d}\tau}\frac{\partial\Gamma[\boldsymbol{x},t,\boldsymbol{y}^*(t)]}{\partial\gamma[\boldsymbol{x},t,\boldsymbol{y}^*(t)]}\frac{\partial\gamma[\boldsymbol{x},t,\boldsymbol{y}^*(t)]}{\partial t}\frac{1}{\boldsymbol{v}^*(t)}$$

$$=-\rho(\boldsymbol{x},t)\mathrm{e}^{-\int_0^t \gamma[\boldsymbol{x}(\tau),\tau,\boldsymbol{y}(\tau)]\mathrm{d}\tau}\frac{\gamma[\boldsymbol{x},t,\boldsymbol{y}^*(t)]}{\boldsymbol{v}^*(t)}$$

$$=-f(\boldsymbol{x},t,\boldsymbol{Y}^*)\gamma[\boldsymbol{x},t,\boldsymbol{y}^*(t)]\frac{\boldsymbol{v}^*(t)}{\left|\boldsymbol{v}^*(t)\right|^2}$$

所以有

$$\boldsymbol{\lambda}^*(t)=\frac{\boldsymbol{v}^*(t)}{\left|\boldsymbol{v}^*(t)\right|^2}\int_X f(\boldsymbol{x},t,\boldsymbol{Y}^*)\gamma[\boldsymbol{x},t,\boldsymbol{y}^*(t)]\mathrm{d}\boldsymbol{x} \tag{19-25}$$

（《单向最优搜索理论》第 166 页给出的 $\boldsymbol{\lambda}^*(t)$ 的积分表达式是错误的）

19.2.4　最优搜索路径逼近算法

基于 19.2.3 节的动态规划原理，给出一个最优搜索路径的逼近算法框架。

（1）将时间 $0\sim T$ 离散化为 $k=0,1,2,\cdots,K$，时间间隔 $\Delta t=\dfrac{T}{K}$，给定初始状态 $\boldsymbol{Y}(0)$。

（2）给定初始搜索点和计算的初始速度向量序列 $\{\boldsymbol{V}_0(k)\}$，$k=0,1,2,\cdots,K-1$。

（3）$n=0$。

（4）$\boldsymbol{\lambda}(K)=\boldsymbol{0}$。

（5）$k=K$。

（6）根据 $\{\boldsymbol{V}_n(k)\}$，计算路径轨迹点 $\boldsymbol{Y}_n(k+1)=\boldsymbol{Y}_n(k)+\boldsymbol{V}_n(k)\Delta t$。

（7）求解式（13-22）、式（13-24），得到函数 f_n、u_n。

（8）$k=-1$，转到（13）。

（9）根据式（19-25），计算向量 $\boldsymbol{\lambda}(k)$。根据式（19-23），计算 $H_n[\boldsymbol{Y}_n(k),\boldsymbol{V}_n(k),\boldsymbol{\lambda}(k),k]$。

（10）用最优化方法计算使 $H_n[\boldsymbol{Y}_n(k),\boldsymbol{V}_n(k),\boldsymbol{\lambda}(k),k]$ 取极小的 $\boldsymbol{V}_n^*(k)$。

（11）用 $\boldsymbol{V}_n^*(k)$ 替换序列 $\{\boldsymbol{V}_n(k)\}$ 中的对应项。

（12）$k=k-1$，返回（6）。

（13）计算 $\bar{P}_T(\boldsymbol{Y}_n)$，满足精度要求，转到（15）。

（14）$n=n+1$，返回（4）。

（15）$\boldsymbol{V}^* = \{\boldsymbol{V}_n(k)\}$，$\boldsymbol{Y}^* = \{\boldsymbol{Y}_n(k)\}$，$P_T^* = 1 - \bar{P}_T(\boldsymbol{Y}_n)$。

（16）结束。

19.3 搜索量分配的最优控制模型

19.3.1 问题的描述

在搜索量密度函数 $\varphi(\boldsymbol{x},t)$ 上，重新定义搜索状态函数和探测率函数。$\varphi(\boldsymbol{x},t)$ 有时用来表达某个 t 时刻的搜索量密度，为避免混淆，令 $\varPhi = \varphi(\boldsymbol{x},t)$，$t \in [0,T]$。

定义 $f(\boldsymbol{x},t,\varPhi)$：

$$f(\boldsymbol{x},t,\varPhi)V(\Delta\boldsymbol{x}) = \text{Prob}\{\text{按照}\varPhi\text{搜索至}t\text{未发现目标，目标存在于}[\boldsymbol{x},\boldsymbol{x}+\Delta\boldsymbol{x}]\} + 0[V(\Delta\boldsymbol{x})] \tag{19-26}$$

式中：$0[V(\Delta\boldsymbol{x})]$ 为 $V(\Delta\boldsymbol{x})$ 的高阶无穷小量。

定义 $u(\boldsymbol{x},t,T,\varPhi)$：

$$u(\boldsymbol{x},t,T,\varPhi) = \text{Prob}\{\text{按照}\varPhi\text{从}t\sim T\text{搜索未发现目标}/t\text{时刻目标在}\boldsymbol{x}\} \tag{19-27}$$

根据 6.3.1 节对探测率函数的定义，有对于搜索量密度的探测率 $\gamma_z[\boldsymbol{x},\varphi(\boldsymbol{x},t)]$：

$$\gamma_z[\boldsymbol{x},\varphi(\boldsymbol{x},t)]\Delta z = \text{prob}[\text{施加}\varphi(\boldsymbol{x},t)\text{未发现目标, 施加}(\varphi(\boldsymbol{x},t),\varphi(\boldsymbol{x},t)+\Delta z)\text{发现目标}/\text{目标在}\boldsymbol{x}] + 0(\Delta z)$$

式中：$0(\Delta z)$ 为 Δz 的高阶无穷小量。

据此，定义对于时间的探测率函数 $\gamma[\varphi(\boldsymbol{x},t)]$：

$$\gamma[\varphi(\boldsymbol{x},t)]\Delta t = \gamma_z[\boldsymbol{x},\varphi(\boldsymbol{x},t)]\Delta z + 0(\Delta t) + 0(\Delta z)$$

式中：$0(\Delta t)$ 和 $0(\Delta z)$ 都为 Δt 的高阶无穷小量。令 $\Delta t \to 0, \Delta z \to 0$，得

$$\gamma[\varphi(\boldsymbol{x},t)] = \gamma_z[\boldsymbol{x},\varphi(\boldsymbol{x},t)] \cdot \frac{\mathrm{d}\varphi(\boldsymbol{x},t)}{\mathrm{d}t} = \gamma_z[\boldsymbol{x},\varphi(\boldsymbol{x},t)] \cdot \psi(\boldsymbol{x},t)$$

新定义的状态函数和探测率函数，仍然满足搜索状态方程。一阶搜索状态方程如下：

$$\frac{\partial f(\boldsymbol{x},t,\varPhi)}{\partial t} + [\nabla f(\boldsymbol{x},t,\Phi)]^{\mathrm{T}} \cdot \bar{\boldsymbol{v}}(\boldsymbol{x},t) = -[\gamma[\varphi(\boldsymbol{x},t)] + \nabla \cdot \bar{\boldsymbol{v}}(\boldsymbol{x},t)]f(\boldsymbol{x},t,\varPhi) \tag{19-28}$$

$$\frac{\partial u(\boldsymbol{x},t,T,\varPhi)}{\partial t} + [\nabla u(\boldsymbol{x},t,T,\Phi)]^{\mathrm{T}} \cdot \bar{\boldsymbol{v}}(\boldsymbol{x},t) = \gamma[\varphi(\boldsymbol{x},t)]u(\boldsymbol{x},t,T,\varPhi) \tag{19-29}$$

19.3.2　最优搜索量分配

从 0～T 时刻按照 Φ 进行搜索，未发现目标的概率为

$$\begin{aligned}\bar{P}_T(\Phi) &= \int_X f(\boldsymbol{x},t,\Phi)u(\boldsymbol{x},t,T,\Phi)\mathrm{d}\boldsymbol{x} = \int_X f(\boldsymbol{x},T,\Phi)\mathrm{d}\boldsymbol{x} \\ &= \int_X \rho_0(\boldsymbol{x})u(\boldsymbol{x},t,\Phi)\mathrm{d}\boldsymbol{x}\end{aligned}$$

对于所有 $t\in[0,T]$，有对函数 $\Phi=\varphi(\boldsymbol{x},t)$ 的约束：$\int_X \varphi(\boldsymbol{x},t)\mathrm{d}\boldsymbol{x}=M(t)$。

最优搜索问题为，寻求满足约束的搜索量分配函数 $\Phi^*=\varphi^*(\boldsymbol{x},t)$，使得 $\bar{P}_T(\Phi)$ 取极小。

用最优控制模型描述的最优搜索量分配问题。

设系统状态函数为 $\varphi(\boldsymbol{x},t)$，控制函数为 $\psi(\boldsymbol{x},t)$，系统状态方程为

$$\frac{\partial\varphi(\boldsymbol{x},t)}{\partial t}=\psi(\boldsymbol{x},t) \tag{19-30}$$

状态约束为

$$\int_X \varphi(\boldsymbol{x},t)\mathrm{d}\boldsymbol{x}=M(t) \tag{19-31}$$

搜索状态约束方程为式（19-28）、式（19-29）。

性能指标函数：

$$\bar{P}_T(\Phi)=\int_X f(\boldsymbol{x},t,\Phi)u(\boldsymbol{x},t,T,\Phi)\mathrm{d}\boldsymbol{x} \tag{19-32}$$

最优搜索问题为，寻求满足式（19-31）的状态函数 $\varphi^*(\boldsymbol{x},t)$ 和控制函数 $\psi^*(\boldsymbol{x},t)$，使性能指标函数取极小。

最优搜索量分配问题仍然可以运用 19.2 节介绍的最优控制问题的方法进行求解。

第四篇　专题

原来拟定本篇标题是“实用篇”。用了两个多月的时间，也没想出怎样能够将内容组织得既有系统性又有实用性。按照专题写作，难题迎刃而解，也就不必追求内容的系统性了。专题的设计分为大专题和小专题。为了延续前三篇的体例，仍按章节排列，“章”算是大专题，之下的“节”，算是小专题。

既然不叫“实用篇”，也就不必在实用性上费心思了。本来这实用不实用的，也不是我说了算。

本篇确切的标题应为“水下目标搜索专题”。字数太多，且以“专题”名之。

第20章 随机恒速运动目标分布

对水下目标的分布规律和特征的正确认识是正确实施搜潜战术的基础，也是搜潜效能分析、搜索方案最优化工作中的基本内容。以第 3 章和第 4 章的有关理论为基础，本章对随机恒速运动目标几种典型条件下的分布问题进行有针对性的分析。本章讨论的目标空间均为二维空间，初始时刻 $t_0 = 0$，目标初始分布为圆正态分布，其分布密度函数的直角坐标形式和极坐标形式分别为

$$\rho_0(x_0, y_0) = \frac{1}{2\pi\sigma^2}\exp\{-\frac{x_0^2 + y_0^2}{2\sigma^2}\}$$

$$\rho_0(r_0, \theta_0) = \frac{1}{2\pi\sigma^2}\exp\{-\frac{r_0^2}{2\sigma^2}\}$$

20.1 一般模型

设目标的速度分布为圆正态分布，分布密度函数 $\rho_v(v_x, v_y) = \frac{1}{2\pi\mu^2}\exp\{-\frac{v_x^2 + v_y^2}{2\mu^2}\}$，或表示为极坐标形式 $\rho_v(v, \varphi) = \frac{1}{2\pi\mu^2}\exp\{-\frac{v^2}{2\mu^2}\}$，借用航空航海中的词汇，$v$ 为航速，φ 为航向。

根据式（4-2）（用 $\boldsymbol{x}$ 和 t 两个变量代替 $\boldsymbol{x}(t)$）：

$$\begin{aligned}
\rho(\boldsymbol{x};t) &= \int_V \rho_0[\boldsymbol{x} - \boldsymbol{v}t]\rho_v(\boldsymbol{v})\mathrm{d}\boldsymbol{v} \\
&= \frac{1}{2\pi\sigma^2}\frac{1}{2\pi\mu^2}\int_{-\infty}^{+\infty}\int_{-\infty}^{+\infty}\exp\{-\frac{(x - v_x t)^2 + (y - v_y t)^2}{2\sigma^2}\}\exp\{-\frac{v_x^2 + v_y^2}{2\mu^2}\}\mathrm{d}v_x\mathrm{d}v_y \\
&= \frac{1}{4\pi^2\sigma^2\mu^2}[\int_{-\infty}^{+\infty}\exp\{-\frac{(x - v_x t)^2}{2\sigma^2} - \frac{v_x^2}{2\mu^2}\}\mathrm{d}v_x][\int_{-\infty}^{+\infty}\exp\{-\frac{(y - v_y t)^2}{2\sigma^2} - \frac{v_y^2}{2\mu^2}\}\mathrm{d}v_y]
\end{aligned}$$

上式中两个积分式形式完全相同。整理其指数部分并求积分，得

$$\rho(\boldsymbol{x};t)=\frac{1}{2\pi(\sigma^2+\mu^2t^2)}\exp\{-\frac{x^2+y^2}{2(\sigma^2+\mu^2t^2)}\} \tag{20-1}$$

t 时刻目标的分布密度函数，仍然是圆正态分布，其方差由初始分布方差和目标运动方差共同组成。

在极坐标下，目标分布密度函数为

$$\rho[\boldsymbol{r}(t)]=\rho(r,\theta;t)=\frac{1}{2\pi(\sigma^2+\mu^2t^2)}\exp\{-\frac{r^2}{2(\sigma^2+\mu^2t^2)}\}，\quad r\in[0,+\infty)，\quad \theta\in[0,2\pi] \tag{20-2}$$

在方位和距离上的两个边缘分布分别为瑞利分布和均匀分布：

$$\begin{cases}\rho_r(r;t)=\dfrac{r}{(\sigma^2+\mu^2t^2)}\exp\{-\dfrac{r^2}{2(\sigma^2+\mu^2t^2)}\},r\in[0,+\infty)\\ \rho_\theta(\theta;t)=\dfrac{1}{2\pi},\theta\in[0,2\pi]\end{cases} \tag{20-3}$$

式（20-2）和式（20-3）是对同一分布规律的两种不同的描述方式，它们之间不存在因果关系。

20.2 航向扇面分布

假如航速与航向的分布相互独立，航速的分布为瑞利分布，航向的分布为 $\varphi\in[\varphi_1,\varphi_2]$ 内的均匀分布（$0\leqslant\varphi_1<\varphi_2\leqslant 2\pi$），则速度分布是一种扇面航向上的“圆正态分布”，分布密度函数的极坐标形式为

$$\rho_v(v,\varphi)=\frac{1}{(\varphi_2-\varphi_1)\mu^2}\exp\{-\frac{v^2}{2\mu^2}\},\varphi\in[\varphi_1,\varphi_2],v\in[0,+\infty)$$

速度分布密度函数的直角坐标形式为

$$\rho_v(v_x,v_y)=\frac{1}{(\varphi_2-\varphi_1)\mu^2}\exp\{-\frac{v_x^2+v_y^2}{2\mu^2}\}$$

不失一般性，令航向在 $\varphi\in[0,\varPhi]$ 的扇面内均匀分布，有

$$\rho_v(v,\varphi)=\frac{1}{\varPhi\mu^2}\exp\{-\frac{v^2}{2\mu^2}\},\varPhi\in(0,2\pi],\varphi\in[0,\varPhi],v\in[0,+\infty)$$

根据式（4-2）：

$$
\begin{aligned}
\rho(\boldsymbol{x};t) &= \int_V \rho_0[\boldsymbol{x}-\boldsymbol{v}t]\rho_v(\boldsymbol{v})\mathrm{d}\boldsymbol{v} \\
&= \frac{1}{2\pi\sigma^2}\frac{1}{\Phi\mu^2}\int_0^{\Phi}\int_0^{+\infty}\exp\{-\frac{(r\cos\theta - vt\cos\varphi)^2+(r\sin\theta - vt\sin\varphi)^2}{2\sigma^2}\}\exp\{-\frac{v^2}{2\mu^2}\}v\mathrm{d}v\mathrm{d}\varphi \\
&= \frac{1}{2\pi\Phi\sigma^2\mu^2}\int_0^{\Phi}\int_0^{+\infty}\exp\{-[\frac{r^2+(vt)^2-2rvt\cos(\varphi-\theta)}{2\sigma^2}+\frac{v^2}{2\mu^2}]\}v\mathrm{d}v\mathrm{d}\varphi \\
&= \frac{1}{2\pi\Phi\sigma^2\mu^2}\int_0^{+\infty} v\exp\{-[\frac{r^2+(vt)^2}{2\sigma^2}+\frac{v^2}{2\mu^2}]\}\int_0^{\Phi}\exp\{\frac{rvt\cos(\varphi-\theta)}{\sigma^2}\}\mathrm{d}\varphi\mathrm{d}v \\
&= \frac{\exp\{-\frac{r^2}{2\sigma^2}\}}{2\pi\Phi\sigma^2\mu^2}\int_0^{+\infty} v\exp\{-(\frac{t^2}{2\sigma^2}+\frac{1}{2\mu^2})\ v^2\}[\int_0^{\Phi}\exp\{\frac{rvt\cos(\varphi-\theta)}{\sigma^2}\}\mathrm{d}\varphi]\mathrm{d}v \\
&= \frac{\exp\{-\frac{r^2}{2\sigma^2}\}}{2\pi\Phi(\sigma^2+\mu^2t^2)}\int_0^{+\infty}\frac{v}{\frac{\sigma^2\mu^2}{\sigma^2+\mu^2t^2}}\exp\{-\frac{v^2}{2\frac{\sigma^2\mu^2}{\sigma^2+\mu^2t^2}}\}[\int_0^{\Phi}\exp\{\frac{rvt\cos(\varphi-\theta)}{\sigma^2}\}\mathrm{d}\varphi]\mathrm{d}v \\
&= \frac{\exp\{-\frac{r^2}{2\sigma^2}\}}{2\pi\Phi(\sigma^2+\mu^2t^2)}\int_0^{+\infty}\frac{vt}{\frac{\sigma\mu^2t^2}{\sigma^2+\mu^2t^2}}\exp\{-\frac{v^2t^2}{2\frac{\sigma^2\mu^2t^2}{\sigma^2+\mu^2t^2}}\}[\int_0^{\Phi}\exp\{\frac{rvt\cos(\varphi-\theta)}{\sigma^2}\}\mathrm{d}\varphi]\mathrm{d}(\frac{vt}{\sigma})
\end{aligned}
\tag{20-4}
$$

令 $R=\dfrac{r}{\sigma}$，$S=\dfrac{vt}{\sigma}$。这两个新变量均为无量纲的量，R 可以称为相对距离，S 可以称为相对运动距离。在随后的各小节中，均使用这两个变量。

令伪分布密度函数 $\Upsilon(R,\theta)=2\pi（\sigma^2+\mu^2t^2）\Phi\cdot\rho(r,\theta;t)$，令 $\dfrac{\mu^2t^2}{\sigma^2+\mu^2t^2}=\Sigma^2$，则式（20-4）可以表示为

$$
\Upsilon(R,\theta)=\exp\{-\frac{R^2}{2}\}\int_0^{+\infty}\frac{S}{\Sigma^2}\exp\{-\frac{S^2}{2\Sigma^2}\}\int_0^{\Phi}\exp\{RS\cos(\varphi-\theta)\}\mathrm{d}\varphi\mathrm{d}S \tag{20-5}
$$

令 $X=\dfrac{x}{\sigma},Y=\dfrac{y}{\sigma}$，有 $X=R\cos\theta$，$Y=R\sin\theta$，伪分布密度函数可以在直角坐标系中表示为 $\Upsilon(X,Y)$。

伪分布密度函数主要体现分布密度函数的空间相对变化，不反映具体的分布密度函数值。

设 $\Phi=\dfrac{\pi}{2}$，$\sigma=2\text{nm}$，$\mu=4\text{kn}$，$t=0.5\text{h}$，计算得 $\Sigma^2=0.5$。数值积分，

得到伪分布密度函数如图 20.1 所示。

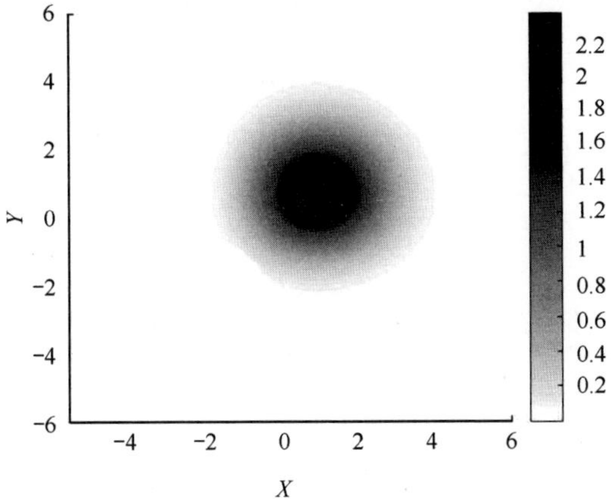

图 20.1　伪分布密度（航向扇面分布，$\Phi=\dfrac{\pi}{2}$，$\sigma=2\text{nm}$，$\mu=4\text{kn}$，$t=0.5\text{h}$）

设 $\Phi=\pi$，$\sigma=2\text{nm}$，$\mu=4\text{kn}$，$t=1\text{h}$，计算得 $\Sigma^2=0.8$。伪分布密度函数如图 20.2 所示。

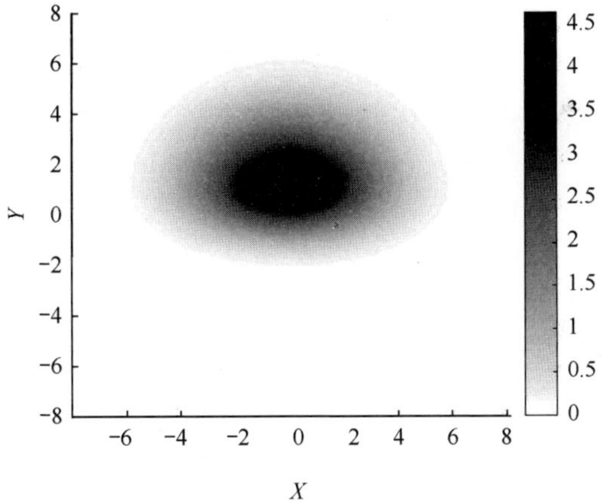

图 20.2　伪分布密度（航向扇面分布，$\Phi=\pi$，$\sigma=2\text{nm}$，$\mu=4\text{kn}$，$t=1\text{h}$）

作为一种特殊情况，当 $\Phi=2\pi$，航向扇面分布成为全航向均匀分布，分布密度函数为式（20-1）或式（20-2）。

20.3 确定性航向

作为航向扇面分布的一种特殊情况，当Φ=0时，扇面变为φ=0的确定航向。对于任意确定航向φ_0，其边缘分布密度函数$\rho_\varphi(\varphi)=\delta(\varphi-\varphi_0)$。其中$\delta$是Dirichlet函数，满足$\delta(\varphi-\varphi_0)=\begin{cases}0,\ \varphi\neq\varphi_0\\ \infty,\ \varphi=\varphi_0\end{cases}$，$\int_0^{2\pi}\delta(\varphi-\varphi_0)\mathrm{d}\varphi=1$。设$\rho_v(v)=\frac{v}{\mu^2}\exp\{-\frac{v^2}{2\mu^2}\}$，即航速服从瑞利分布，则速度的分布密度函数为$\rho_{\boldsymbol{v}}(v,\varphi)=\frac{\delta(\varphi-\varphi_0)}{\mu^2}\exp\{-\frac{v^2}{2\mu^2}\}$，代入式（4-2）：

$$
\begin{aligned}
\rho(\boldsymbol{x};t)&=\int_V\rho_0[\boldsymbol{x}-\boldsymbol{v}t]\rho_{\boldsymbol{v}}(\boldsymbol{v})\mathrm{d}\boldsymbol{v}\\
&=\frac{1}{2\pi\sigma^2\mu^2}\int_0^{2\pi}\int_0^{+\infty}\exp\{-[\frac{r^2+(vt)^2-2rvt\cos(\varphi-\theta)}{2\sigma^2}+\frac{v^2}{2\mu^2}]\}\cdot\delta(\varphi-\varphi_0)v\mathrm{d}v\mathrm{d}\varphi\\
&=\frac{1}{2\pi\sigma^2\mu^2}\int_0^{+\infty}\exp\{-[\frac{r^2+(vt)^2-2rvt\cos(\varphi_0-\theta)}{2\sigma^2}+\frac{v^2}{2\mu^2}]\}v\mathrm{d}v \qquad (20\text{-}6)\\
&=\frac{\exp\{-\frac{r^2}{2\sigma^2}\}}{2\pi\sigma^2\mu^2}\int_0^{+\infty}v\exp\{-(\frac{t^2}{2\sigma^2}+\frac{1}{2\mu^2})\ v^2\}\exp\{\frac{rvt\cos(\varphi_0-\theta)}{\sigma^2}\}\mathrm{d}v\\
&=\frac{\exp\{-\frac{r^2}{2\sigma^2}\}}{2\pi(\sigma^2+\mu^2t^2)}\int_0^{+\infty}\frac{v}{\frac{\sigma^2\mu^2}{\sigma^2+\mu^2t^2}}\exp\{-\frac{v^2}{2\frac{\sigma^2\mu^2}{\sigma^2+\mu^2t^2}}\}\exp\{\frac{rvt\cos(\varphi_0-\theta)}{\sigma^2}\}\mathrm{d}v
\end{aligned}
$$

令$R=\frac{r}{\sigma}$，$S=\frac{vt}{\sigma}$，$\frac{\mu^2t^2}{\sigma^2+\mu^2t^2}=\Sigma^2$，$\Upsilon(R,\theta)=2\pi(\sigma^2+\mu^2t^2)\cdot\rho(r,\theta;t)$，则式（20-6）可以表示为

$$
\Upsilon(R,\theta)=\exp\{-\frac{R^2}{2}\}\int_0^{+\infty}\frac{S}{\Sigma^2}\exp\{-\frac{S^2}{2\Sigma^2}\}\exp\{RS\cos(\varphi_0-\theta)\}\mathrm{d}S \qquad (20\text{-}7)
$$

设$\varphi_0=0$，$\sigma=2\mathrm{nm}$，$\mu=4\mathrm{kn}$，$t=0.5\mathrm{h}$，计算得$\Sigma^2=0.5$。用式（20-7）进行数值计算，得到伪分布密度函数如图20.3所示。

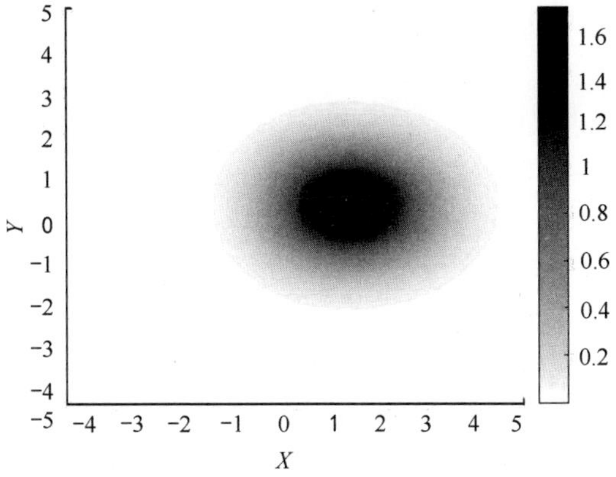

图 20.3　伪分布密度（确定性航向，$\varphi_0 = 0$，$\sigma = 2\text{nm}$，$\mu = 4\text{kn}$，$t = 0.5\text{h}$）

20.4　航速区间分布

设航向与航速相互独立。航向在全向均匀分布，分布密度 $\rho_\varphi(\varphi) = \frac{1}{2\pi}$，$\varphi \in [0, 2\pi]$。航速在区间均匀分布，分布密度 $\rho_v(v) = \frac{1}{v_2 - v_1}, v \in [v_1, v_2]$，则速度的分布密度函数（请参考式（3-1））为 $\rho_v(v,\varphi) = \frac{1}{2\pi v(v_2 - v_1)}, v \in [v_1, v_2], \varphi \in [0, 2\pi]$。代入式（4-2），有：

$$
\begin{aligned}
\rho(r,\theta;t) &= \int_{v_1}^{v_2}\int_0^{2\pi} \frac{1}{2\pi\sigma^2}\exp\{-\frac{r_0^2}{2\sigma^2}\}\frac{1}{2\pi v(v_2 - v_1)} v\mathrm{d}v\mathrm{d}\varphi \\
&= \frac{1}{2\pi\sigma^2}\int_{v_1}^{v_2}\frac{1}{2\pi}\int_0^{2\pi}\exp\{-\frac{r_0^2}{2\sigma^2}\}\frac{1}{v_2 - v_1}\mathrm{d}v\mathrm{d}\varphi \\
&= \frac{1}{2\pi\sigma^2(v_2 - v_1)}\int_{v_1}^{v_2}\frac{1}{2\pi}\int_0^{2\pi}\exp\{-\frac{r^2 + (vt)^2 - 2rvt\cos(\varphi - \theta)}{2\sigma^2}\}\mathrm{d}v\mathrm{d}\varphi \\
&= \frac{\exp\{-\frac{r^2}{2\sigma^2}\}}{2\pi\sigma^2(v_2 - v_1)}\int_{v_1}^{v_2}\exp\{-\frac{(vt)^2}{2\sigma^2}\}\frac{1}{2\pi}\int_0^{2\pi}\exp\{\frac{rvt\cos(\varphi - \theta)}{\sigma^2}\}\mathrm{d}\varphi\mathrm{d}v
\end{aligned}
$$

上式中的第二个积分与 θ 无关，不妨令 $\theta = 0$。

$$
\begin{aligned}
&\frac{1}{2\pi}\int_0^{2\pi}\exp\{\frac{rvt}{\sigma^2}\cos\varphi\}\mathrm{d}\varphi=\frac{1}{\pi}\int_0^{\pi}\exp\{\frac{rvt}{\sigma^2}\cos\varphi\}\mathrm{d}\varphi\\
&=\frac{1}{\pi}\int_0^{\pi}\exp\{-\frac{rvt}{\sigma^2}\cos\varphi\}\mathrm{d}\varphi=\frac{1}{\pi}\int_0^{\pi}\exp\{\mathrm{i}(\frac{\mathrm{i}rvt}{\sigma^2}\cos\varphi)\}\mathrm{d}\varphi\\
&=J_0(\frac{\mathrm{i}rvt}{\sigma^2})=I_0(\frac{rvt}{\sigma^2})
\end{aligned}
$$

式中：$\mathrm{i}=\sqrt{-1}$；J_0为零阶贝塞尔函数；I_0为第一类修正零阶贝塞尔函数。

$$
\rho(r,\theta;t)=\frac{\exp\{-\frac{r^2}{2\sigma^2}\}}{2\pi\sigma^2(v_2-v_1)}\int_{v_1}^{v_2}\exp\{-\frac{(vt)^2}{2\sigma^2}\}I_0(\frac{rvt}{\sigma^2})\mathrm{d}v \tag{20-8}
$$

令$R=\frac{r}{\sigma}$，$S=\frac{vt}{\sigma}$。$S_1=\frac{v_1t}{\sigma}$，$S_2=\frac{v_2t}{\sigma}$。令$\Upsilon(R,\theta)=2\pi\sigma^2(S_2-S_1)\cdot\rho(r,\theta;t)$，则式（20-8）可以表示为

$$
\Upsilon(R,\theta)=\exp\{-\frac{R^2}{2}\}\int_{S_1}^{S_2}\exp\{-\frac{S^2}{2}\}I_0(RS)\mathrm{d}S \tag{20-9}
$$

实变量的第一类修正零阶贝塞尔函数I_0即虚变量的零阶贝塞尔函数J_0，其无穷级数形式为

$$
\begin{aligned}
I_0(RS)=J_0(\mathrm{i}RS)&=1-\frac{(\mathrm{i}RS)^2}{2^2}+\frac{(\mathrm{i}RS)^4}{2^4(2!)^2}-\frac{(\mathrm{i}RS)^6}{2^6(3!)^2}+\ldots\\
&=1+\frac{(RS)^2}{2^2}+\frac{(RS)^4}{2^4(2!)^2}+\frac{(RS)^6}{2^6(3!)^2}+\ldots
\end{aligned} \tag{20-10}
$$

图20.4是参变量$S=0,2,4,6,8$时，$I_0(RS)$与R的关系曲线。

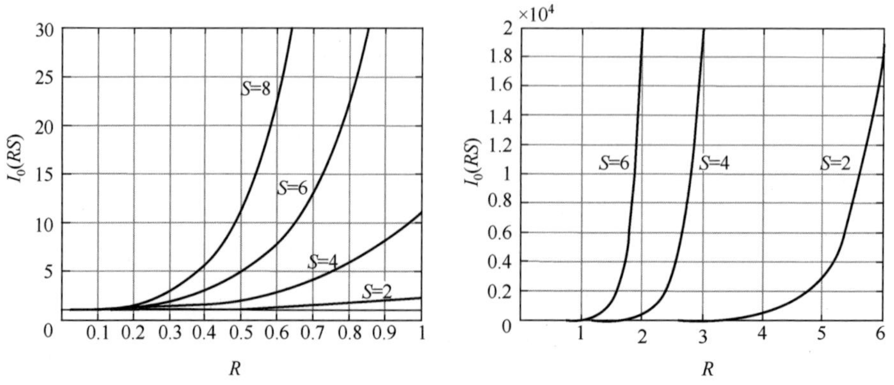

图20.4　第一类修正零阶贝塞尔函数曲线

设 $v_1 = 4\text{kn}$，$v_2 = 10\text{kn}$，$\sigma = 2\text{nm}$，分别设 $t = 0.5\text{h}$ 和 $t = 1\text{h}$。计算得 $S_1 = 1$，$S_2 = 2.5$ 和 $S_1 = 2$，$S_2 = 5$。

伪分布密度函数在方位上是相同的。计算得到伪分布密度函数 $\Upsilon(R,\theta)$ 在任意 θ 上的投影曲线 $\Upsilon(R)$ 如图 20.5 所示。

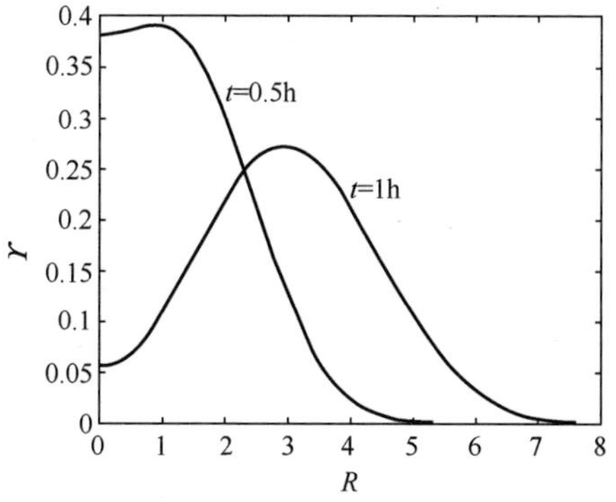

图 20.5　伪分布密度曲线 $\Upsilon(R)$

20.5　航速区间航向扇面分布

设航速分布 $\rho_v(v) = \dfrac{1}{v_2 - v_1}, v \in [v_1, v_2]$，航向分布 $\rho_\varphi(\varphi) = \dfrac{1}{\Phi}, \varphi \in [0, \Phi]$，则速度分布成为“航速区间，航向扇面”的分布形式。综合 20.2 节和 20.4 节，可以推理得到，t 时刻目标的分布密度函数为

$$\rho(r,\theta;t) = \frac{\exp\{-\dfrac{r^2}{2\sigma^2}\}}{2\pi\sigma^2(v_2 - v_1)} \int_{v_1}^{v_2} \exp\{-\frac{(vt)^2}{2\sigma^2}\} \frac{1}{\Phi} \int_0^{\Phi} \exp\{\frac{rvt\cos(\varphi - \theta)}{\sigma^2}\} \mathrm{d}\varphi \mathrm{d}v \qquad (20\text{-}11)$$

令 $R = \dfrac{r}{\sigma}$，$S = \dfrac{vt}{\sigma}$，伪分布密度函数 $\Upsilon(R,\theta) = 2\pi\sigma^2(S_2 - S_1)\Phi \cdot \rho(r,\theta;t)$ 为

$$\Upsilon(R,\theta) = \exp\{-\frac{R^2}{2}\} \int_{S_1}^{S_2} \exp\{-\frac{S^2}{2}\} \int_0^{\Phi} \exp\{RS\cos(\varphi - \theta)\} \mathrm{d}\varphi \mathrm{d}S \qquad (20\text{-}12)$$

设 $v_1 = 4\text{kn}, v_2 = 10\text{kn}$，$\sigma = 2\text{nm}$，$t = 0.5\text{h}$，计算得 $S_1 = 1, S_2 = 2.5$。设 $\Phi = \dfrac{\pi}{2}$，计算式（20-12），得到伪分布密度函数如图 20.6 所示。

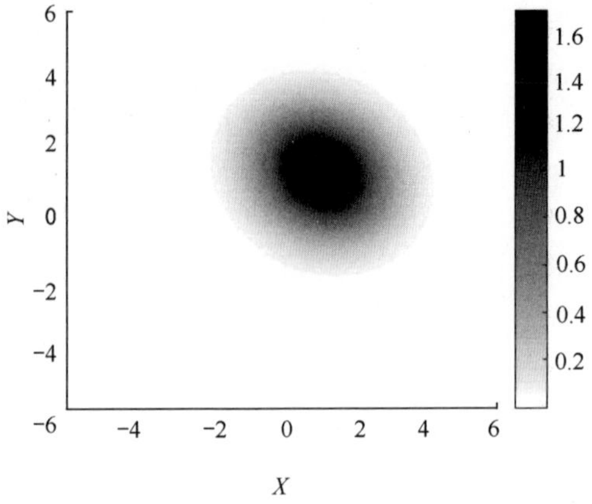

图 20.6 伪分布密度（航速区间航向扇面分布，$v_1 = 4\text{kn}$，$v_2 = 10\text{kn}$，$\Phi = \frac{\pi}{2}$，$\sigma = 2\text{nm}$，$t = 0.5\text{h}$）

20.6 确定性航速

设目标航向的分布密度函数为 $\rho_\varphi(\varphi) = \frac{1}{2\pi}, \varphi \in [0, 2\pi]$，已知目标具有确定性航速 $v_0 \geqslant 0$。用随机变量 v 描述确定的航速 v_0，航速的边缘分布密度函数 $\rho_v(v) = \delta(v - v_0)$。其中 δ 是 Dirichlet 函数。

目标速度向量的概率分布密度函数为：$\rho_{\mathbf{v}}(v,\varphi) = \frac{1}{2\pi v}\delta(v - v_0)$，$\varphi \in [0, 2\pi]$，$v \in [0, +\infty)$。

利用式（4-2），可以得

$$
\begin{aligned}
\rho(r,\theta;t) &= \int_0^{+\infty}\int_0^{2\pi} \frac{1}{2\pi\sigma^2}\exp\{-\frac{r_0^2}{2\sigma^2}\}\frac{\delta(v-v_0)}{2\pi v} v\mathrm{d}v\mathrm{d}\varphi \\
&= \frac{1}{2\pi\sigma^2}\cdot\frac{1}{2\pi\sigma^2}\int_0^{2\pi}\int_0^{+\infty}\exp\{-\frac{r^2+(vt)^2-2rvt\cos(\varphi-\theta)}{2\sigma^2}\}\delta(v-v_0)\mathrm{d}v\mathrm{d}\varphi \\
&= \frac{\exp\{-\frac{r^2+(v_0t)^2}{2\sigma^2}\}}{2\pi\sigma^2}\cdot\frac{1}{2\pi}\int_0^{2\pi}\exp\{\frac{rv_0t}{\sigma^2}\cos(\varphi-\theta)\}\mathrm{d}\varphi \\
&= \frac{\exp\{-\frac{r^2+(v_0t)^2}{2\sigma^2}\}}{2\pi\sigma^2} I_0(\frac{rv_0t}{\sigma^2})
\end{aligned}
$$

将结果重写如下：

$$\rho(r,\theta;t)=\frac{1}{2\pi\sigma^2}\exp\{-\frac{r^2+(v_0t)^2}{2\sigma^2}\}I_0(\frac{rv_0t}{\sigma^2}) \tag{20-13}$$

令 $R=\frac{r}{\sigma}$，$S_0=\frac{v_0t}{\sigma}$，令伪分布密度函数 $\Upsilon(R,\theta)=2\pi\sigma^2\cdot\rho(r,\theta;t)$，则式（20-13）可以表示为

$$\Upsilon(R,\theta)=\exp\{-\frac{R^2+S_0^2}{2}\}I_0(RS_0) \tag{20-14}$$

分别设 $S_0=0.5,1,2,3,4$，计算得到伪分布密度函数 $\Upsilon(R,\theta)$ 在任意 θ 上的投影曲线 $\Upsilon(R)$ 如图 20.7 所示。

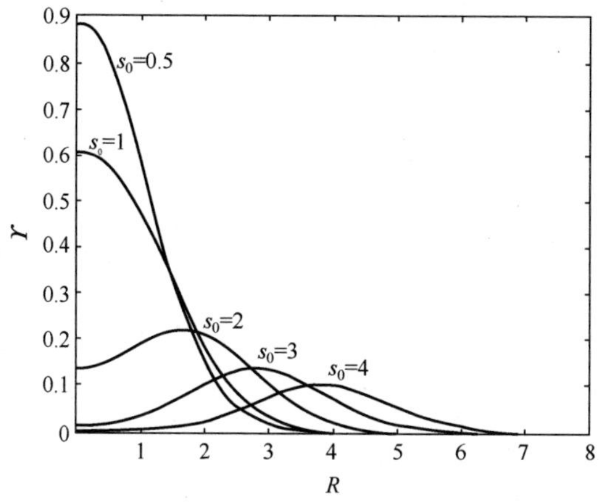

图 20.7　确定性航速伪分布密度曲线

下面对式（20-14）的函数进行极点分析。

二元函数的极点处，有 $\frac{\partial\Upsilon(R,\theta)}{\partial R}=0,\frac{\partial\Upsilon(R,\theta)}{\partial\theta}=0$。由于函数中没有变量 θ，故 $\frac{\partial\Upsilon(R,\theta)}{\partial\theta}=0$ 处处成立。仅考察偏导数 $\frac{\partial\Upsilon(R,\theta)}{\partial R}$。

$$\frac{\partial\Upsilon(R,\theta)}{\partial R}=\mathrm{e}^{-\frac{R^2+S_0^2}{2}}\frac{\partial I_0(RS_0)}{\partial R}-RI_0(RS_0)\mathrm{e}^{-\frac{R^2+S_0^2}{2}}$$

$$=\mathrm{e}^{-\frac{R^2+S_0^2}{2}}[\frac{\partial I_0(RS_0)}{\partial R}-RI_0(RS_0)]$$

令 $\frac{\partial\Upsilon(R,\theta)}{\partial R}=0$。在有限 R 上，$\mathrm{e}^{-\frac{R^2+S_0^2}{2}}\neq 0$，所以有极点方程：

$$\frac{\partial I_0(RS_0)}{\partial R} - RI_0(RS_0) = 0 \tag{20-15}$$

当 $S_0 = 0$，有 $I_0(RS_0) \equiv 1$，解得极点 $R^* = 0$。$S_0 = 0$ 是初始时刻或静止目标，目标的分布中心 $R = 0$ 是唯一的极点，而且是极大点。

因为有 $\left.\frac{\partial I_0(RS_0)}{\partial R}\right|_{R=0} = 0$ 成立，而 $I_0(0) = 1$，所以，在 $S_0 > 0$ 时，$R = 0$ 仍是式（20-15）的一个解。

$$\frac{\partial^2 \Upsilon(R,\theta)}{\partial R^2} = \mathrm{e}^{-\frac{R^2+S_0^2}{2}}\left[\frac{\partial^2 I_0(RS_0)}{\partial R^2} - R\frac{\partial I_0(RS_0)}{\partial R} - I_0(RS_0)\right] -$$

$$R\,\mathrm{e}^{-\frac{R^2+V_0^2}{2}}\left[\frac{\partial I_0(RS_0)}{\partial R} - RI_0(RS_0)\right]$$

$$= \mathrm{e}^{-\frac{R^2+S_0^2}{2}}\left[\frac{\partial^2 I_0(RS_0)}{\partial R^2} - 2R\frac{\partial I_0(RS_0)}{\partial R} + (R^2-1)I_0(RS_0)\right]$$

在 $R = 0$ 处，有：

$$\left.\frac{\partial^2 \Upsilon(R,\theta)}{\partial R^2}\right|_{R=0} = \mathrm{e}^{-\frac{S_0^2}{2}}\left[\left.\frac{\partial^2 I_0(RS_0)}{\partial R^2}\right|_{R=0} - 1\right] = \mathrm{e}^{-\frac{S_0^2}{2}}\left(\frac{1}{2}S_0^2 - 1\right)$$

当 $S_0^2 < 2$，即 $t < \sqrt{2}\frac{\sigma}{v_0}$，$R = 0$ 是极大点。当 $S_0^2 > 2$，即 $t > \sqrt{2}\frac{\sigma}{v_0}$ 时，$R = 0$ 是极小点。在图 20-7 所示的曲线中，可以看到这两种极点。注意，$R = 0$ 是极小点时，仅仅是一个局部极小，而不是全局极小。

下面讨论极点方程的非 0 解问题。很显然，如果极点方程有非 0 解，这个解一定是极大解。由于 $\frac{\partial \Upsilon(R,\theta)}{\partial \theta} = 0$ 处处成立，所以在以极大解为半径的圆上，有相同的极值。

式（20-15）用零阶和一阶贝塞尔函数表示为

$$\mathrm{i}S_0J_1(\mathrm{i}RS_0) + RJ_0(\mathrm{i}RS_0) = 0 \tag{20-16}$$

找不到极点方程的非 0 解析解。用数值方法计算求出对应于一些 S_0 值的近似解，见表 20.1。其中在 $S_0 > 0$，$\beta = \frac{R^*}{S_0} = \frac{r^*}{v_0t}$，$\varDelta = S_0 - R^* = \frac{v_0t - r^*}{\sigma}$。

从表 20.1 中可以看出，当 S_0 较小时，没有非 0 的极大半径。$S_0 = \sqrt{2}$ 是 $R = 0$ 由极大变为局部极小的分界值，同时也是非 0 的极大半径出现的分界值。极大半径总是小于 S_0 值。随着 S_0 的增大，极大半径越来越接近 S_0 值。从图 20.7 也能看到伪分布函数极值点的变化关系。

表 20.1　极大半径 R^* 值

S_0	0.5	1	1.5	2	2.5	3	3.5	4	5	6	7	8
R^*	—	—	0.68	1.66	2.26	2.81	3.34	3.86	4.89	5.91	6.92	7.93
β	—	—	0.45	0.83	0.90	0.94	0.95	0.97	0.98	0.99	0.99	0.99
Δ	—	—	0.82	0.34	0.24	0.19	0.16	0.14	0.11	0.09	0.08	0.07

根据式（20-13），可以求得关于 r、θ 的边缘分布分别为

$$\rho_r(r,t)=\frac{r}{\sigma^2}\exp\{-\frac{r^2+(v_0t)^2}{2\sigma^2}\}I_0(\frac{rv_0t}{\sigma^2}),\quad \rho_\theta(\theta;t)=\frac{1}{2\pi} \tag{20-17}$$

根据式（20-14），可以求得伪分布密度函数关于 R 的边缘分布为

$$\Upsilon_R(R)=2\pi R\exp\{-\frac{R^2+S_0^2}{2}\}I_0(RS_0) \tag{20-18}$$

$\rho_r(r,t)$ 的极大值距离比 $\rho(r,\theta;t)$ 的极大值半径要大，同样，$\Upsilon_R(R)$ 的极大值距离比 $\Upsilon(R,\theta)$ 的极大值半径也要大。最重要的是，二维分布密度（或伪分布密度）的极大值半径与一维边缘分布的极大值距离的意义不同。边缘分布的极大值距离意味着在以此距离为半径的整个圆上累积的分布密度最大。而分布密度（或伪分布密度）的最大值半径意味着在此半径的圆的任意一个点上，分布密度最大。如果在以边缘分布极大值距离为半径的圆上进行一个小的局部面积探测，获得的发现概率要小于在分布密度极大值半径上进行同样探测的发现概率。假如进行较窄的环状探测或搜索，在以边缘分布极大值距离为半径的环上获得的发现概率，要大于在分布密度极大值半径的环上获得的发现概率。

（Koopman 在他的经典论文中给出了式（20-13）和式（20-17）的论证和结果。半个多世纪之后，在一本书上以及一些论文中，出现了一个新的结果：分布密度函数在 $r>v_0t$ 时是 $\frac{r-v_0t}{2\pi\sigma^2}\exp\{-\frac{(r-v_0t)^2}{2\sigma^2}\}$，在 $r\leqslant v_0t$ 时是 0。我眼看着这个既反理性又反直觉的结论还在继续流传，一点办法都没有。）

20.7　速度同态分布

本章前面各节的讨论，目标的速度分布都有简单的形式，而目标在 t 时刻的位置分布却非常复杂，原因在于目标的初始位置是随机的，本章设定为圆正态分布。目标在 t 时刻的位置分布仅依赖于目标的速度分布，这是一个很大的

误解。但是，有一种情况，目标在 t 时刻的位置分布，确实仅依赖于目标的速度分布，这就是目标的初始位置不是随机量，而是确定量。也仅在这一种情况下，目标的位置分布，仅依赖于速度分布。

假设目标初始位置位于坐标原点，则 t 时刻的目标位置 $r=vt$ ，$\theta=\varphi$ 。设目标速度分布密度函数为 $\rho_v(v,\varphi)$ ，则目标速度处于任意区间 $[v_1,v_2]$ 、扇面 $[\varphi_1,\varphi_2]$ 内的概率等于目标位置处于区间 $[v_1t,v_2t]$ 、扇面 $[\varphi_1,\varphi_2]$ 的概率，即

$$\int_{\varphi_1}^{\varphi_2}\int_{v_1}^{v_2}\rho_v(v,\varphi)v\mathrm{d}v\mathrm{d}\varphi=\int_{\theta_1}^{\theta_2}\int_{v_1t}^{v_2t}\frac{1}{t^2}\rho_v(\frac{r}{t},\theta)vt\mathrm{d}(vt)\mathrm{d}\theta$$

$$=\int_{\theta_1}^{\theta_2}\int_{v_1t}^{v_2t}\frac{1}{t^2}\rho_v(\frac{r}{t},\theta)r\mathrm{d}r\mathrm{d}\theta=\int_{\theta_1}^{\theta_2}\int_{v_1t}^{v_2t}\rho(r,\theta;t)r\mathrm{d}r\mathrm{d}\theta$$

所以，$\rho(r,\theta;t)=\frac{1}{t^2}\rho_v(\frac{r}{t},\theta)$ 。在直角坐标系，若目标速度分布密度函数为 $\rho_v(v_x,v_y)$ ，则 $\rho(x,y;t)=\frac{1}{t^2}\rho_v(\frac{x}{t},\frac{y}{t})$ 。目标的位置分布与速度分布同态。

如果初始目标位置分布的方差 σ 很小，用前面各小节的模型进行数值计算的误差会非常大，甚至可能会造成“溢出”，此时，使用确定性目标初始位置模型会更准确，还非常简单。

假如在速度分布中，有一个确定量，则目标位置的分布也有相应的确定量。例如：若航速确定，航向扇面分布，则目标位置在确定的弧线上与航向扇面同分布；若航速区间分布，航向确定，则目标在航向方位线上，与航速同分布的线段上。

第21章

特殊条件的静止目标路径搜索模型

21.1 横距函数与扫描宽度

Koopman 在他的经典论文中，定义了一个距离量“横距”。横距的“距”指的是离探测器的距离；横距的“横”指的是在探测器运动轨迹的垂直方向上。

目标处于不同的横距上，探测器发现目标的概率不同。Koopman 定义了一个一维概率函数 $P(x)$，其中横距 $x \in (-\infty, +\infty)$。$P(x)$ 常被称为“横距函数”或“横距曲线”。Koopman 在论文中给出了几种典型的横距函数形式。在实际应用中，横距函数应根据具体探测器进行构造或选用。有一种特殊的横距函数，表示为

$$P(x)=\begin{cases}1, & |x| \leqslant D \\ 0, & |x| > D\end{cases}$$

这种形式的横距函数称为“定距规律”，表示若目标处于横距 D 以内，一定被发现，若目标处于横距 D 以外，一定不能发现。

横距函数 $P(x)$ 与本书第6章所定义的距离型探测函数 $b(\boldsymbol{x},\boldsymbol{y}) = b(|\boldsymbol{x}-\boldsymbol{y}|)$ 的意义是一致的，只是在横距函数中，默认以探测器为坐标原点，并且目标位置用探测器运动轨迹的垂线上的一维数字表示。$P(x)$ 为条件概率函数，是目标处于横距 x 处条件下，探测器发现目标的概率。这一点与“探测函数”的定义完全一致。

假设目标在横距上存在的概率密度函数为 $\rho(x)$（除了均匀分布，还有什么样的分布形式，能在探测器任意轨迹的运动中保持不变？），则探测器发现目标的概率为

$$P = \int_{-\infty}^{+\infty} \rho(x) P(x) \mathrm{d}x$$

有的书上将 P 称为“发现目标的平均概率”“条件发现概率的期望值”。确

实，$\bar{P}$ 是 $P(x)$ 的均值，但“平均概率”“概率的期望值”容易造成概念混乱。

Koopman 在给出了几种 $P(x)$ 曲线之后，定义了一个量 $W=\int_{-\infty}^{+\infty}P(x)\mathrm{d}x$，并称这个 W 为“有效搜索（或扫描）宽度”。这个量方便进行一些概率估算，仅此而已。到了 Lawrence D. Stone 的书中，这个 W 称为“扫描宽度”，定义为 $W=2\int_{0}^{+\infty}P(r)\mathrm{d}r$，没有过多的解释，仅提到“若在横距 d 范围内肯定探测到目标，而在 d 之外探测不到，那么 $P(r)=\begin{cases}1, & 0\leqslant r\leqslant d\\ 0, & r>d\end{cases}$，称该探测器服从定距规律，这时 $W=2d$。”

在各种各样的军事运筹学教科书中都少不了这个 W，称为“搜索宽度”或“扫描宽度”，还有称其为“搜扫宽度”。不止一本书说“目标通过搜扫宽度的区间时，发现目标的事件就发生，……，探测器通过一个区域搜索目标时，它有效地清扫出一条具有宽度 W 的通道，如果目标在这个区域内，就会被发现”。这是不正确的。如果探测器的横距函数 $P(x)$ 不是具有定距规律的横距函数，靠在纸上求定积分算出一个 W，就能“有效地清扫出一条具有宽度 W 的通道”？

设对称的非定距规律的横距函数 $P(x)$，其连续的非 0 区间宽度为 L，则有 $W=\int_{-\frac{L}{2}}^{+\frac{L}{2}}P(x)\mathrm{d}x<L$。设目标在扫描宽度 W 上均匀分布。在 W 宽度内发现目标的概率为

$$
\begin{aligned}
P(W)&=\int_{-\frac{W}{2}}^{+\frac{W}{2}}\frac{1}{W}P(x)\mathrm{d}x\\
&=\frac{1}{W}[W-\int_{-\frac{L}{2}}^{-\frac{W}{2}}P(x)\mathrm{d}x-\int_{\frac{W}{2}}^{\frac{L}{2}}P(x)\mathrm{d}x]\\
&=1-\frac{2}{W}\int_{\frac{W}{2}}^{\frac{L}{2}}P(x)\mathrm{d}x<1
\end{aligned}
$$

可见，“如果目标在这个区域内，就会被发现”不能成立。

无论从计算还是从认识搜索问题的角度，搜扫宽度这个概念都不是必须的。有横距函数就足够了。

21.2 基本问题

在一些特殊条件下，路径搜索的发现概率模型不必通过式（13-17）或

式（13-18），可以直接得到。本章在二维空间进行讨论。所谓特殊条件，包括空间条件、目标条件、探测器和搜索条件。分别设定如下。

（1）搜索空间和目标空间为一连续封闭的二维空间，面积为 S 。

（2）一静止目标均匀分布于空间中，概率分布密度函数 $\rho_0(\boldsymbol{x})=\dfrac{1}{S}$ 。

（3）探测器具有等距规律的横距函数，宽度为 W ；探测器以固定速率 V 运动搜索。

下面定义几个概念。

（1）搜索面积 $s(t)$ ：搜索进行到 t 时刻探测器的搜索面积。忽略搜索起始时刻探测器后部和结束时刻探测器前部的两个半圆形搜索区域，可以得到：$s(t)=WVt$ 。

（2）有效搜索面积 $\tilde{s}(t)$ ：搜索进行到 t 时刻探测器的净搜索面积。假如搜索区域没有重叠，则 $\tilde{s}(t)=s(t)$ ；如果搜索区域有重叠，则 $\tilde{s}(t)<s(t)$ 。

（3）有效搜索覆盖率 $\tilde{\eta}(t)$ ：搜索进行到 t 时刻有效搜索面积与总面积的比率，即 $\tilde{\eta}(t)=\dfrac{\tilde{s}(t)}{S}$ 。

（4）先验有效搜索概率 $\tilde{p}(t)$ ：搜索进行到 t 时刻未发现目标，随后一个时间段 Δt 的搜索面积是未搜索过的面积的概率。

令 $P(t)$ 为搜索到 t 时刻，发现目标的概率。

将进行到 $t+\Delta t$ 时刻的搜索分为两个部分：$0\sim t$ 和 $t\sim t+\Delta t$ 。在发现目标于时间上统计独立的条件下，可以得到概率关系：

$$\begin{aligned}P(t+\Delta t)&=P(t)+[1-P(t)]\cdot\tilde{p}(t)\frac{WV\Delta t}{S-\tilde{s}(t)}\\&=P(t)+[1-P(t)]\cdot\tilde{p}(t)\frac{WV\Delta t}{S[1-\dfrac{\tilde{s}(t)}{S}]}\\&=P(t)+[1-P(t)]\cdot\tilde{p}(t)\frac{WV\Delta t}{S[1-\tilde{\eta}(t)]}\end{aligned}$$

$$\frac{P(t+\Delta t)-P(t)}{\Delta t}=[1-P(t)]\frac{WV}{S}\cdot\frac{\tilde{p}(t)}{1-\tilde{\eta}(t)}$$

令 $\Delta t\to 0$ ，得

$$\frac{\mathrm{d}P(t)}{\mathrm{d}t}=[1-P(t)]\frac{WV}{S}\cdot\frac{\tilde{p}(t)}{1-\tilde{\eta}(t)}\tag{21-1}$$

对照一下第 6 章所定义的探测率函数可知，式(21-1)中的因子$\frac{WV}{S}\cdot\frac{\tilde{p}(t)}{1-\tilde{\eta}(t)}$就是探测率函数$\gamma(t)$。

21.3 规则搜索

规则搜索指的是没有任何重叠搜索区域的搜索。规则搜索存在最大搜索时间为$\frac{S}{WV}$。对于任意$t\in[0,\frac{S}{WV}]$时刻，可以很容易地写出发现目标的概率为

$$P(t)=\frac{s(t)}{S}=\tilde{\eta}(t)=\frac{WV}{S}t\text{，}\quad t\in[0,\frac{S}{WV}] \tag{21-2}$$

规则搜索中，对于任意$t\in[0,\frac{S}{WV})$，式（21-1）中的先验有效搜索概率$\tilde{p}(t)\equiv 1$，该式可以整理为下列形式的微分方程：

$$\frac{\mathrm{d}P(t)}{1-P(t)}=\frac{WV}{S}\cdot\frac{\mathrm{d}t}{1-\frac{WV}{S}t}$$

利用$P(0)=0$的初始条件解此微分方程，可得到与式（21-2）相同的结果。

规则搜索有时变的探测率$\gamma(t)=\frac{WV}{S(1-\frac{WV}{S}t)}$。

规则搜索发现目标的时间期望值$E(t_d)=\int_0^1 t\mathrm{d}P(t)=\int_0^{\frac{S}{WV}} t\frac{WV}{S}\mathrm{d}t=\frac{S}{2WV}$。

规则搜索不是特定路径的搜索，而是一种特定“路径形式”的搜索。

规则搜索是一种简单的搜索路径形式，但在实际应用中，实施严格的规则搜索还是比较困难的。严格的规则搜索，搜索量不能超出给定的空间面积，也不能遗漏任何一点空间面积。

21.4 随机搜索

当有效搜索覆盖率为$\tilde{\eta}(t)$时，$1-\tilde{\eta}(t)$则为“未覆盖率”。

定义随机搜索：对于所有$t\geqslant 0$，如果以t时刻的未覆盖率作为t之后搜索的先验有效搜索概率，即$\tilde{p}(t)=1-\tilde{\eta}(t)$，则这种路径形式的搜索称为随机搜索。

在直观上，不可能通过一段时间的搜索路径辨识出随机搜索的特征，只能

在搜索进行了比较长的时间后，通过探测器轨迹或搜索区域的覆盖，近似辨认出一种搜索路径是随机搜索路径。例如，若搜索宽度 W 远小于搜索空间尺度时，在搜索了较长时间后，未曾搜索过的小的区域均匀分布于搜索空间中，这样的搜索，可以看成是随机搜索。

对于随机搜索，式（21-1）变化为

$$\frac{\mathrm{d}P(t)}{\mathrm{d}t}=[1-P(t)]\frac{WV}{S}$$

利用 $P(0)=0$ 的初始条件解此微分方程，得到随机搜索的模型为

$$P(t)=1-\mathrm{e}^{-\frac{WV}{S}t} \tag{21-3}$$

因为目标是均匀分布且探测器具有等距规律，所以有效搜索面积与总面积之比就是发现概率，即 $\tilde{\eta}(t)=\frac{\tilde{s}(t)}{S}=P(t)=1-\mathrm{e}^{-\frac{WV}{S}t}$。有效搜索面积随时间的变化关系为 $\tilde{s}(t)=S[1-\mathrm{e}^{-\frac{WV}{S}t}]$。

随机搜索有非时变的探测率 $\gamma(t)=\frac{WV}{S}$。

随机搜索发现目标的时间期望值：

$$E(t_d)=\int_0^1 t\mathrm{d}P(t)=\int_0^{+\infty}[1-P(t)]\mathrm{d}t=\int_0^{+\infty}\mathrm{e}^{-\frac{WV}{S}t}\mathrm{d}t=\frac{S}{WV}$$

可以看到，随机搜索的发现目标时间均值是规则搜索的 2 倍。

将 $\mathrm{e}^{-\frac{WV}{S}t}$ 在 t=0 处作泰勒级数展开，当 $\frac{WV}{S}t$ 较小时，可以忽略级数的高次项，于是有 $\mathrm{e}^{-\frac{WV}{S}t}\approx 1-\frac{WV}{S}t$，这说明，当 $\frac{WV}{S}t$ 较小时，随机搜索和规则搜索的发现概率基本相同。随着 $\frac{WV}{S}t$ 的增加，两种搜索方式发现概率的差异增大。这种差异的方向是不会变的，一定是规则搜索的发现概率大于随机搜索的发现概率，因为随机搜索有越来越多的重复搜索。在任意时刻，都不可能有一种搜索方式的发现概率超过规则搜索的发现概率。

有的书上，不定义什么是随机搜索，错误地论证出式（21-3）是随机搜索发现概率的“下限”。这会造成误解，似乎随便怎样的一条搜索路线的发现概率都不低于根据式（21-3）计算出的发现概率。事实上，随便就可设计出一条发现概率低于这个“下限”的搜索路线，例如总在一个区域重复搜索。

将式（21-3）当成普适的运动搜索发现概率模型是更大的误解。

要设计出一条搜索路线是“严格的”随机搜索，与辨识出一条搜索路线是“严格的”随机搜索一样地困难。毋宁说，随机搜索路线是一种“无设计”的搜索方式。避开规则搜索，避开在一段时间里总在一个区域内反复搜索，这样的搜索方式，大致上就算是随机搜索吧。

如果给出探测器运动的速率函数$V(t)$，则将式（21-2）和式（21-3）中的Vt由$\int_0^t V(\tau)\mathrm{d}\tau$代替，就可得到变速率的运动探测器的发现概率模型。

不需要探测器运动速率的假设，将式（21-2）、式（21-3）模型中的Vt由探测器运动距离l代替，就可得到规则搜索和随机搜索的以搜索路径长度为变量的发现概率模型。

第22章 直升机吊放声纳搜索

吊放声纳是以直升机为平台的一种搜潜设备。直升机飞行到预定的探测点位置，在较低的高度悬停，由电缆悬挂的吊放声纳探头释放到水中，声纳开机探测水下目标。如果没有发现目标，收起探头，转移飞行至下一个探测点进行探测。如果发现目标，搜索论意义上的搜索工作就结束。

22.1 单次探测的发现概率

22.1.1 基本设定和发现概率

鉴于一次探测的有效工作时间比较短，在单次探测发现概率的计算中，一般可以将水下运动目标设定为静止目标。

目标分布的设定取决于搜潜任务。如果是给定区域的巡逻搜索、检查搜索任务，是否存在目标、存在一个目标还是多个目标，都是个概率性的问题。为了进行发现概率计算，一般假设一定有 1 个目标存在。在没有其他信息的情况下，将这个目标设定为均匀分布，是“最好”的设定。根据海底信息和海岸、海岛等情况及潜艇的一般运动规律，对任务海域进行划分，对目标分布进行分区域的设定，也是一种可行的分布规律设定方式。

如果是应召反潜任务，即其他兵力报告在某点或某个区域确实发现了一个目标，通知直升机前往搜索，“有 1 个目标存在”就不是一个假设了，而是一个事实。此时，对目标分布的假设可以充分利用“通报”的信息。一般情况下，可以将通报的目标位置设定为目标位置分布中心。根据通报位置的估计误差设定分布方差，将通报时刻的目标分布设定为圆正态分布。在没有潜艇运动信息的情况下，到直升机开始探测时刻，可以认为目标仍然呈圆正态分布。在讨论应召搜索的单次探测的发现概率问题时，可以直接将目标分布设定为圆正态分布，当然，其分布方差比初始通报的方差要大。

最简单的探测函数是圆盘函数，即：$b(\boldsymbol{x},\boldsymbol{y})=b(|\boldsymbol{x}-\boldsymbol{y}|)=\begin{cases}1, & |\boldsymbol{x}-\boldsymbol{y}|\leqslant R\\0, & |\boldsymbol{x}-\boldsymbol{y}|>R\end{cases}$。$R$ 常称为声纳的作用距离，根据声纳的工作能力和海洋环境选取。圆盘模型意味着，如果目标出现在以声纳位置 $\boldsymbol{y}$ 为圆心、以 R 为半径的圆内、就一定被发现。吊放声纳在 $\boldsymbol{y}$ 点点水进行探测的发现概率，就是目标存在于该圆内的概率 $P(\boldsymbol{y})=\int_{|\boldsymbol{x}-\boldsymbol{y}|\leqslant R}\rho(\boldsymbol{x})\mathrm{d}\boldsymbol{x}$。如果目标是均匀分布，发现概率就是圆盘面积，即声纳作用范围的面积与分布区域面积的比值 $\dfrac{\pi R^2}{S}$。

如果要比较准确地描述目标在不同距离上的发现能力的差异性，可以选择距离上递减的探测函数，即 $b(\boldsymbol{x},\boldsymbol{y})=b(|\boldsymbol{x}-\boldsymbol{y}|)=\begin{cases}\geqslant 0, & |\boldsymbol{x}-\boldsymbol{y}|\leqslant R\\0, & |\boldsymbol{x}-\boldsymbol{y}|>R\end{cases}$。距离递减规律可以选择指数规律、线性规律，在边界上函数可以连续，也可以不连续。R 也称为有效作用距离，但不一定与圆盘模型的 R 相同。如果采用趋于 0 的连续递减函数则无边界，即没有明确的有效作用距离。

对于有边界的探测函数设定，单次探测发现概率为 $P(\boldsymbol{y})=\int_{|\boldsymbol{x}-\boldsymbol{y}|\leqslant R}\rho(\boldsymbol{x})b(|\boldsymbol{x}-\boldsymbol{y}|)\mathrm{d}\boldsymbol{x}$。对于无边界的探测函数设定，单次探测发现概率为 $P(\boldsymbol{y})=\int_{\boldsymbol{X}}\rho(\boldsymbol{x})b(|\boldsymbol{x}-\boldsymbol{y}|)\mathrm{d}\boldsymbol{x}$。其中 $\boldsymbol{X}$ 是目标的分布区域。

目标分布和探测函数一般都设定为二维空间的函数。如果要考虑三维空间的情况，则需要构造包含深度变量的分布密度函数和探测函数。

在确定声纳探测函数时，要明确声纳的工作方式。例如，声纳的有效作用距离，在主动工作方式和被动工作方式下是不一样的。另外，如果考虑主动工作方式下的探测盲区，则要在作用圆中心挖掉一个小圆，即 $b(\boldsymbol{x},\boldsymbol{y})=b(|\boldsymbol{x}-\boldsymbol{y}|)=\begin{cases}\geqslant 0, & R_1<|\boldsymbol{x}-\boldsymbol{y}|\leqslant R\\0, & |\boldsymbol{x}-\boldsymbol{y}|\leqslant R_1, |\boldsymbol{x}-\boldsymbol{y}|>R\end{cases}$。其中 R_1 为由声纳脉冲宽度决定的盲区半径。

22.1.2 单次探测的持续时间问题

吊放声纳从入水开机发射脉冲（主动方式）或开始接收噪声信号（被动方式）到结束发射机和接收机的工作这段时间，称为有效工作时间。在实际使用中，有效工作时间内，声纳可能会变换工作方式，变换水下分机的工作深度，以提高探测效果。从二维空间讨论问题，假设搜索论意义上的有效工作时间是声纳以某一种工作方式，在一个固定的深度上持续探测的时间。注意，22.1.1节的概率模型只由目标和探测器的空间关系决定发现概率，并没有出现时间量。这不过是一种足够精确的近似。无论是主动工作方式还是被动工作方式工作的声纳，发现在作用范围内有目标是需要时间的，只是这个时间很短。这个很短的时间可以称为“基本工作时间”。对于被动工作模式，是指完成几幅噪声谱图的显示，或完成稳定的噪声收听。对于主动工作模式，是指完成几个脉冲回波的接收（距离 15km 处的目标的回波时间大约是 20s）。在达到基本工作时间后，声纳就几乎达到了由空间位置决定的某点上目标的探测函数值。

如果探测了“基本工作时间”之后，没有发现目标，继续工作下去，能不能发现目标呢？或者将问题换个问法：延长吊放声纳在一点探测的有效工作时间，能不能提高发现概率呢？简单的回答，能。但是需要对静止目标和运动目标进行分析。

对于静止目标，在基本工作时间之后，已经获得“几乎”可以获得的发现概率，继续探测下去，持续到永远，也仅能得到剩余的微乎其微的概率增量。对于一次实际的探测，如果到了基本工作时间没有发现目标，也就不用指望继续探测下去能够发现目标了。

对于运动目标，继续探测下去，除了能够得到与静止目标相同的微乎其微的概率增量外，还能得到另外的一份概率增量：继续探测下去，原来不在声纳作用范围内的目标，存在着进入作用范围的概率。探测时间越长，这个概率增量越大。但这个增量，即使比“微乎其微”要大一些，也比不上用这个时间，在其他未曾探测过的区域进行探测的概率收益大。对于实际的对运动目标的探测，除非有目标的比较确切的运动信息，否则，守株待兔不是个好办法。当然，如果直升机吊放声纳在多兵力协同搜索中的任务就是在一个探测区域中持续监视，或用主动声纳驱赶目标，则另当别论。

将式（13-31）重写如下：

$$
\begin{aligned}
P_T(\boldsymbol{Y}) &= 1-\int_X f(\boldsymbol{x},T,\boldsymbol{Y})\,\mathrm{d}\boldsymbol{x} \\
&= 1-\int_X \rho_0(\boldsymbol{x}_0)\exp\{-\int_0^T \nabla\cdot\bar{\boldsymbol{v}}[\boldsymbol{x}(\tau),\tau]\,\mathrm{d}\tau\}\exp\{-\int_0^T \gamma[\boldsymbol{x}(\tau),\tau,\boldsymbol{y}(\tau)]\,\mathrm{d}\tau\}\,\mathrm{d}\boldsymbol{x} \\
&= 1-\int_X \rho(\boldsymbol{x},T)\exp\{-\int_0^T \gamma[\boldsymbol{x}(\tau),\tau,\boldsymbol{y}(\tau)]\,\mathrm{d}\tau\}\,\mathrm{d}\boldsymbol{x}
\end{aligned}
$$

式中：探测因子和扩散因子都是负指数形式的函数，指数是时间的积分式，超过一定的时间，时间积分的增量对发现概率的贡献将非常小，而且越来越小。

运用后验概率分布密度的概念，可以更清楚地理解，为什么应该在完成各个深度的基本工作时间后及早收缆，转移探测点进行探测。不过这已经是属于多次探测专题里的内容了。

22.2 多次探测的发现概率

22.2.1 静止目标搜索的发现概率

直升机实用吊放声纳在多个探测点进行探测的行为，可以称为“搜索”。将水下目标设定为静止目标，并不具有普遍性意义，只是为了叙述问题方便。

为了简化问题，先假设探测器有有限的作用半径 R，多次探测的探测区域，均没有重叠。

设吊放声纳在 $t_1,t_2,\cdots,t_K$ 时刻在 $\boldsymbol{y}_1,\boldsymbol{y}_2,\cdots,\boldsymbol{y}_K$ 点点水进行了 K 次探测。因为是静止目标且探测区域没有重叠，所以有如下表达式。

第 k 次探测的发现概率为

$$P(\boldsymbol{y}_k)=\int_{|\boldsymbol{x}-\boldsymbol{y}_k|\leqslant R}\rho(\boldsymbol{x})b(|\boldsymbol{x}-\boldsymbol{y}_k|)\mathrm{d}\boldsymbol{x}\,,\quad k=1,2,\cdots,K \tag{22-1}$$

进行了 K 次探测，发现目标的概率为

$$P=\sum_{k=1}^{K}P(\boldsymbol{y}_k) \tag{22-2}$$

对于静止目标，单机进行 K 次没有重叠区域的探测的发现概率，与 K 架直升机各进行一次没有重叠区域的探测的发现概率是完全相同的。

如果探测区域有很小的重叠，利用式（22-1）、式（22-2）对发现概率做近似估算是可行的。如果 K 比较小，完成 K 次探测的总时间 t_K-t_1 不太大，用式（22-1）、式（22-2）对运动目标的发现概率进行估算，也是可以的。

有一本书上给出 K 次探测的发现概率为 $P=1-\prod_{k=1}^{K}[1-P(\boldsymbol{y}_k)]$。这是完全错误的。正确的关系应该是：

$$P_k(\boldsymbol{y}_k)=\int_{|\boldsymbol{x}-\boldsymbol{y}_k|\leqslant R}\rho_k(\boldsymbol{x})b(|\boldsymbol{x}-\boldsymbol{y}_k|)\mathrm{d}\boldsymbol{x} \tag{22-3}$$

式中：$P_k(\boldsymbol{y}_k)$ 前 $k-1$ 次探测未发现目标条件下，第 k 次探测发现目标的概率。$\rho_k(\boldsymbol{x})=\dfrac{\rho_{k-1}(\boldsymbol{x})[1-b(|\boldsymbol{x}-\boldsymbol{y}_{k-1}|)]}{1-P_{k-1}(\boldsymbol{y}_{k-1})}$，是前 $k-1$ 次探测未发现目标的后验概率分布密度。

K 次探测的发现概率为

$$P = 1 - \prod_{k=1}^{K}[1 - P_k(\boldsymbol{y}_k)] \tag{22-4}$$

可以证明，在探测区域没有重叠的情况下，式（22-4）和式（22-2）的两种表示形式是相等的。

式（22-4）的计算方式应用于运动目标或探测区域有重叠的发现概率的计算。而对于静止目标且探测区域没有重叠的发现概率的计算，舍式（22-2）而取式（22-4）纯属自找麻烦。

22.2.2　随机恒速运动目标搜索发现概率

在讨论对运动目标的多次探测问题时，不需要特别考虑探测区域是否有重叠，甚至不需要考虑探测范围是否有限。

运动目标的概率分布密度函数是时变函数，要计算在不同时刻进行的吊放声纳的发现概率，仅有初始时刻目标分布密度函数的设定是不够的，还必须根据对目标运动的随机规律的设定，获得任意时刻目标的概率分布密度。这个时变的概率分布密度函数与探测无关，完全由目标的初始分布和运动的随机规律决定。至于探测对目标分布的影响，与 22.2.1 节讨论的一样，由后验概率分布表示。

根据式（4-2），随机恒速运动目标时变的目标分布密度函数为

$$\rho(\boldsymbol{x}, t) = \int_V \rho_0(\boldsymbol{x} - \boldsymbol{v}t)\rho_v(\boldsymbol{v})\mathrm{d}\boldsymbol{v}$$

式中：ρ_0、ρ_v 分别为目标初始时刻位置分布密度函数和目标的速度分布密度函数。

吊放声纳在 $t_1, t_2, \cdots, t_K$ 时刻在 $\boldsymbol{y}_1, \boldsymbol{y}_2, \cdots, \boldsymbol{y}_K$ 点点水进行了 K 次探测。假设在每个探测点的有效探测时间比较小，则可忽略探测期间目标分布的变化，认为探测概率在探测时刻的瞬间获得。吊放声纳的第 1 次探测的发现概率为 $P_1(\boldsymbol{y}_1) = \int_{|\boldsymbol{x}-\boldsymbol{y}_1| \leqslant R} \rho(\boldsymbol{x}, t_1) b(|\boldsymbol{x} - \boldsymbol{y}_1|)\mathrm{d}\boldsymbol{x}$，在探测后，目标的后验概率分布密度为：$\rho_1'(\boldsymbol{x}) = \dfrac{\rho(\boldsymbol{x}, t_1)[1 - b(|\boldsymbol{x} - \boldsymbol{y}_1|)]}{1 - P_1(\boldsymbol{y}_1)}$。

在此之后，目标以 $\rho_1'(\boldsymbol{x})$ 为“初始”概率分布密度函数，以条件速度分布 $w(\boldsymbol{v} / \boldsymbol{x}, t_1)$ 进行扩散。参考本书 13.5.5 节，有：

$$w(\boldsymbol{v} / \boldsymbol{x}, t_1) = \frac{\rho_0(\boldsymbol{x} - \boldsymbol{v} \cdot t_1)\rho_v(\boldsymbol{v})}{\rho(\boldsymbol{x}, t_1)}$$

$$\rho(\boldsymbol{x}, t_2) = \int_V \rho_1'[\boldsymbol{x} - \boldsymbol{v}(t_2 - t_1)] w(\boldsymbol{v} / \boldsymbol{x}, t_1) \mathrm{d}\boldsymbol{v}$$

吊放声纳第 2 次探测的发现概率为

$$P_2(\boldsymbol{y}_2) = \int_{|\boldsymbol{x}-\boldsymbol{y}_2| \leqslant R} \rho(\boldsymbol{x}, t_2) b(|\boldsymbol{x} - \boldsymbol{y}_2|) \mathrm{d}\boldsymbol{x}$$

依次计算各次探测的发现概率。递推公式和发现概率计算公式如下：

$$\begin{cases} \rho(\boldsymbol{x}, t_k) = \int_V \rho_{k-1}'[\boldsymbol{x} - \boldsymbol{v}(t_k - t_{k-1})] w(\boldsymbol{v} / \boldsymbol{x}, t_{k-1}) \mathrm{d}\boldsymbol{v} \\ P_k(\boldsymbol{y}_k) = \int_{|\boldsymbol{x}-\boldsymbol{y}_k| \leqslant R} \rho(\boldsymbol{x}, t_k) b(|\boldsymbol{x} - \boldsymbol{y}_k|) \mathrm{d}\boldsymbol{x} \\ \rho_k'(\boldsymbol{x}) = \dfrac{\rho(\boldsymbol{x}, t_k)[1 - b(|\boldsymbol{x} - \boldsymbol{y}_{k-1}|)]}{1 - P_k(\boldsymbol{y}_k)} \\ w(\boldsymbol{v} / \boldsymbol{x}, t_k) = \dfrac{\rho_{k-1}'[\boldsymbol{x} - \boldsymbol{v}(t_k - t_{k-1})] w(\boldsymbol{v} / \boldsymbol{x}, t_{k-1})}{\rho(\boldsymbol{x}, t_k)} \\ \rho_0'(\boldsymbol{x}) = \rho_0(\boldsymbol{x}), w(\boldsymbol{v} / \boldsymbol{x}, t_0) = \rho_{\boldsymbol{v}}(\boldsymbol{v}), t_0 = 0 \end{cases} \tag{22-5}$$

$$P(K) = 1 - \prod_{k=1}^{K} [1 - P_k(\boldsymbol{y}_k)] \tag{22-6}$$

22.2.3 基于搜索方程的运动目标搜索发现概率

设目标随机运动的搜索方程遵循一阶搜索方程。吊放声纳在 $t_1, t_2, \cdots, t_K$ 时刻在探测点序列 $\boldsymbol{Y} = (\boldsymbol{y}_1, \boldsymbol{y}_2, \cdots, \boldsymbol{y}_K)$ 点水进行了 K 次探测，在每个探测点，有效工作时间分别为 $T_1, T_2, \cdots, T_K$ 。设目标的初始位置分布密度函数为 $\rho_0(\boldsymbol{x}_0)$ ，吊放声纳探测率函数为 $\gamma[\boldsymbol{x}(\tau), \tau, \boldsymbol{y}]$ ，利用式（13-31），得到吊放声纳进行了 K 次探测的发现概率表达式为

$$P_K(\boldsymbol{Y}) = 1 - \int_X \rho_0(\boldsymbol{x}_0) \exp\{-[\int_0^{t_K + T_K} \nabla \cdot \overline{\boldsymbol{v}}[\boldsymbol{x}(\tau), \tau] \mathrm{d}\tau + \sum_{k=1}^{K} \int_{t_k}^{t_k + T_k} \gamma[\boldsymbol{x}(\tau), \tau, \boldsymbol{y}_k] \mathrm{d}\tau]\} \mathrm{d}\boldsymbol{x} \tag{22-7}$$

关于搜索方程及搜索模型和发现概率的计算见第 13 章。

基于搜索方程的运动目标搜索发现概率的计算，随机运动目标的随机性由速度期望函数 $\overline{\boldsymbol{v}}[\boldsymbol{x}(t), t]$ 描述，不限于“恒速目标”，比 22.2.2 节的计算方法具有更强的适用性。

22.3 多机联合的吊放声纳搜索

多架直升机均使用吊放声纳对水下目标进行联合搜索的发现概率的计算，

可以以单机搜索的计算方法为基础。

22.3.1　独立搜索的发现概率

所谓独立搜索，指的是直升机在开始搜索前和搜索进行中，关于探测点和探测时间均没有安排、分工、交流（在实际工作中，这是不可能的）。在计算多机独立搜索的发现概率时，可以将 M 架直升机的点水时间顺序排列 $t_1,t_2,\cdots,t_{\sum_{j=1}^{M}K_j}$ ，等效为单机 $\sum_{j=1}^{M}K_j$ 次探测，用单机多次探测的方法计算发现概率。合并时间序列中的相同时间，构成新的序列 $t_1,t_2,\cdots,t_l,\cdots,t_L$ ，显然有 $L\leqslant\sum_{j=1}^{M}K_j$ 。在经过合并的时间点上，使用相同的目标分布密度函数，计算出共同的发现概率及后验概率分布密度函数。第 l 时刻获得的发现概率为 P_l，则 M 架直升机用吊放声纳探测 $\sum_{j=1}^{M}K_j$ 次获得的发现概率为

$$P=1-\prod_{l=1}^{L}[1-P_l] \tag{22-8}$$

22.3.2　分区搜索的发现概率

假如 M 架直升机在互不重叠的 M 个区中进行独立搜索，发现概率的计算仍然可以使用式(22-8)。针对分区搜索的特点，发现概率有更简便的计算方法。设第 j 架直升机进行 K_j 次探测的发现概率为 P_j，则 M 架直升机分区探测的发现概率为

$$P(M)=\sum_{j=1}^{M}P_j \tag{22-9}$$

需要注意的是，各架直升机发现概率的计算必须使用同一目标分布规律和运动规律（最不可容忍的错误是每个分区均“有一个目标存在”）。

22.3.3　多机同步搜索的发现概率

在 22.3.1 节的独立搜索中，如果对于每架直升机都有相同的探测次数 N 和相同的探测开始时刻 $t_{jk}=t_k$，这样的搜索可以称为同步搜索。如果需要考虑有效工作时间，设 $T_{jk}=T_k$ 。设 t_k 时刻第 j 架直升机的探测点为 $\boldsymbol{y}_{jk}$ 。

设在 t_k 时刻，M 架直升机吊放声纳探测获得的发现概率为 $P_k(M)$。利用式（22-5），可以递推计算得到 $k=1,2,\cdots,K$ 时的 $P_k(M)$。其中：

$$\rho_k'(\boldsymbol{x})=\frac{\rho(\boldsymbol{x},t_k)\prod_{j=1}^{M}[1-b(|\boldsymbol{x}-\boldsymbol{y}_{jk}|)]}{1-P_k(M)} \tag{22-10}$$

$$P_k(M)=1-\prod_{j=1}^{M}[1-\int_{|\boldsymbol{x}-\boldsymbol{y}_{jk}|\leqslant R}\rho(\boldsymbol{x},t_k)b(|\boldsymbol{x}-\boldsymbol{y}_{jk}|)\mathrm{d}\boldsymbol{x}] \tag{22-11}$$

22.4　关于探测区域的重叠问题

在直升机吊放声纳探测方案的设计中，有一个常用的参数 D，表示单机的或多机的探测点之间的距离，称为探测间距。当给定吊放声纳的最大作用距离，即最大探测圆的半径 R，则探测间距与探测圆半径之间的关系表示了相邻探测区域是否有重叠。若 $D\geqslant 2R$，则相邻探测区域没有重叠；若 $D<2R$，则相邻探测区域有重叠。假如搜索行动中不存在对已经探测过的区域重新探测的情况，则 D、R 之间的关系不仅描述相邻探测区域的重叠情况，也描述整个搜索过程中探测区域的重叠情况。

在许多搜索效能计算的文章中以及一些搜索方案的设计中，往往设 $R<D<2R$。令 $D=\alpha R$，α 称为间隔系数，一般取 $1.4\sim1.8$ 之间的某个值，这样，探测区域有重叠，又不会重叠太多。问题是，这样设定的依据在哪里？

首先，讨论“一定有”重叠的情况。在数学描述上，R 是一个确定值，但在实际的声纳运用中，R 只能是一个估计值。如果对 R 的估计比较保守，则 α 的取值可以大一些；如果对 R 的估计比较大胆，则 α 的取值可以小一些。这里的大胆和保守，不是对应 R 值的大小，而是对应这个估计值的置信度。对 R 的估计值把握很大，称为保守，而把握不大，甚至把握很小，称为大胆。

其次，讨论“是否需要”重叠的问题。探测区域是否需要重叠应该根据声纳探测能力、直升机能力和搜索任务共同决定。声纳探测能力，简单说就是 R 值的大小，或者还可以考虑到探测函数的具体特征；直升机能力指单架直升机可以完成的探测次数、直升机的数量。搜索任务指应召搜索还是巡逻、检查搜索。对于应召搜索，需要在接到搜索命令后，根据直升机到达任务区的时间估计，确定目标大概率存在的区域，作为应召搜索真正的“任务区”。在考虑探测间隔的问题时，应召搜索“真正任务区”与巡逻、检查搜索给定的任务区可以同样对待。

令任务区面积为S，吊放声纳单次探测面积$s=\pi R^2$，共有M架直升机参与任务，每架直升机最多探测次数均为N。假如有$S>MNs$，即所有直升机的所有不重叠探测仍然不能覆盖任务区域，则设$D>2R$。直观地理解，放着任务区的一些地方不去探测，而对某些地方重叠探测，得不偿失。

第三，在R具有确定值的条件下，讨论“重叠多少”的问题。假如有$S<MNs$，令面积重叠率$\beta=\dfrac{MNs-S}{S}$。

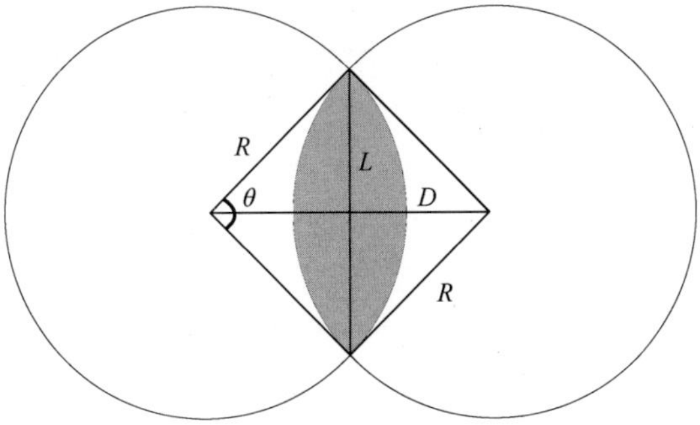

图 22.1　探测点间隔与重叠区域示意图

图 22.1 中的阴影面积：

$$
\begin{aligned}
s' &= \frac{1}{2}\theta R^2-(\frac{1}{2}DL-\frac{1}{2}\theta R^2)=\theta R^2-\frac{1}{2}DL=\theta R^2-\frac{1}{2}D^2\mathrm{tg}\frac{\theta}{2}\\
&=2R^2\arccos\frac{D}{2R}-\frac{1}{2}D^2\tan(\arccos\frac{D}{2R})\\
&=2R^2\arccos\frac{\alpha}{2}-\frac{1}{2}D^2\tan(\arccos\frac{\alpha}{2})
\end{aligned}
$$

以全区域重叠率β作为非边缘的探测区域的局部重叠率的近似值，则有$\beta=\dfrac{4s'}{\pi R^2}$，得到方程：

$$
\beta=\frac{8}{\pi}\arccos\frac{\alpha}{2}-\frac{2\alpha^2\tan(\arccos\frac{\alpha}{2})}{\pi} \tag{22-12}
$$

给定β值，可以用搜索的方法求解上述超越方程。

为间隔系数α设置 1～1.9 的间隔为 0.1 的 10 个值，计算其对应的β值，得到表 22.1。由于R的不精确性及按照非边缘区域进行的建模，数表在实际应用中仅供参考，没有必要追求精确对应。

表 22.1 间隔系数与面积重叠率对照表

α	1	1.1	1.2	1.3	1.4	1.5	1.6	1.7	1.8	1.9
β	1.56	1.35	1.14	0.94	0.75	0.58	0.42	0.27	0.15	0.05

本节最主要的思想是吊放声纳探测点不存在普适的间隔系数。最重要的设定依据是搜索任务。

22.5 吊放声纳最优探测点序列

本节仅以单机搜索为背景，讨论吊放声纳搜索的最优化问题。多机搜索可以转化成与单机搜索同构的搜索问题。

吊放声纳搜索的最优化问题，在给定点水时间间隔的条件下就是一个最优探测点序列问题。

22.5.1 单次探测的最大概率

在 22.1 节中，给出了单次探测发现概率的表达式为 $P(\boldsymbol{y})=\int_X \rho(\boldsymbol{x})b(|\boldsymbol{x}-\boldsymbol{y}|)\mathrm{d}\boldsymbol{x}$。对于给定的目标分布密度函数 $\rho(\boldsymbol{x})$ 和探测函数 $b(|\boldsymbol{x}-\boldsymbol{y}|)$，能够影响发现概率 $P(\boldsymbol{y})$ 大小的因素只有点水位置 $\boldsymbol{y}$。单次探测的最优化问题就是寻找一个探测点 $\boldsymbol{y}^* \in X$，使得 $P(\boldsymbol{y}^*) \geqslant P(\boldsymbol{y}), \boldsymbol{y} \in X$。

根据概率分布密度函数的具体形式，空间中可能有一个最优探测点，也可能有多个最优探测点，甚至可能存在无穷多个最优探测点。还有一种特殊的情况，当目标在空间中均匀分布时，任何一个不使探测区域超出目标空间的探测点都是最优探测点，最优化问题基本上失去意义了。在本节中，除非特别说明，均假设目标初始分布非均匀分布。

对于非均匀分布，最优探测点应该使得探测区域尽可能覆盖分布密度函数的峰值区域。

如果 $\boldsymbol{y}^*=[y_1^*, y_2^*]$ 是 $P(\boldsymbol{y})$ 的一个驻点，即在 $\boldsymbol{y}^*$ 的一个邻域内，$P(\boldsymbol{y}^*)$ 是极大点、极小点或鞍点，根据最优化方法中的一阶必要条件定理，有下列关系成立：

$$\nabla P(\boldsymbol{y})\big|_{\boldsymbol{y}=\boldsymbol{y}^*}=\int_X \rho(\boldsymbol{x})\nabla b(|\boldsymbol{x}-\boldsymbol{y}|)\big|_{\boldsymbol{y}=\boldsymbol{y}^*}\mathrm{d}\boldsymbol{x}=\boldsymbol{0}$$

式中：∇ 为梯度算子，是一个向量算子，$\nabla f(\boldsymbol{y})=[\frac{\partial f}{\partial y_1}, \frac{\partial f}{\partial y_2}]$。

如果 $\boldsymbol{y}^*$ 是 $P(\boldsymbol{y})$ 的一个驻点，根据最优化方法中的二阶条件定理，如果 $P(\boldsymbol{y}^*)$ 的黑塞（Hesse）矩阵 $\mathbf{G}(\boldsymbol{y}^*)=\nabla^2 P(\boldsymbol{y}^*)=\begin{bmatrix}\dfrac{\partial^2 P(\boldsymbol{y})}{\partial y_1^2} & \dfrac{\partial^2 P(\boldsymbol{y})}{\partial y_1 \partial y_2}\\ \dfrac{\partial^2 P(\boldsymbol{y})}{\partial y_2 \partial y_1} & \dfrac{\partial^2 P(\boldsymbol{y})}{\partial y_2^2}\end{bmatrix}_{y=y^*}$ 是负定矩阵，则 $\boldsymbol{y}^*$ 是 $P(\boldsymbol{y})$ 的严格局部极大点。

如果 $\boldsymbol{y}^*$ 是 $P(\boldsymbol{y})$ 的局部极大点，则黑塞矩阵 $G(\boldsymbol{y}^*)$ 是半负定矩阵。如果 $\boldsymbol{y}^*$ 是 $P(\boldsymbol{y})$ 的严格局部极大点，则黑塞矩阵 $G(\boldsymbol{y}^*)$ 是负定矩阵。

梯度和黑塞矩阵分别是一阶导数和二阶导数在多维函数上的扩展。黑塞矩阵的正定性，是二阶导数的正负性在多维函数上的扩展。

在实际最优探测点计算中，可以运用探测区域内是否有概率密度函数的峰值区，直观地判断驻点是否极大点，不需要用黑塞矩阵。

22.5.2　依次最大概率搜索

在 $|\boldsymbol{y}_k-\boldsymbol{y}_{k-1}|\leqslant V(t_k-t_{k-1})$ 的约束下，吊放声纳探测点序列 $\boldsymbol{Y}=(\boldsymbol{y}_1,\boldsymbol{y}_2,\cdots)$ 的最优化准则是，每一次探测都使得该次探测的发现概率最大。其中 V 是直升机最大转移平均速度。

满足上述准则的搜索方案 $\boldsymbol{Y}^*=(\boldsymbol{y}_1^*,\boldsymbol{y}_2^*,\cdots)$ 称为依次最大概率搜索方案（在第 15 章、第 16 章中，类似的依次最大概率收益率的序列称为局部最优序列，适当序列）。

参考式（22-5）。吊放声纳的第 1 次探测的发现概率为

$$P_1(\boldsymbol{y}_1)=\int_{|\boldsymbol{x}-\boldsymbol{y}_1|\leqslant R}\rho(\boldsymbol{x},t_1)b(|\boldsymbol{x}-\boldsymbol{y}_1|)\mathrm{d}\boldsymbol{x}$$

寻求 t_1 时刻探测点 $\boldsymbol{y}_1^*$，使得 $\boldsymbol{P}_1(\boldsymbol{y}_1^*)\geqslant \boldsymbol{P}_1(\boldsymbol{y}_1),\boldsymbol{y}_1\in X$。

根据 $\boldsymbol{y}_1^*$ 的探测计算后验概率密度分布和 t_2 时刻的目标概率分布密度函数，寻求 t_2 时刻的探测点 $\boldsymbol{y}_2^*$，使得 $\boldsymbol{P}_2(\boldsymbol{y}_2^*)\geqslant \boldsymbol{P}_2(\boldsymbol{y}_2),\boldsymbol{y}_2\in X$，$|\boldsymbol{y}_2-\boldsymbol{y}_1^*|\leqslant V(t_2-t_1)$。依次类推，计算每个探测时刻的最优探测点，构成一个任意长度的最优探测点序列。

22.5.3　最大发现概率搜索

假如在 22.5.2 节的最优搜索序列中，由前 K 个探测点构成“依次最大概率”

搜索序列 $\boldsymbol{Y}^*(K)=(\boldsymbol{y}_1^*,\boldsymbol{y}_2^*,\boldsymbol{y}_3^*,\cdots,\boldsymbol{y}_K^*)$，发现目标概率为 $P[\boldsymbol{Y}^*(K)]=1-\prod_{k=1}^{K}[1-\boldsymbol{P}_k(\boldsymbol{y}_k^*)]$。“依次最大概率”搜索序列能够使 $P[\boldsymbol{Y}^*(K)]$ 达到最大吗？一般不能。这可能稍稍有点费解，每次探测的概率都取得最大，$K\,(>1)$次探测的概率为什么不一定最大？其实生活中有很多类似的情况，一点都不费解。长跑比赛中，没有选手会上去就发挥最大的速度；一小时喝啤酒比赛，不停地猛灌五分钟，有可能就趴下了。

不考虑直升机转移速度约束，以静止目标搜索为例，简要地讨论这个问题，同样适用于运动目标。仅讨论两个探测点的情况，其结论可以很容易地推广到多点探测。

设静止目标分布密度函数 $\rho(\boldsymbol{x})$，两个依次最大概率探测点 $\boldsymbol{y}_1$、$\boldsymbol{y}_2$，使得 $P_1(\boldsymbol{y}_1)=\int_{|\boldsymbol{x}-\boldsymbol{y}_1|\leqslant R}\rho(\boldsymbol{x})b(|\boldsymbol{x}-\boldsymbol{y}_1|)\mathrm{d}\boldsymbol{x}$，$P_2(\boldsymbol{y}_2)=\int_{|\boldsymbol{x}-\boldsymbol{y}_2|\leqslant R}\dfrac{\rho(\boldsymbol{x})[1-b(|\boldsymbol{x}-\boldsymbol{y}_1|)]}{1-P_1(\boldsymbol{y}_1)}b(|\boldsymbol{x}-\boldsymbol{y}_2|)\mathrm{d}\boldsymbol{x}$ 达到最大。根据极大值的驻点原理，有：$\nabla_{\boldsymbol{y}_1}P_1(\boldsymbol{y}_1)=\boldsymbol{0}$，$\nabla_{\boldsymbol{y}_2}P_2(\boldsymbol{y}_2)=\boldsymbol{0}$。两次探测的发现概率为

$$
\begin{aligned}
P(\boldsymbol{y}_1,\boldsymbol{y}_2)&=P_1(\boldsymbol{y}_1)+[1-P_1(\boldsymbol{y}_1)]P_2(\boldsymbol{y}_2)\\
&=P_1(\boldsymbol{y}_1)+\int_{|\boldsymbol{x}-\boldsymbol{y}_2|\leqslant R}\rho(\boldsymbol{x})[1-b(|\boldsymbol{x}-\boldsymbol{y}_1|)]b(|\boldsymbol{x}-\boldsymbol{y}_2|)\mathrm{d}\boldsymbol{x}
\end{aligned}
$$

令 $\tilde{P}_2(\boldsymbol{y}_1,\boldsymbol{y}_2)=\int_{|\boldsymbol{x}-\boldsymbol{y}_2|\leqslant R}\rho(\boldsymbol{x})[1-b(|\boldsymbol{x}-\boldsymbol{y}_1|)]b(|\boldsymbol{x}-\boldsymbol{y}_2|)\mathrm{d}\boldsymbol{x}$。显然有，$\nabla_{\boldsymbol{y}_2}\tilde{P}_2(\boldsymbol{y}_1,\boldsymbol{y}_2)=\boldsymbol{0}$。

$$P(\boldsymbol{y}_1,\boldsymbol{y}_2)=P_1(\boldsymbol{y}_1)+\tilde{P}_2(\boldsymbol{y}_1,\boldsymbol{y}_2)$$

$$\nabla_{\boldsymbol{y}_1}P(\boldsymbol{y}_1,\boldsymbol{y}_2)=\nabla_{\boldsymbol{y}_1}P_1(\boldsymbol{y}_1)+\nabla_{\boldsymbol{y}_1}\tilde{P}_2(\boldsymbol{y}_1,\boldsymbol{y}_2)=\nabla_{\boldsymbol{y}_1}\tilde{P}_2(\boldsymbol{y}_1,\boldsymbol{y}_2)$$

$$\nabla_{\boldsymbol{y}_2}P(\boldsymbol{y}_1,\boldsymbol{y}_2)=\nabla_{\boldsymbol{y}_2}\tilde{P}_2(\boldsymbol{y}_1,\boldsymbol{y}_2)=\boldsymbol{0}$$

对于使 $P(\boldsymbol{y}_1,\boldsymbol{y}_2)$ 取得极大的 $\boldsymbol{y}_1$、$\boldsymbol{y}_2$，应该有 $\nabla_{\boldsymbol{y}_1}P(\boldsymbol{y}_1,\boldsymbol{y}_2)=\boldsymbol{0}$，$\nabla_{\boldsymbol{y}_2}P(\boldsymbol{y}_1,\boldsymbol{y}_2)=\boldsymbol{0}$ 同时成立。若 $\tilde{P}_2(\boldsymbol{y}_1,\boldsymbol{y}_2)$ 与 $\boldsymbol{y}_1$ 无关，则 $\nabla_{\boldsymbol{y}_1}P(\boldsymbol{y}_1,\boldsymbol{y}_2)=\nabla_{\boldsymbol{y}_1}\tilde{P}_2(\boldsymbol{y}_1,\boldsymbol{y}_2)=\boldsymbol{0}$ 一定成立。若 $\tilde{P}_2(\boldsymbol{y}_1,\boldsymbol{y}_2)$ 是 $\boldsymbol{y}_1$ 的函数，$\nabla_{\boldsymbol{y}_1}P(\boldsymbol{y}_1,\boldsymbol{y}_2)=\nabla_{\boldsymbol{y}_1}\tilde{P}_2(\boldsymbol{y}_1,\boldsymbol{y}_2)=\boldsymbol{0}$ 一般不能成立。

当两个探测区域没有重叠部分时，$\tilde{P}_2(\boldsymbol{y}_1,\boldsymbol{y}_2)$ 与 $\boldsymbol{y}_1$ 无关；否则，$\tilde{P}_2(\boldsymbol{y}_1,\boldsymbol{y}_2)$ 是 $\boldsymbol{y}_1$ 的函数。

所以有结论：依次最大概率搜索序列 $\boldsymbol{Y}^*(K)=(\boldsymbol{y}_1^*,\boldsymbol{y}_2^*,\cdots,\boldsymbol{y}_K^*)$ 的各探测区域均没有重叠，则该序列是使 $P[\boldsymbol{Y}^*(K)]=1-\prod_{k=1}^{K}[1-\boldsymbol{P}_k(\boldsymbol{y}_k^*)]$ 取得最大的序列。否

则，依次最大概率搜索序列一般不是使 $P[\boldsymbol{Y}^*(K)]=1-\prod_{k=1}^{K}[1-\boldsymbol{P}_k(\boldsymbol{y}_k^*)]$ 取得最大的序列。

本节引入一个新的最优准则，22.5.4 节、22.5.5 节讨论新准则下的最优搜索序列的计算问题。

如果有一个搜索序列 $\boldsymbol{Y}^*(K)=(\boldsymbol{y}_1^*,\boldsymbol{y}_2^*,\cdots,\boldsymbol{y}_K^*)$，使得 K 次探测的发现概率 $P[\boldsymbol{Y}^*(K)]=1-\prod_{k=1}^{K}[1-\boldsymbol{P}_k(\boldsymbol{y}_k^*)]$ 达到最大，则称序列 $\boldsymbol{Y}^*(K)$ 是一个最优序列。最优序列，作为一个搜索方案，称为最优搜索方案。

需要注意，取序列长度为 K 的最优序列的前 $K-L$ 个点构成的序列，一般不是长度为 $K-L$ 的序列的最优序列。

22.5.4　随机恒速运动目标的最优搜索算法

本节涉及的目标模型和概率计算模型见 22.2 节。

最优搜索的问题就是在搜索空间中无穷多的搜索序列 $\boldsymbol{Y}=(\boldsymbol{y}_1,\boldsymbol{y}_2,\cdots,\boldsymbol{y}_K)$ 中，找到使 $P(\boldsymbol{Y})$ 最大的序列 $\boldsymbol{Y}^*=(\boldsymbol{y}_1^*,\boldsymbol{y}_2^*,\cdots,\boldsymbol{y}_K^*)$。

在 $|\boldsymbol{y}_k-\boldsymbol{y}_{k-1}|\leqslant V(t_k-t_{k-1})$ 的约束下，任意给出一个搜索序列 $\boldsymbol{Y}=(\boldsymbol{y}_1,\boldsymbol{y}_2,\cdots,\boldsymbol{y}_K)$。其中 V 是直升机最大转移平均速度。

根据式（22-5），得到 $P_k(\boldsymbol{y}_k)=\int_{|\boldsymbol{x}-\boldsymbol{y}_k|\leqslant R}\rho(\boldsymbol{x},t_k)b(|\boldsymbol{x}-\boldsymbol{y}_k|)\mathrm{d}\boldsymbol{x}$。搜索序列的发现概率为 $P(\boldsymbol{Y})=1-\prod_{k=1}^{K}[1-P_k(\boldsymbol{y}_k)]$。可以看到，$\boldsymbol{y}_k$ 作为函数 $P(\boldsymbol{Y})$ 的一组自变量，不仅仅体现在 $P(\boldsymbol{Y})=1-\prod_{k=1}^{K}[1-P_k(\boldsymbol{y}_k)]$ 中的 $P_k(\boldsymbol{y}_k)$，还通过后验概率分布密度函数，影响到 $P_{k+1}(\boldsymbol{y}_{k+1}),P_{k+2}(\boldsymbol{y}_{k+2}),\cdots,P_K(\boldsymbol{y}_K)$。对于高度非线性函数 $P(\boldsymbol{Y})$，用解析的方法寻求最优解 $\boldsymbol{Y}^*=(\boldsymbol{y}_1^*,\boldsymbol{y}_2^*,\cdots,\boldsymbol{y}_K^*)$ 是不可能的。数字式寻优算法的基本思想是任意给出一个初始探测点序列（这里的“初始”是迭代计算的初始，与搜索计时的“初始”无关），由第 K 个探测点到第 1 个探测点，逐点调整位置。每个探测点的调整依据都是使 $P(\boldsymbol{Y})$ 达到最大。在完成一轮调整后，得到一个更新的探测点序列。经过这样的反复迭代、更新，序列将收敛到最优序列。

对于复杂得多峰值的目标初始分布密度函数，迭代算法有可能收敛到局部极大。

一般情况下，最优序列不是唯一的。给定不同的初始序列、设定不同的计算精度，都可能使计算获得的最优序列不同。但只要是全局最优，不同的最优序列将有基本相同的发现概率（“基本相同”的“基本”是由计算误差带来的）。

22.5.5 基于搜索方程的最优搜索算法

以第 19.2 节的内容为基础，将连续搜索路径问题改造为不连续探测问题，就构成基于搜索方程的直升机吊放声纳最优探测点序列问题。为连续搜索路径中的连续时间控制量$\boldsymbol{V}(t)$，转化为探测点之间的转移速度$\boldsymbol{V}(t_k)$，22.2.3 节给出了其概率模型：

$$P_K(\boldsymbol{Y})=1-\int_X \rho_0(\boldsymbol{x}_0)\exp\{-[\int_0^{t_K+T_K}\nabla\cdot\overline{\boldsymbol{v}}[\boldsymbol{x}(\tau),\tau]\mathrm{d}\tau+\sum_{k=1}^{K}\int_{t_k}^{t_k+T_k}\gamma[\boldsymbol{x}(\tau),\tau,\boldsymbol{y}_k]\mathrm{d}\tau]\}\mathrm{d}\boldsymbol{x}$$

对于搜索总时间T，有已知的时间序列为

$0=t_0<T_0<t_1<T_1<\cdots<t_k<T_k<\cdots<t_K<T_K=T$。对于$\boldsymbol{x},\boldsymbol{y}\in X$，$t\in[0,T]$，令不连续搜索的探测率函数：

$$\gamma(\boldsymbol{x},t,\boldsymbol{y})=\begin{cases}\geqslant 0,\ t\in[t_k,T_k]\\ =0,\ t\in[T_k,t_{k+1}]\end{cases},\quad k=0,1,2,\cdots,K$$

对于$t\in[0,T]$，有式（13-22）和式（13-24）成立。

对于$t\in[t_k,T_k]$，令$\boldsymbol{Y}(t)=\boldsymbol{Y}(k)=\boldsymbol{y}_k$，表示探测期间搜索者保持静止。

设$t\in[0,T]$的探测点序列$\boldsymbol{Y}=\{\boldsymbol{y}_k\}$。按照$\boldsymbol{Y}$搜索到$T$时刻，未发现目标的概率为

$$\overline{P}_T(\boldsymbol{Y})=\int_X f(\boldsymbol{x},T,\boldsymbol{Y})\,\mathrm{d}\boldsymbol{x}$$

吊放声纳可行的探测点序列集Ω主要由直升机最大转移速度和时间间隔决定。探测点序列约束为$\boldsymbol{Y}\in\Omega$。

最优探测点序列问题为寻求探测点序列$\boldsymbol{Y}^*\in\Omega$，使得$\overline{P}_T(\boldsymbol{Y})$取得极小。

设探测点$\boldsymbol{Y}(k)$为系统状态。令搜索者从$T_k\sim t_{k+1}$的平均转移速度为$\boldsymbol{V}(k)$。系统状态方程为

$$\boldsymbol{Y}(k)=\boldsymbol{Y}(k-1)+\boldsymbol{V}(k-1)(t_k-T_{k-1}),\quad \boldsymbol{Y}(0)=\boldsymbol{y}_0$$

控制函数约束：$|\boldsymbol{V}(k)|\leqslant V_m$。

将$\overline{P}_T(\boldsymbol{Y})$表示为初始时刻为 0、初始状态为$\boldsymbol{Y}(0)$、终止时刻为$T$的性能指标函数$J[\boldsymbol{Y}(0),0]=\int_X f(\boldsymbol{x},T,\boldsymbol{Y},\boldsymbol{V})\mathrm{d}\boldsymbol{x}$。

根据动态规划原理，对于使$J[\boldsymbol{Y}(0),0]$取极小的$\boldsymbol{Y}^*$、$\boldsymbol{V}^*$，必使以$\boldsymbol{Y}^*(k)$为初始状态的$J[\boldsymbol{Y}(k),t_k]$取极小。探测点序列的最优化问题是寻求最优控制向量

序列 $\left\{\boldsymbol{V}^*(k)\right\}$，$k=0,1,2,\cdots,K-1$，$\left|\boldsymbol{V}^*(k)\right|\leqslant V_m$，以及对应于初始探测点 $\boldsymbol{Y}(0)=\boldsymbol{y}_0$ 的状态向量序列 $\boldsymbol{Y}^*$，使得 $J[\boldsymbol{Y}(0),0]$ 取得极小。逼近算法与 19.2.4 节的连续路径最优搜索算法类似。

对于与分布中心对称的目标位置初始分布和速度分布，无论是本节的算法还是 22.5.4 节的算法，计算所得的每一个最优搜索序列都存在无穷多个围绕分布中心的对称序列是最优序列。这在实际搜索方案设计中是有意义的，当直升机从某个方向飞往搜索任务区时，应选择第一探测点最近的最优搜索方案。

22.6　实际搜索方案的最优化问题

如果在直升机接到搜索任务之后，根据已知的各种条件和参数，迅速计算出一个最优搜索序列，然后按照这个最优序列实施搜索，一定会获得最大的发现概率。然而，目前的算法和计算能力远不足以支持“迅速”地获得计算结果。除非动用超级计算机，否则将失去方案设计的意义。解决这个问题，倒是有一个退而求其次的办法：预先进行长时间的、大量的各种条件、各种参数的最优序列计算，然后用这些条件和参数为输入，以最优探测点序列为输出，训练一个适当规模的神经网络。输入给定的条件，神经网络将输出一个“最优”搜索序列。之所以为最优二字打引号，是因为，对于一个最好的神经网络，输出误差也将使之偏离最优。

从应用的意义上说，一个最优搜索序列真的是非常需要的吗？首先，最优搜索方案，仅对给定的环境、目标、探测条件和参数负责，而这些条件的不确定性，使得经过精确计算获得的最优搜索方案仍然具有很大的不确定性。其次，一次实际的搜索行动相当于一次试验，是否发现目标、何时发现目标，都是随机的，并不直接对应搜索方案的发现概率。最后，经过复杂计算的最优搜索序列的发现概率，也许比凭直觉给出的搜索方案的发现概率仅稍稍高出一点，不值得追求。

搜索论意义上的“最优搜索”与具体到实际的直升机吊放声纳最优探测点序列不是一件事情。或者说，实际搜索运用的最优探测点序列根本就不存在。

最优搜索在实际搜索行动中的意义并不会因此而消失。依据最优化的思想，可以概括出一些原则，用于指导搜索方案的设计和优化。这里的“优化”指的是使搜索方案更好一些，即使不知道其是否“最优”。

在巡逻搜索和检查搜索中，最优化问题比较简单。应召搜索的最优化问题，因其困难而更有意义。

应召搜索的方案设计和优化应依据以下原则和步骤：

（1）根据目标的初始位置分布和运动分布，估计直升机到达任务区时目标的分布情况。第20章给出了一些典型的分布。

（2）根据搜索兵力数量和距任务区距离，估计最小和最大的可点水探测次数。

（3）以最少可点水次数，设计覆盖目标的大概率分布区的基本搜索区。

（4）搜索从最先进入基本搜索区的位置开始。也就是说，按照时序排列的探测点，不必考虑基本搜索区内的分布密度的差别，争取时间，尽早开始搜索。

（5）完成基本搜索区的搜索未发现目标，则将剩余的探测能力施加到基本搜索区以外的大概率分布区。不要在基本搜索区重复搜索，因为其发现目标的概率远小于在基本搜索区以外的区域搜索的发现概率。

第23章 声纳浮标系统搜索

声纳浮标是投放到海水中进行工作的探头，与装载在直升机或固定翼飞机或无人机上的声信号处理系统共同构成声纳浮标系统。在搜索和监视阶段，声纳浮标很少单枚使用，一般由多枚浮标构成一个某种图形的阵。飞机完成布阵需要一段时间，各枚浮标不是同时开始工作的。在讨论声纳浮标阵的搜索论问题时，假设以最后一枚浮标开始工作时刻为浮标阵的开始工作时刻。

声纳浮标本身有预先设定的最大工作时间。另外，如果在浮标最大工作时间之前，飞机飞离监视区，接收不到浮标的无线电信号，声纳浮标的工作已没有意义。在讨论搜索论问题时，将不区分这两种最大工作时间，统一为声纳浮标的“最大工作时间”。

与其他声纳相比，声纳浮标系统的最大特点是在一个固定区域内长时间工作，所以，讨论静态的发现概率，意义不大。这里涉及声纳的工作时间和目标的运动。

在实际的使用中，由于风、流的影响，声纳浮标的位置会随着时间发生随机性的变化。在讨论搜索论问题时，为降低模型的复杂性，一般认为浮标位置是固定不变的。

23.1 发现概率的一般模型

设 0 时刻目标的分布密度函数为 $\rho_0(\boldsymbol{x}_0)$，速度均值函数为 $\overline{\boldsymbol{v}}(\boldsymbol{x},t)$。由 N 枚探测率函数为 $\gamma[\boldsymbol{x}(t),t,\boldsymbol{y}_n]$ 的浮标构成声纳浮标阵，各浮标位置为 $\boldsymbol{Y}=(\boldsymbol{y}_1,\boldsymbol{y}_2,\cdots,\boldsymbol{y}_N)$。浮标阵于 t_1 时刻开始工作，持续工作到 t_1+T 时刻，发现目标的概率为

$$P_N(\boldsymbol{Y})=1-\int_X \rho_0(\boldsymbol{x}_0)\exp\{-[\int_0^{t_1+T}\nabla\cdot\overline{\boldsymbol{v}}[\boldsymbol{x}(\tau),\tau]\mathrm{d}\tau+\int_{t_1}^{t_1+T}\sum_{n=1}^{N}\gamma[\boldsymbol{x}(\tau),\tau,\boldsymbol{y}_n]\mathrm{d}\tau]\}\mathrm{d}\boldsymbol{x} \tag{23-1}$$

关于搜索方程及搜索模型和发现概率的计算见第 13 章。

23.2 发现概率的进入模型

式（23-1）的一般概率模型计算非常麻烦。将问题简化一下，构造一种声纳浮标的进入模型。

设 0 时刻目标的分布密度函数为 $\rho_0(\boldsymbol{x})$，速度分布密度函数为 $\rho_{\boldsymbol{v}}(v,\varphi)$。声纳浮标具有圆盘型探测函数，作用圆半径为 R，工作时间 0～T。全空间的目标在 T 时间内进入或经过声纳作用范围的概率就是发现概率。

首先考虑 1 枚浮标的情况。浮标位于 $\boldsymbol{a}=(a,b)$ 点，如图 23.1 所示。

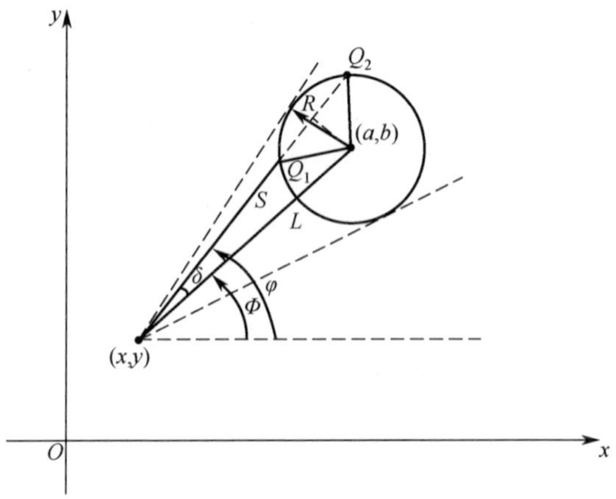

图 23.1　目标点与声纳浮标关系图

当目标 0 时刻处于声纳作用圆以外的 $\boldsymbol{x}=(x,y)$ 点，目标与声纳的距离：

$$L(\boldsymbol{x})=\sqrt{(x-a)^2+(y-b)^2}\geqslant R$$

目标对声纳的方位角 $\varPhi(\boldsymbol{x})=\arctan\left(\dfrac{a-x}{b-y}\right)$。

令 S 为目标到声纳作用圆靠近目标的圆弧上某点的距离，S 与 L 的夹角为 δ。根据余弦定理，有方程 $R^2=L^2+S^2-2LS\cos\delta$，$\delta\leqslant\arcsin\dfrac{R}{L}$。由此方程求得的 S 的两个解中较小的解，即为图 23.1 中的 S，由目标坐标 $\boldsymbol{x}=(x,y)$ 和受限的目标航向唯一确定，可以表示为 $S=S(\boldsymbol{x},\varphi)$，$\varphi\in[\varPhi(\boldsymbol{x})-\delta,\ \varPhi(\boldsymbol{x})+\delta]$，

$\delta \in [0, \arcsin\dfrac{R}{L(\boldsymbol{x})}]$。

令声纳在 $\boldsymbol{a}$ 点的圆形作用范围为 $\Sigma(\boldsymbol{a})$。当 0 时刻目标处于 (x, y)，航向 $\Phi \pm \delta$，只要航速 v 使得目标在 T 时间的运动距离 $vT \geqslant S$，目标就会进入声纳作用范围。

因为目标初始位置、速度都是随机变量，所以，0 时刻目标处于和在声纳工作时间 T 内进入声纳作用范围的概率，即为发现概率：

$$P(T) = \int_{\Sigma(\boldsymbol{a})} \rho_0(\boldsymbol{x})\mathrm{d}\boldsymbol{x} + \int_{X-\Sigma(\boldsymbol{a})} \rho_0(\boldsymbol{x})\left[\int_{\Phi(\boldsymbol{x})-\arcsin\frac{R}{L(\boldsymbol{x})}}^{\Phi(\boldsymbol{x})+\arcsin\frac{R}{L(\boldsymbol{x})}} \int_{\frac{S(\boldsymbol{x},\varphi)}{T}}^{+\infty} \rho_v(v,\varphi)v\mathrm{d}v\mathrm{d}\varphi\right]\mathrm{d}\boldsymbol{x} \quad (23\text{-}2)$$

令 $b(\boldsymbol{x},\boldsymbol{a},T) = \begin{cases} 1, & \boldsymbol{x} \in \Sigma(\boldsymbol{a}) \\ \displaystyle\int_{\Phi(\boldsymbol{x})-\arcsin\frac{R}{L(\boldsymbol{x})}}^{\Phi(\boldsymbol{x})+\arcsin\frac{R}{L(\boldsymbol{x})}} \int_{\frac{S(\boldsymbol{x},\varphi)}{T}}^{+\infty} \rho_v(v,\varphi)v\mathrm{d}v\mathrm{d}\varphi, & \boldsymbol{x} \notin \Sigma(\boldsymbol{a}) \end{cases}$，式（23-2）表示为

$$P(T) = \int_X \rho_0(\boldsymbol{x})b(\boldsymbol{x},\boldsymbol{a},T)\mathrm{d}\boldsymbol{x} \quad (23\text{-}3)$$

当浮标阵中各浮标的位置为 $\boldsymbol{A} = \{\boldsymbol{a}_1, \boldsymbol{a}_2, \cdots, \boldsymbol{a}_N\} = \{(a_1, b_1), (a_2, b_2), \cdots, (a_N, b_N)\}$，设 $b(\boldsymbol{x},\boldsymbol{a}_n,T) = \begin{cases} 1, & \boldsymbol{x} \in \Sigma(\boldsymbol{a}_n) \\ \displaystyle\int_{\Phi_n(\boldsymbol{x})-\arcsin\frac{R}{L_n(\boldsymbol{x})}}^{\Phi_n(\boldsymbol{x})+\arcsin\frac{R}{L_n(\boldsymbol{x})}} \int_{\frac{S_n(\boldsymbol{x},\varphi)}{T}}^{+\infty} \rho_v(v,\varphi)v\mathrm{d}v\mathrm{d}\varphi, & \boldsymbol{x} \notin \Sigma(\boldsymbol{a}_n) \end{cases}$。第 n 枚浮标发现目标的概率为

$$P_n(T) = \int_X \rho(\boldsymbol{x})b(\boldsymbol{x},\boldsymbol{a}_n,T)\mathrm{d}\boldsymbol{x} \quad (23\text{-}4)$$

因为“探测函数” $b(\boldsymbol{x},\boldsymbol{a}_n,T)$ 是定义在全空间，而不是仅仅定义在浮标的作用范围 $\Sigma(\boldsymbol{a}_n)$ 上，即每一枚浮标的发现概率都来自几乎全空间的贡献，无论各浮标的作用范围是否有重叠，各浮标都有重复计算的发现概率。所以，浮标阵发现目标的概率为

$$P(T) = 1 - \prod_{n=1}^{N}[1 - P_n(T)] \quad (23\text{-}5)$$

23.3 基于通过时间的进入模型

实际上，一枚浮标发现目标，还与时间有关。目标在声纳作用范围内的时间过短，很可能发现不了目标。将进入模型进行修正，构建基于目标通过时间

的进入模型。

在图 23.1 中，延长 S，交作用圆于 Q_2。线段 Q_1Q_2 为目标在作用圆中运动的距离。由 $L\cos\delta = S + \frac{Q_1Q_2}{2}$ 得到，$Q_1Q_2 = 2(L\cos\delta - S)$。设目标在作用圆运动的时间 $u = \frac{Q_1Q_2}{v}$，定义一个概率 $\hat{p}(u) = \begin{cases} 1, & u \geqslant t_c \\ 0, & u < t_c \end{cases}$。目标进入作用圆的航速应使 $vT - Q_1Q_2 \geqslant S(x,y,\varphi)$，所以航速下限为 $\frac{2L(\boldsymbol{x})\cos\delta - S(\boldsymbol{x},\varphi)}{T}$，目标在作用圆持续时间不低于 t_c 的航速上限为 $\frac{2L(\boldsymbol{x})\cos\delta - 2S(\boldsymbol{x},\varphi)}{t_c}$。由上限大于下限得到 $\cos\delta > \frac{2T - t_c}{2L(\boldsymbol{x})(T - t_c)}S(\boldsymbol{x},\varphi)$。修正进入模型，并假设初始时刻在作用圆内的目标，与通过时间无关，得到基于通过时间的进入模型为

$$P(T) = \int_{\Sigma(\boldsymbol{a})} \rho_0(\boldsymbol{x})\mathrm{d}\boldsymbol{x} + \int_{X-\Sigma(\boldsymbol{a})} \rho_0(\boldsymbol{x})\left[\int_{\Phi(\boldsymbol{x})-\arccos\frac{(2T-t_c)S(\boldsymbol{x},\varphi)}{2L(\boldsymbol{x})(T-t_c)}}^{\Phi(\boldsymbol{x})+\arccos\frac{(2T-t_c)S(\boldsymbol{x},\varphi)}{2L(\boldsymbol{x})(T-t_c)}} \int_{\frac{2L\cos[\varphi-\Phi(\boldsymbol{x})]-S(\boldsymbol{x},\varphi)}{T}}^{\frac{2L\cos[\varphi-\Phi(\boldsymbol{x})]-2S(\boldsymbol{x},\varphi)}{t_c}} \rho_{\boldsymbol{v}}(v,\varphi)v\mathrm{d}v\mathrm{d}\varphi\right]\mathrm{d}\boldsymbol{x} \tag{23-6}$$

同样可以令：

$$b(\boldsymbol{x},\boldsymbol{a},T) = \begin{cases} 1, & \boldsymbol{x} \in \Sigma(\boldsymbol{a}) \\ \int_{\Phi(\boldsymbol{x})-\arccos\frac{(2T-t_c)S(\boldsymbol{x},\varphi)}{2L(\boldsymbol{x})(T-t_c)}}^{\Phi(\boldsymbol{x})+\arccos\frac{(2T-t_c)S(\boldsymbol{x},\varphi)}{2L(\boldsymbol{x})(T-t_c)}} \int_{\frac{2L\cos[\varphi-\Phi(\boldsymbol{x})]-S(\boldsymbol{x},\varphi)}{T}}^{\frac{2L\cos[\varphi-\Phi(\boldsymbol{x})]-2S(\boldsymbol{x},\varphi)}{t_c}} \rho_{\boldsymbol{v}}(v,\varphi)v\mathrm{d}v\mathrm{d}\varphi, & \boldsymbol{x} \notin \Sigma(\boldsymbol{a}) \end{cases}$$

浮标及浮标阵的发现概率的计算同式（23-4）、式（23-5）。

23.4 基于最短距离的进入模型

23.2 节、23.3 节中使用的声纳探测函数都是圆盘型探测函数。这个探测函数模型在概率建模中比较方便，但可信度相对较低。本节讨论非圆盘型的距离型探测函数的发现概率模型。由于在声纳浮标的工作时间内，运动目标即使在声纳作用圆内也处于不同的距离上，连续地使用静态的距离型探测函数有困难，所以，本节构建基于最短距离的进入模型，即以目标与浮标的最小距离，作为距离型探测函数的变量，构建发现概率模型。

在图 23.1 中，目标距声纳浮标的最小距离为 $L\sin\delta$。设目标距离声纳浮标的最小距离点坐标为 $\boldsymbol{x}_m = (x_m, y_m)$，设声纳的探测函数为 $b(|\boldsymbol{x}_m - \boldsymbol{a}|) =$

$b[\sqrt{(x_m-a)^2+(y_m-b)^2}]$。$x_m=x+L\cos\delta\cos\varphi$，$y_m=y+L\cos\delta\sin\varphi$。目标进入浮标作用圆，其速度应使 $vT\geqslant S$，所以航速下限为 $\dfrac{S(\boldsymbol{x},\varphi)}{T}$。当 $\dfrac{S(\boldsymbol{x},\varphi)}{T}\leqslant v\leqslant\dfrac{S(\boldsymbol{x},\varphi)+\dfrac{Q_1Q_2}{2}}{T}=\dfrac{L\cos\delta}{T}$，目标距浮标的最小距离为 $\sqrt{(x+vT\cos\varphi-a)^2+(y+vT\sin\varphi-b)^2}$。当 $v>\dfrac{L\cos\delta}{T}$，目标距浮标的最小距离固定为 $\sqrt{(x+L\cos\delta\cos\varphi-a)^2+(y+L\cos\delta\sin\varphi-b)^2}$，如图 23.1 所示。修正进入模型，得到基于最短距离的非圆盘探测函数的进入模型为

$$
\begin{aligned}
P(T)=&\int_{\Sigma(\boldsymbol{a})}\rho_0(\boldsymbol{x})b(|\boldsymbol{x}-\boldsymbol{a}|)\mathrm{d}\boldsymbol{x}+\int_{X-\Sigma(\boldsymbol{a})}\rho_0(\boldsymbol{x})\{\int_{\Phi(\boldsymbol{x})-\arcsin\frac{R}{L(\boldsymbol{x})}}^{\Phi(\boldsymbol{x})+\arcsin\frac{R}{L(\boldsymbol{x})}}\cdot\\
&[\int_{\frac{S(\boldsymbol{x},\varphi)}{T}}^{\frac{L(\boldsymbol{x})\cos[\varphi-\Phi(\boldsymbol{x})]}{T}}b(\sqrt{(x+vT\cos\varphi-a)^2+(y+vT\sin\varphi-b)^2}\rho_v(v,\varphi)v\mathrm{d}v\\
&+b(\sqrt{(x+L\cos(\varphi-\Phi)\cos\varphi-a)^2+(y+L\cos(\varphi-\Phi)\sin\varphi-b)^2}\cdot\\
&\int_{\frac{L(\boldsymbol{x})\cos[\varphi-\Phi(\boldsymbol{x})]}{T}}^{+\infty}\rho_v(v,\varphi)v\mathrm{d}v]\mathrm{d}\varphi\}\mathrm{d}\boldsymbol{x}
\end{aligned}
\tag{23-7}
$$

令：

$$
b(\boldsymbol{x},\boldsymbol{a},T)=\begin{cases}
b(|\boldsymbol{x}-\boldsymbol{a}|),\ \boldsymbol{x}\in\Sigma(\boldsymbol{a})\\
\int_{\Phi(\boldsymbol{x})-\arcsin\frac{R}{L(\boldsymbol{x})}}^{\Phi(\boldsymbol{x})+\arcsin\frac{R}{L(\boldsymbol{x})}}\cdot\\
[\int_{\frac{S(\boldsymbol{x},\varphi)}{T}}^{\frac{L(\boldsymbol{x})\cos[\varphi-\Phi(\boldsymbol{x})]}{T}}b(\sqrt{(x+vT\cos\varphi-a)^2+(y+vT\sin\varphi-b)^2}\rho_v(v,\varphi)v\mathrm{d}v\\
+b(\sqrt{(x+L\cos(\varphi-\Phi)\cos\varphi-a)^2+(y+L\cos(\varphi-\Phi)\sin\varphi-b)^2}\cdot\\
\int_{\frac{L(\boldsymbol{x})\cos(\varphi-\Phi)}{T}}^{+\infty}\rho_v(v,\varphi)v\mathrm{d}v]\mathrm{d}\varphi \qquad ,\boldsymbol{x}\notin\Sigma(\boldsymbol{a})
\end{cases}
$$

浮标和浮标阵的发现概率的计算同式（23-4）、式（23-5）。

23.5　关于包围阵

在一个圆或矩形框上等间距地布放多枚浮标，这样的阵型称为包围阵。布

设包围阵，基于对目标的两个基本判断：

（1）目标大概率地，甚至确定地存在于包围阵内；

（2）在浮标阵工作时间内，目标大概率地离开包围阵区域。

当不能做出第（2）条判断时，一般会在阵型内部补投浮标，或用吊放声纳进行搜索。在本节中不考虑这种情况。

本节仅讨论圆形包围阵。

圆形包围阵的阵中心与目标分布中心重合。阵中心与圆阵中任意一枚浮标的距离为阵半径，设为R_0。设浮标数量为N。相邻浮标间距$D=2R_0\sin(\frac{\pi}{N})$。当$D\leqslant 2R$时，是封闭圆阵，否则，是不封闭圆阵。

在给定R_0、R时，如果要布放封闭阵，则浮标数量应满足$N\geqslant\dfrac{\pi}{\arcsin(\frac{R}{R_0})}$。当$\frac{R}{R_0}$较小时，可以近似为$N\geqslant\frac{\pi R_0}{R}$。

如果目标处于阵内的概率很高，接近 1，用阵内空间代替全空间计算发现概率，误差一般是可以接受的。

23.6 关于拦截阵

在一段圆弧或一条直线上，等间距地布放多枚浮标，这样的阵型称为拦截阵。拦截阵的浮标间距为D，一般都小于 2 倍的浮标作用距离R。如果$D>2R$，可以布设相距为$2R$的 2 排浮标阵，两排阵的浮错位布放。

布设拦截阵，基于对目标的两个基本判断：

（1）目标大概率地，甚至确定地存在于直线拦截阵的一侧、弧形拦截阵的曲率中心一侧；

（2）在浮标阵工作时间内，目标大概率地通过拦截阵。

仅讨论单行直线拦截阵。

设声纳浮标作用圆半径R、浮标数量N、浮标间距D。设以两端声纳作用距离计的拦截阵长度$L=(N-1)D+2R$。

不失一般性，设浮标位置坐标分别为$(0,0),(0,D),\cdots,(0,(N-2)D)$, $(0,(N-1)D)$。

假设目标初始位置分布$\rho_0(\boldsymbol{x})=\rho_0(x,y)$， $x,y\in(-\infty,+\infty)$；目标纵向速度

$v_y \equiv 0$，横向速度分布密度函数 $\rho_{v_x}(v_x)=\begin{cases}\geqslant 0, & v_x \geqslant 0\\ =0, & v_x<0\end{cases}$。

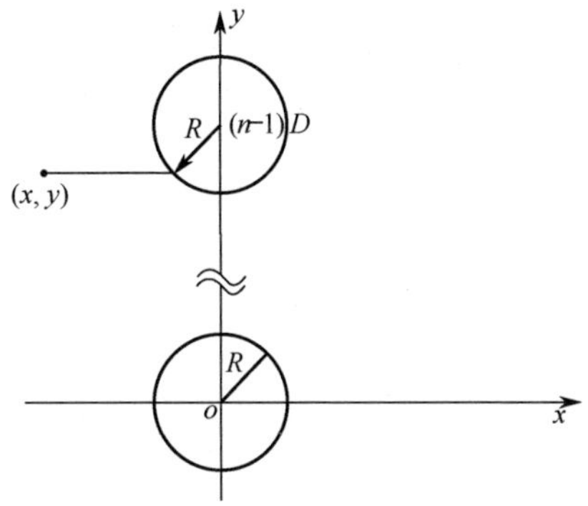

图 23.2　目标点与浮标拦截阵关系示意图

初始时刻目标处于第 n 枚声纳浮标作用范围和在声纳工作时间 T 内进入第 n 枚声纳浮标的作用范围的概率，即为该枚浮标的发现概率，如图 23.2 所示。

$$P_n(T)=\int_{\Sigma[0,(n-1)D]}\rho_0(\boldsymbol{x})\mathrm{d}\boldsymbol{x}+$$

$$\int_{(n-1)D-R}^{(n-1)D+R}\int_{-\infty}^{-\sqrt{R^2-[y-(n-1)D]^2}}\rho_0(\boldsymbol{x})[\int_{\frac{-\sqrt{R^2-[y-(n-1)D]^2}-x}{T}}^{+\infty}\rho_{v_x}(v_x)\mathrm{d}v_x]\mathrm{d}x\mathrm{d}y \tag{23-8}$$

拦截阵发现概率的计算同式（23-5）。如果各浮标的作用范围没有重叠，根据本节对目标航向的假设，将没有 1 枚以上的浮标发现目标。于是，这种情况下直线拦截阵的发现概率为

$$P(T)=\sum_{n=1}^{N}P_n(T) \tag{23-9}$$

在上述假设的基础上，如果目标存在于一个覆盖 L 的宽度 W 内，且在宽度上均匀分布，则有 $\rho_{0y}(y)=\dfrac{1}{W}$，由式（23-8）可知，每一枚浮标的发现概率都是相同的，拦截阵发现目标的概率为

$$P(T)=NP_n(T) \tag{23-10}$$

第24章 蒙特卡罗方法简介

本书前面对各种搜索问题发现概率的计算使用的都是“确定性”方法。目标分布、目标运动、探测器探测能力、发现目标都具有随机性，但建立的发现概率或期望值模型却是确定性的。只要给出具体的参数和条件就可计算出相应的概率值或数学期望值。在一些由很多随机事件和确定性条件组成的复杂搜索中，构造确定性模型是非常困难的，甚至是不可能的。对这样的问题，蒙特卡罗（Monte Carlo）方法是一种简便、有效的方法。当然，对能够通过建立概率模型计算发现概率的问题，也可以使用蒙特卡罗方法。

蒙特卡罗方法也称统计模拟方法，是 20 世纪 40 年代发展起来的以概率统计理论为指导的一类重要的数值计算方法，广泛应用于各种科学技术和工程领域。数学家冯 · 诺依曼用摩纳哥赌城蒙特卡罗的名字为这种方法命名，大概是因为赌场里赌博行为可以认为是随机事件的试验吧。

一般说，抛一枚硬币，出现正反面的概率各 0.5。怎么知道的？可以做统计试验：抛 100 次，统计出现正面的次数和比例；抛 1000 次，统计出现正面的次数和比例。这个比例称为出现正面的频率。随着抛硬币次数的增加，这个频率的波动幅度会越来越小，并趋于某个稳定值。从理论上说，当抛硬币的数量趋于无穷大时，频率收敛到的定值就是概率。当然，作为统计试验，只能抛有限次数的硬币，统计计算有限次数出现正面的频率的波动的中心，或者当抛硬币的次数很大时，以这个次数的频率近似代替概率（依靠统计试验确定某一枚硬币出现正面的概率，很可能不是 0.5。这或者是统计数量有限造成的误差，或者由于硬币两面不平衡）。

蒙特卡罗方法不是进行随机事件本身的试验，而是用某种随机试验模拟另外的一个随机事件。举一个简单的例子：假设一个冷清的银行窗口，在开门营业的 8h，每个小时没有顾客和有 1 名顾客的概率均为 0.5。要模拟一个工作日每个小时的顾客情况，可以使用手工的蒙特卡洛方法：规定硬币正面表示有 1

个顾客，反面表示没有顾客。抛 8 次硬币，记录下反正面，就模拟了一次 8h 中每个小时的顾客到来情况。假如在一天里，有连续 4h 或 4h 以上有顾客到来，就给营业员发奖金，老板希望知道营业员得到奖金的概率。那就将以抛 8 次硬币作为一次的试验，进行很多很多次，统计发奖金的频率。以统计出来的频率作为发奖金的概率未必准确，但可以知道大致一年里要发多少天的奖金。

用计算机模拟抛硬币比真的抛硬币方便、快捷。计算机通过算法能够产生的最基本的随机数是[0,1]均匀分布的随机数（实际上与完全的随机数有差别，称为伪随机数），这种随机数出现大于 0.5 和小于等于 0.5 的概率均为 0.5。可以规定，大于 0.5 代表硬币出现正面，小于等于 0.5 代表硬币出现反面。计算机运行一次，产生一个随机数，就模拟了一次抛硬币。

对[0,1]均匀分布的随机数进行相应的变换，能够得到其他分布形式的随机数。常用的分布形式的随机数在 Matlab 中有相应的函数可以调用，使用很方便。

蒙特卡罗方法用计算机模拟简单随机事件的发生，根据各随机事件之间的关系，模拟出一次复杂事件的发生或不发生。多次模拟，统计其发生的频率，作为事件发生的概率。

以吊放声纳搜索水下目标为例。应用蒙特卡罗法，是为了对某个搜索方案进行搜索效能的评估，所以，搜索方案中的基本要素应该是确定的，例如直升机数量、出发点位置、探测点位置。另有一些要素可以是确定的，也可以是随机的，例如出发时间、直升机故障、声纳故障，飞行速度、转移飞行速度、点水探测时间，以及与目标种类或运动特征相关的探测器探测能力等。如果这些因素设为随机量，必须为其赋予确定的随机特征，即概率或概率分布。

目标必须设定的确定性因素是分布区域和与直升机初始时刻相同的初始时刻。当然，在分布区域内目标的位置是随机的。关于目标的随机量，还有目标类型、运动速度、变速时刻、加速度、变速时间、变速次数、主动规避等。所有的随机量都要赋予其确定的随机特征，即概率、概率分布或概率分布密度。这些随机量有些也可以设成确定量，也可以取消，例如变速和规避等（愿意将目标初始位置和目标运动都设成确定量也是可以的，但这就用不着蒙特卡罗法了，连“搜索”这件事都不用了）。

一次模拟试验，直升机按照确定的搜索方案和由计算机产生的随机量进行模拟飞行和探测，目标按照计算机给出的随机量进行航行。如果目标进入声纳作用区并被判定为发现，计一次发现，本次模拟结束。否则，运行到最大时间，计一次未发现，本次模拟结束。

进行多次模拟试验，统计发现目标的频率，作为该搜索方案在给定目标条件下的发现概率。

模拟计算中随机量越多，需要的模拟次数就越大。根据随机量的不同，单个随机量需要的模拟次数有差异。例如目标初始位置，根据计算精度，如果在目标分布区划分 M 个网格，则关于目标初始位置模拟次数，应与 M 成正比。如根据计算精度和分布区间，为目标划分了 m 个航速，n 个航向，则就有 $m\times n$ 个速度，对速度这个随机量的模拟次数，应与 $m\times n$ 成正比。例如设定直升机的完好率为 0.95，精度是 1%，则这一条的模拟次数量级应该为 100。

令 N 个随机量各自的最小模拟次数为 M_n，则模拟统计试验的试验次数至少应为 $\prod_{n=1}^{N} M_n$ 次。如果随机量很多，计算精度取得又很高，这个数是非常大的。如果试验次数取得比这个数少，也可以给出结果，但至少要求事件发生的频率基本趋于稳定。

参考文献

[1] Lawrence D. Stone. Theory of Optimal Search[M]. Mathematics in Science and Engineering, New York: Academic Press, 1975.

[2] 劳伦斯 D. 斯通. 最优搜索理论[M]. 吴晓峰，译. 北京：海潮出版社，1990.

[3] 张之駓. 搜索论[M].大连：大连理工大学出版社，1992.

[4] 朱清新. 离散和连续空间中的最优搜索理论[M]. 北京：科学出版社，2005.

[5] 陈建勇. 单向最优搜索理论[M]. 北京：国防工业出版社，2016.

[6] 陆大絟. 随机过程及其应用[M]. 北京：清华大学出版社，1986.

[7] 解可新，韩健，林友联. 最优化方法（修订版）[M]. 天津：天津大学出版社，2004.

[8] 张洪钺，王青. 最优控制理论与应用[M]. 北京：高等教育出版社，2006.